イヌは何を考えているか

脳科学が明らかにする動物の気持ち

グレゴリー・バーンズ 著
Gregory Berns
野中香方子
Kyoko Nonaka
西村美佐子 訳
Misako Nishimura

What It's Like to Be a Dog
And Other Adventures in Animal Neuroscience

化学同人

What It's Like to Be a Dog

And Other Adventures in Animal Neuroscience

Gregory Berns

This edition published by arrangement with Basic Books,
an imprint of Perseus Books, LLC, a subsidiary of Hachette Book Group, Inc.,
New York, New York, USA through Tuttle-Mori Agency, Inc., Tokyo.

キャリーに

犬は哲学者である。彼らは、知っている人を味方と見なし、知らない人を敵と見なす。すなわち、生来、知を愛する性質を備えているのだ。そして哲学は人間にとっても獣にとっても、穏やかさの土台である。

ソクラテス（プラトン『国家』）

イヌは何を考えているか ❖ 目次

序章

ビン・ラディンが殺されたというニュースを聞くまで、わたしは動物の気持ちについて、あまり考えたことがなかった。

もっとも、そのニュースでわたしの気を引いたのは、ビン・ラディンではなくカイロという名のイヌだ。カイロは軍用犬で、ヘリコプターから飛び降りるというような過酷な任務をこなせるよう訓練されている。そのイヌが騒々しく無秩序な環境に耐えられることを知ったわたしは、おそらくこれまで誰も考えたことのない奇抜なアイデアを思いついた。「イヌをヘリコプターから飛び降りるよう訓練できるのなら、MRIのスキャナーに入るよう訓練できるはずだ」。なぜそんなことをするかというと、もちろん、イヌが何を考えているかを知りたいからだ。

絶妙なタイミングだった。わたしは科学者として三〇年間、働いてきた。最初はバイオエンジニアとして、次は医師として。そして今はMRIを使って人間の意思決定について研究している。加えて前年に愛犬のパグ、ニュートンを亡くして以来、イヌと人間のことがずっと心にひっかかっていた。ニュートンは、わたしが彼を愛したように、わたしを愛していたのだろうか。あるいは、あの可愛らしい振舞いは、食べ物や住みかを得るための方策にすぎなかったのだろうか。

うちにはゴールデンレトリバーもいたが、わたしたち家族はニュートンの後継者としてスマートな黒いテリアの雑種を飼うことにして、キャリーと名づけた。キャリーは見かけも振舞いもニュートンとは大違いだった。落ち着きがなく、興奮しやすく、先輩のゴールデンレトリバーをしばしば威嚇《いかく》した。レトリバーはおおらかな性格だったので、反撃はしなかった。しかしキャリーには、短気なこととは別に、これまでうちで飼ってきたほかのイヌには見られない特徴があった。それは、好奇心がきわめて旺盛なことだ。キャリーは新しいことを覚えるのが好きだった。一般的なイヌの芸当は難なくこなし、じきにその好奇心を人間の暮らしに向けるようになった。例えば、ドアのレバーハンドルの働きをたちまちマスターし、勝手にパントリーに入っていくようになった。後ろ足で立ち上がって、前足でレバーを下げるのだ。その動きはきわめて敏捷《びんしょう》で、人間なみの親指を進化させたオマキザルかと思うほどだ。もっとも、そうやってパントリーに忍び込んで得体の知れないものを食べたせいで、ERにかつぎ込まれたこともある。

わたしはキャリーに何か仕事を与えたかった。彼女の優秀さを、食べ物をくすねるためではなく、もっと生産的なことに使えないだろうか。例えば、MRIに入るようしつければ、彼女の気持ちを知ることができるのではないだろうか。

そこで、マーク・スピヴァクに助けを求めた。マークはイヌを訓練する会社、コンプリヘンシブ・ペット・セラピーを経営している。彼が乗り気になったので、さっそくこの挑戦に着手した。まずはキャリーを訓練して、脳の働きを観察できるほど長い時間、MRIの中に入っていられるようにしなければならない。二つの理由から、鎮静剤は使用できない。まず、完全に覚醒している状態でなければば、匂いや音、そして最も重要なこととして、飼い主、つまりわたしとのコミュニケーションを脳がどのように処理しているかを観察できない。もう一つの理由は、人間の被験者と同様に、キャリーがスキャナーから降りたいと思ったら、いつでも降りられるようにするためだ。われらがイヌ科の被験者《ボランティア》も、ボランティアである。だとすれば、拘束は禁物だ。

わたしは、脳の信号を拾う「ヘッドコイル」の実物大模型を内蔵する模擬MRI装置を作って、リビングに設置した。そしてマークの協力のもと、そこに入ることをキャリーに教え始めた。訓練は試行錯誤の連続で、停滞もしたが、予想していたほどには難しくなかった。元捨て犬で、動物保護施設に収容されていたキャリーは、わずか数か月で「完全に起きていて、拘束されていない状態で、自ら進んで脳をスキャンさせた世界初のイヌ」になったのである。

この成功に気を良くしたわたしたちは、近隣に住む愛犬家たちに、イヌの心の働きを調査するこの画期的プロジェクトへの参加を呼びかけた。驚いたことに、希望者はぞくぞくと現れた。実のところ、あまりに多かったので、適性検査を行ってMRI訓練がうまくいきそうなイヌを選んだ。キャリーを初めてスキャンしてから一年たたないうちに、わたしたちのチームはおよそ二〇匹のイヌを抱えるようになった。これらのイヌと飼い主のために、毎週日曜の午後、MRIの訓練を行った。いっぺんには無理なので、「Aチーム」と「ブラボー・カンパニー」に分けて、週替わりで訓練した。

実験は、きわめてシンプルなものから始めた。おやつを知らせる手振りにイヌの脳がどう反応するかを観察するのだ。人間の脳では、尾状核と呼ばれる重要な部位が、食べ物やお金や音楽など、人間が好きなものに反応することがわかっている。イヌの尾状核もおやつを予感させる手振りに同様の反応を示すことがわかった時、わたしたちはこの実験がうまくいっていることを確信した。[1] おやつへの反応に限らず、飼い主と楽しい経験をした時の反応も、人間の脳の反応とほとんど変わらなかった。イヌがMRIに慣れてくると、もっと複雑な課題を設計できるようになった。例えば、飼い主とほかのイヌの匂いをかがせると、飼い主の匂いをかがせた時には脳に報酬反応が見られたが、ほかのイヌの匂いではそのような反応は起きなかった。これらの匂いは食べ物とは関係がないので、これはイヌが身近な人に愛情のようなものを感じていることを示す最初の証拠だと言える。

わたしの人生においてドッグ・プロジェクトは、次第に人間相手の研究より重要性を増していった。アメリカ海軍研究局が、軍用犬の訓練に役立ちそうだという期待から、わたしたちの研究を支援するようになり、イヌの数はますます増え、MRIで行う課題もいっそう複雑になっていった。この実験はただ楽しいだけでなく、人間の最良の友であるイヌの心について新たな洞察をもたらすだろうと、わたしは予感した。

イヌの脳について理解が深まるにつれて、人間とイヌは深いレベルで共通するものを多く持っていることを、わたしは確信するようになった。イヌと人間の脳には、感情の土台となる同じような構造が見られた。しかし、じきに感情を超えたより大きな問題に直面した。それは、ドッグ・プロジェクトを立ち上げた時には目を背けていた問題だった。

その問題が表面化したのは、ビーガン（完全菜食主義者）に関する会議でのことだ。その会議での講演を依頼された時、わたしはビーガンではないので、気が進まなかった。しかし主催者は、イヌの心についての知見を聞きたいだけで、個人的な食習慣は問題ではない、と断言した。当初の計画はそうだったのだろう。しかし、計画通りには進まなかった。ドッグ・プロジェクトについてわたしが話し終えると、ある参加者がわたしを「種差別主義者」だと非難した。イヌを特別扱いし、ほかの動物の肉をすりつぶしたものをソーセージにして与えてさえいる、と言うのだ。気まずい雰囲気になり、主催者にだまされたように感じた。

わたしが差別主義者だって？　たぶん、そうなのだろう。

それは悪いことなのか？　わからない。

プロジェクト開始から四年がたち、わたしたちの研究がより大きな問いを提起したのは明らかだった。それは、もしイヌに人間と同様の感情があるのなら、ほかの動物はどうなのか、という問いだ。

人々はわたしに、MRIに入るようにネコを訓練することはできるか、と訊くようになった。ブタはどうか、と訊く人もいた。それは無理だろうとわたしは考えていた。どちらも鎮静剤を打てばスキャンできるが、それでは倫理的でないように思えたし、そもそもその状態では、動物の認知について有益な情報は得られないだろう。わたしは壁に突き当たった。ほかの動物について研究するのは到底無理なように思えた。

しかし、ピーター・クックがチームに加わった時、進むべき新たな道が見えてきた。ピーターはカリフォルニア大学サンタクルーズ校からやってきた。サンタクルーズで彼は、アシカの記憶に関する研究で博士号を取得した。動物の心が特に自然環境においてどのように働くかを、彼は解明しようとしていた。近年、カリフォルニアでは海岸に打ち上げられるアシカが増えている。治療を施されて海に戻るものもいるが、捕獲され、安楽死させられるものも少なからずいる。ピーターは、そのアシカたちの脳をわたしたちの研究で使えるよう、手配してくれた。死んだ動物の脳をスキャンすることになるとは考えたこともなかったが、驚いたことにそれらの脳は多くの知見をもたらした。不幸な死を遂げたとはいえ、アシカたちがかつて生きた世界について教えてくれたことに、わたしはいくらか慰められた。もっとも、アシカは始まりにすぎなかった。新たなＭＲＩ技術を使って、わたしたちはスキャンできる限界をほかの動物へと押し広げていった。対象となる脳は博物館の棚にしまい込まれていた。ついには、絶滅した動物の脳までスキャンした。

人間の脳の中で、人間を人間にしているもの、あるいはイヌの脳の中で、イヌをイヌにしているものはいったい何だろう。何世紀にもわたって、解剖学者は脳の大きさに注目してきた。大きいことは、より多くの神経細胞を含むことを意味するので、いいことだと考えられた。この原理は脳全体に適用され、大きな脳は優れた知性と結びつけられてきた。また、脳の部分にも適用され、ある領域が大きいと、その動物にとってその領域は重要なのだと解釈された。これには一理あり、例えばイヌの嗅球《きゅうきゅう》は大きく、実際、イヌの世界では匂いが重要だ。

しかし、脳の働きを説明するのは大きさだけではない。本当に重要なのは、脳の各領域が互いとどうつながっているかだ。それを研究するのが、「コネクトミクス」という新しい科学である。近年、ＭＲＩが進歩し、人間の脳の配線を細部まで見られるようになった。もし将来、わたしかほかの誰かが動物の心を理解できたとすれば、それは、こうしたつながりと、脳全体でそれらがどのように協調しているかを分析することによってだろう。感情やそのほかの内的経験は、そこから生まれるのだ。

現在は神経科学者にとって心躍る時代である。そしてドッグ・プロジェクトは始まったばかりだ。イヌの脳に深く入り込んでいけばいくほど、ほかの動物について学びたいという思いが膨らんでいった。心の内がわかれば、それらとよりうまくコミュニケーションがとれるようになるかもしれない。イヌが、自分がどう感じているかを正確に人間に伝えることができたら、どうだろう？　ブタが食肉処理場について語ったら、どうだろう？　クジラは、船や潜水艦の騒音についてどう思っているだろう？　ほかの動物の脳について調べた結果、動物の心の中は、わたしたちが想像していたよりはるかに複雑であることがわかったが、同時に、その動物たちの扱いを再考しなければならないこともわかった。

本書は、動物の脳と、そこから生まれる心について語るものだ。学問的には、このような研究は「比較神経生物学」の範疇《はんちゅう》に収まる。神経科学はいずれも、多かれ少なかれ脳の比較をするが、動物の脳がなぜそうなっているのか、それがその動物の内的経験とどうつながっているかを探究する神経科学者はほとんどいない。それらは答えにくい問題だ。その方向に進めば、何がわたしたちを人間にしているかという問いに行き当たり、また、わたしたちはこの地球上で共存するほかの生物の多くと変わらないのでは、という厄介な問いにも直面する。

本書はおおまかに、人間からイヌ、そしてほかの動物へと、わたしが関心を広げていった順に構成されるが、これらの冒険はすべて脳の類似性という一本の糸でつながっている。わたしは動物の脳の中に、人間の脳の領域にとてもよく似た領域を何度となく発見した。これらの領域は外見が似ているだけでなく、機能もとてもよく似ていた。

認知機能と脳の構造とのつながりは複雑で、しばしば複数の脳領域が協働している。最近までそうした関連を詳しく調べることはできなかった。しかし、研究の環境はこの数年で変わった。神経画像と、脳のネットワークを解析するソフトウェアが進歩したことにより、人間の脳機能を、より深く、より詳しく調べられるようになったのだ。それらのツールを動物の脳に適用してはいけないという理由はない。

これらの技術は、動物の主観的経験を理解する方法を示唆する。動物の脳の構造と機能の関係が、わたしたちの脳のそれによく似ている場合、その動物はわたしたちと同様の主観的経験を持つ可能性がある。これは、イヌであるというのは、あるいはネコであるというのはどんな感じかを理解することにつながる。それは、ほかのどの動物についても言える。

イヌはいくつかの章で頻繁に登場する。それは、イヌが全ての読者にとって親しみのある動物であるのに加え、わたしがイヌを研究の最高のパートナーと見なしているからだ。また、わたしは海への冒険にも乗り出し、海に生きる親類たちの心の解明にも取り組んだ。最もイヌに似ている海洋哺乳類のアシカとアザラシについては複数の章で述べた。この星に生きる最も謎めいた動物、イルカには一章をあてた。その優れた知性と社会性により、イルカは数十年にわたって一般の人々と科学者の関心を集めてきたが、等しく長い年月にわたって、彼らは謎に包まれていた。しかし今、新たな画像技術のおかげで、イルカの脳がどのようにつながり、それが水中生活においてどんな意味を持つかが解明されつつある。じきに彼らとコミュニケーションがとれるようになるかもしれない。

そして本書にはタスマニアタイガーも登場する。正式名はフクロオオカミだ。この「タスマニアのトラ」は肉食性の有袋類《ゆうたいるい》で、見かけは小型のオオカミにそっくりだ。一九三六年に絶滅したとされ、最後の一頭はオーストラリアのホバート動物園で死んだ。しかし、この謎めいた生物の目撃情報は今も寄せられている。わたしはその精神生活を調べるために、完全なままのフクロオオカミの脳を探し、ついにスミソニアン博物館の地下室に保存されているものを見つけた。世界で存在を知られるわずか四つの脳の一つだ。わたしはそれを新しいMRIでスキャンする許可を得た。だが、それは長い冒険の旅の始まりにすぎなかった。その後わたしは、もっと多くの脳を求めてオーストラリアへ赴き、フクロオオカミにもっと近い現生種、タスマニアデビルの脳をスキャンすることになる。

本書を締めくくるのは、始まりと同じくイヌだ。わたしは種差別主義者であることを堂々と認めたうえで、イヌは人間の最良の友達であるだけでなく、動物の世界との橋渡しをする大使だと言いたい。彼らの中にはオオカミの部分が残っていて、その脳は、野生動物であるのはどんな感じかについて、何かを教えてくれる。課題は、どうやって彼らとコミュニケーションをとるかだ。答えは彼らの脳にあるとわたしは考えている。そして最終章では、人間の言語に対するイヌ科の理解の限界を探るとともに、イヌだけでなくあらゆる動物の権利についてわたしの考えを述べよう。

第1章　イヌがイヌであるのはどんな感じか

二〇一四年の早春、熱心なボランティアたちが、自らの飼い犬をMRIスキャナーの模擬実験装置の中に入れようと悪戦苦闘していた。

順番を待つ間、ゼンという名の薄茶色の大型犬がわたしに走り寄ってきて、頭を下げ、お尻を持ち上げた。しっぽを振って、遊ぼう、と誘う。わたしはそれに応えて、ゼンと取っ組み合いを始めた。数分ほど相手をしてやると、ゼンは満足し、その名の由来（禅）を語るような態度をとった。お尻を床に着けて座り、ゆっくりと前足を前方にすべらせた。わたしを見つめるその表情は、スフィンクスのように穏やかで、深遠だった。

ゼンであるのはどんな感じだろう、とわたしは考えた。

ゼンはラブラドールとゴールデンレトリバーのミックスのオスで、ドッグ・プロジェクトの古参だ。子犬だった頃は、介助犬になるための訓練を受けていたが、思春期になる頃、トレーナーは、この犬はあまりにも注意散漫なので介助犬には向かない、と判断した。そういうわけでゼンは訓練コースから外され、子犬だった頃の飼育者に引き取られた。訓練犬の場合、伝統的に、同じ母親から一緒に生まれた子犬は同じ頭文字の名前をつけられる。ゼンが生まれた時はたまたま「Z」が割り当てられていた。名づけ親が誰であったにせよ、彼の将来の性格を予想していたわけではなかっただろう。イヌは成長するにつれて、名前にふさわしい性格になっていくのかもしれないが、ゼンという名は彼にぴったりなので、そう名づけられたのが宿命だったように、わたしには思える。

その部屋には、さまざまなイヌと人間が溢れていた。一方の隅には、ゼンと同じく介助犬コースから脱落したイヌたちがなんとなく集まっていた。元気いっぱいの小柄なゴールデンレトリバーのパー

図1.1　ゼン（グレゴリー・バーンズ撮影）

ルは、やはり注意散漫なせいで訓練コースから脱落した。エドモンド、略してエディーは、ラブラドールとゴールデンレトリバーのミックスで、ゼンにとてもよく似ていたが、股関節形成不全を理由にコースから外された。オハナはゴールデンレトリバーの純血種で、パールほど活動的ではない。ケイディはレトリバーのミックスで、気立ては良いのだが、シャイすぎるという理由で外された。そして、ビッグ・ジャックもいた。体重が四五キログラムもある、年老いた、しゃがれ声のゴールデンレトリバーだ。ソーセージが大好きで、食べる時には最高に幸せそうな顔をする。

部屋の反対側では、サンタクルーズ校から来たポスドクのピーター・クックが、もう一群のイヌたちを監督していた。こちらは、レトリバーたちのような訓練を受けていない。このこらえ性のない犬たちの中で最初にMR

ーに入るのは、茶褐色のピットブルのミックスのメスで、リンバーテイル〔訳注：尻尾がだらりと垂れ下がる病気〕のリビーだ。リビーは、脳画像を撮影する間、頭を固定するための台（「顎《あご》乗せ台」と呼ぼう）に顎を乗せ、彫像のようにじっとしていた。リビーは、カリフォルニアのハイウェイの横をうろついているところを、今の飼い主のクレア・ピアスに保護された。リビーが社会性を身につけて、人間のそばにいられるようになったのは、クレアが経験豊かな動物トレーナーだったからだ。しかし、リビーはほかのイヌに囲まれることには慣れていなかったので、イヌたちに向かって激しく吠えたてた。クレアは、ほかのイヌの邪魔にならないよう、部屋の隅を仕切ってリビーを隔離した。

ドッグ・プロジェクトの参加者の多くはリビーを好きではなかったが、わたしは気に入っていた。リビーを見ていると、妻がアニマルシェルターから引き取ってきた黒いテリアのミックス、キャリーのことが思い出された。キャリーは人に慣れにくく、感情が不安定でほかの犬をよく威嚇したが、勉強熱心だった。彼女はわたしたちがMRIに入るように訓練した最初のイヌだ。このプロジェクトを通して培った彼女との絆は、ほかのどのイヌとの絆より強固だった。

ゼンと仲間のレトリバーは賢い大型犬で、いかにも子どもが飼いたがるようなイヌだが、リビーやキャリーのようなイヌは、それほど飼いならされておらず、いくらか野性味が残っている。彼らのルーツは最終氷期まで遡《さかのぼ》る。その頃、わたしたちの祖先はオオカミを捕えて飼いならし、イヌに変えた。リビーやキャリーのようなイヌは、しばしばこちらが予想もしないようなことをやってのける。こうした性質の違いが、遺伝子の違いによるのか、それとも子犬の頃のしつけの差なのか、あるいは脳の機能の違いのせいなのか、明言できる人はいなかったが、わたしはゼンの脳の中に、ゼンをゼンにし

図1.2　リビー（グレゴリー・バーンズ撮影）

ているもの、ゼンをリビーやほかのイヌとは違うイヌにしているものを見つけたいと思っていた。

この企てには異論がつきまとった。動物の心を知るのは可能だとわたしたちは考えていたが、多くの学者がそれを否定し、最新の神経科学技術をもってしても無理だと退けた。最も厄介なのは、哲学者トマス・ネーゲルによるエッセイ、『コウモリであるとはどのようなことか』[1]の影響だ。「思考や感情といった主観的経験を、神経科学は決して説明できない」とネーゲルは断言した。コウモリの脳がどのように機能するかがわかっても、「コウモリであるとはどのようなことか」がわかるわけではない。コウモリと人間はあまりにも違う。ソナー（超音波探知機）について考えてみよう。人間にそのような機能はないので、コウモリがソナーを使うのがどのようなことなのか、わたしたちは想像できない。さらに飛ぶことについては、あきらめるしかない。ネーゲルによると、コウモリの脳のどこにも、飛ぶというのはどのようなことかを教えてくれるものは見つからなかった。

ネーゲルのエッセイは、神経科学データの解釈に暗い影を落とす。神経科学が扱うのは計測可能な脳の特性だが、主観的経験は容易に定量化できるものではない。バラの匂いをかいだ時の心地良さや、飼い主が帰宅した時のイヌのうれしさを計測する機械は存在しない。また、これらの経験の客観的な性質を捉えようとすればするほど、それら自体がどういうものかという主観的経験からは遠ざかっていく。定量化できないのであれば、主観的経験は神経科学の研究対象になり得ない。ネーゲルによると、わたしたちは好きなように脳を分解できるが、主観と客観のつながりがなければ、ある動物であるとはどのようなことかは、わからないままだ。これは人間についても言えることだ。誰かであるとはどういうことなのかは、その人にならない限りわからない。この論理に従えば、人間の脳を観察することに意味はないことになる。

ネーゲルが挙げた二つの例、飛行と反響定位（エコーロケーション）は、確かに人間の経験とはずいぶん異なるように思える。しかし現代では、スリルを求める人々は日常的にウィングスーツ［訳注：滑空用のジャンプスーツ］を着て、アルプスの峡谷の上を飛んでいる。まるでコウモリ人間のように見える彼らは、飛ぶというのはどんな感じかを、わたしたちに教えてくれる。反響定位もコウモリだけの特性ではない。人間も、部屋を探知する初歩的な能力を備えている。声を出してその反響を聞くだけで、そこが広いか狭いかということを察知できるし、浴室か、ダンスホールか、あるいはコンサート会場なのかもわかる。

コウモリ、あるいはイヌであるのはどんな感じかを問う時、わたしたちが尋ねているのは、その動物の内的経験である。それを「心理状態」と呼ぼう。この内的な心理を外から理解することは可能だろうか。ネーゲルは、コウモリであるのは（あるいは、ほかの人間であるのは）どんな感じかは、その個体になってみなければわからない、と主張した。なぜなら主観的経験は、個人あるいは個体が内的に経験することであり、他者に対して表現することや、他者が外から観察することとは異なるからだ。経験に伴う感情を表現することは、経験を共有する一つの方法だが、ネーゲルが指摘したように、それらは経験そのものと同じではない(2)。

しかし、別の人になれないからといって、「別の誰かであるのはどんな感じか」は知り得ない、というわけではない。言語は互いとのコミュニケーションや物事の説明を可能にしているが、言語を用いなくても経験を共有することはできる。人間が経験を他者に伝えることができるのは、同じ身体的特徴を共有し、ほぼ同じ環境で暮らしているからだ。わたしたちは互いと非常に似ており、言語はこれらの共通性の一番上に乗っかって、経験を簡潔に、そして象徴的に伝えているにすぎない(3)。

これらの共通性は、ほかの動物との間にも見られる。わたしたちは生きるために必要な生理的プロセスを多くの動物と共有しており、特に哺乳類の中ではより多くを共有している。人間を含め、哺乳類はみな、呼吸をする。四肢がある。眠る。食べる。有性生殖し、子を産んで一定の期間、養育する。また、その多くは高度に社会的だ。このように身体的によく似ているのだから、内的経験も言われるほど違ってはいなさそうだ。

このように身体的に似ていることは、ほかの動物の内的経験を理解する方法を示唆する。イヌであるのはどんな感じかという大きな問いにいきなり答えようとするのではなく、より細やかにこの問いと向き合おう。イヌにとって楽しい経験とはどのようなものだろう。もっと具体的に言えば、ゼンにとって楽しい経験とはどのようなものだろう。あるいはリビーにとって、ほかのイヌに吠えるのをやめるのは、どんな感じなのだろう。このような探究ができる領域には、知覚、感情、動作などが含まれる。睡眠、渇き、飢えのように、身体機能の維持に必要な領域についても探究できる。これらの領域の総計が内的経験を構成する[4]。

人間は、ほかの動物にはない特性をいくつか備えているが、特に重要なのは言語と象徴表現だ。言語は、互いとのコミュニケーションを可能にするだけでなく、心の中での独白も促す。それはほかの領域の一番上に鎮座して、あらゆる経験にラベル付けする。それを避けることはできない。言語は人間の経験の核となる要素であり、全てを変える力がある、と主張する人もいるほどだ。アメリカ心理学の父、ウィリアム・ジェームズは、人がクマを恐れるのは、心臓の鼓動が速くなり、「怖い!」と自分が独り言を言っていることに気づくからだ、と書いている。

このように言語が何より重要であることは、多くの研究者が動物の経験を理解するのをあきらめる原因になっていた。イヌは「怖い!」と独り言を言うことができないので、科学者の中には、「恐れ」という最も研究されている動物の感情を「痛みを避けるための行動プログラム」として定義し直す人さえいた[5]。これは、動物を心のない自動機械《オートマトン》と見なすデカルト的見方への後退だ。

科学者は不可知論[訳注：物事の本質を知ることは不可能だという立場]に依拠すべきだと考える人もい

て、そのような静観的姿勢は、かつて地球温暖化の議論において支配的だった。確かに気候についてはまだわからないことが多いが、すでに証拠は十分揃っており、合理的に考える人は誰でも、人間の活動のせいで地球は温まっているという結論に行き着くだろう。動物の精神生活についても同じことが言える。地球温暖化と同じく、それを否定しようとする風潮がかつては存在した。そして、動物の感情や意識の程度を知ることはできないという主張は、人間がさまざまな方法で動物から搾取することを可能にしていた。だが、状況は変わりつつある。

近代的な神経科学技術が登場するまで、心にアクセスする主な方法は、行動を観察することだった。人間に限れば、考えていることや経験したことを質問するという方法もある。しかし、どちらも心理状態を計測するには不十分だ。行動観察では内的な経験を推測しなければならない。相手が人間ならこれは簡単だ。人間は体も文化も互いとよく似ているので推測しやすい。しかし相手が動物の場合、人間の心と彼らの心には大きな隔たりがある。さらに、動物が何もしていない場合は、どうだろう。仮にその動物に感情があるとして、どうすればそれを知ることができるだろう。この種の疑問は、「ある動物であるとはどのようなことか」は知り得ないとするネーゲルの主張の核心だった。

動物には感情がないと科学者が結論づけた背景には、利己的な理由があったようだ。彼らは自分たちが行っている侵襲的研究〔訳注：動物の体を傷つける研究〕を正当化する必要があったのだ。しかし、そのような言い訳は身勝手で、不誠実だ。動物の感情をラベル付けできないからといって、似たような状況で人間が経験するのと同様の感情を、動物が経験しないわけではない。科学者の勝手な言い分に異議を唱えたのは、わたしだけではなかった。ネーゲルのエッセイから四〇年が過ぎ、現在、状況は神経科学に有利な方向に傾いている。近年の二つの進歩により、行動を見なくても脳を見れば心理状態がわかることが明らかになったのだ。

二〇〇六年、ケンブリッジ大学の神経科学者エイドリアン・オーウェンは、交通事故で脳に深刻なダメージを受けた二三歳女性の脳を、機能的磁気共鳴画像法（fMRI）で調べた。[6] どの臨床的尺度から見ても、彼女は植物状態だった。しかし、MRIに入れた状態でオーウェンとそのチームが話しかけると、左前頭葉が活性化した。特に意味が不明瞭な言葉に対して顕著な反応が見られた。さらに驚くべきことに、テニスをしているところや、自宅の自分の部屋に戻ったところを想像するよう語りかけると、空間ナビゲーションに関与する皮質の領域が活性化した。この観察結果はきわめて重大である。内なる主観的経験は、場合によっては行動とは別に経験され、そうした内的経験は脳画像によって示せることを、オーウェンらは証明したのだ。

二〇〇八年、カリフォルニア大学バークレー校の心理学者ジャック・ギャラントは、脳の解読の限界をさらに押し広げた。彼は、視覚野の活動から人が何を見ているかがわかることを示した。その後の数年間で、ギャラントはその技術に磨きをかけ、人が見ているのがどんな画像か、例えば、人か物体かそれとも場面かを特定できるようにした。さらには、実際に画像を見ているのではなく、思い出している時でも、それがどんな画像かを特定できるようにした。[7] ギャラントの技術は、脳の物理的活動は精神の状態、この場合は視覚イメージに翻訳できることを証明した。これは物質還元主義者の勝利を意味した。特定の精神領域は脳から解読できるのだ。

これらの技術が人間でうまくいったのであれば、動物の精神状態を解読するのに、同様の手法を使えないとする理由はない。コウモリであるのはどんな感じか、あるいはイヌであるのはどんな感じかがわかる可能性が出てきた。

MRIでの訓練を終えたリビーに、クレアは台から降りることを許可した。リビーは、その様子を見ていたわたしの視線を捉えて、遊ぼう、と誘っているのだと解釈した。そして大喜びでこちらへ走ってきた。床が滑るので、時々転びそうになる。彼女が顔に向かって飛びかかってきたので、わたしは身をかわした。その後、わたしは膝をつき、彼女が激しく顔を舐めるのにまかせた。

クレアがやって来て、「リビー、もう終わりよ」と言って、リビーをひもにつないだ。リビーはお尻を床につけて座り、クレアとわたしを交互に見た。よだれが垂れるほど興奮しているが、わたしに飛びつきたいのを必死に我慢している。リンバーテイルでなければ、その尻尾はおおいに床を掃いたことだろう。

「リビーをチューブに入れよう」とピーターが言った。

チューブというのは、長さが一・八メートルほどのソノチューブのことだ。それはダンボール製の筒で、通常は建築現場でコンクリートを流し込んで柱を作るのに用いられる。わたしたちはそれを使って、MRIスキャナーの内部を再現した。実習室の中央にあるテーブルの上にチューブを置き、内部に診察台代わりの合板を敷いたのだ。

クレアはチューブに入るための簡易階段へとリビーを導いた。リビーは三年前からドッグ・プロジェクトに参加しており、自分がすべきことを知っていた。さっさと階段を上り、顎乗せ台へ向かう。

その台は発泡スチロール製で、リビーの顎の輪郭に合わせてカットされていた。さらにその台には、脳からの信号を拾うヘッドコイルの模型が貼りつけられている。人間用のそれは、『スター・ウォーズ』の銀河帝国軍の機動歩兵、ストームトルーパーのヘルメットのような形をしているが、イヌ用としてわたしたちはコイルの下半分の模型を使った。人間では後頭部を乗せる場所だ。

リビーが所定の位置にうずくまってコイルに頭を入れると、クレアはその新しい実験を始めた。これまでの実験は全て受動試験だった。手振り、コンピュータ画像、おやつ、匂いによってイヌに刺激を与え、脳の反応を計測した。その間、イヌの仕事は、ただじっとしていることだ。実験は驚くほどうまくいった。この方法でわたしたちは二〇匹以上のイヌの反応を調べ、イヌの報酬中枢の働きについていくつか論文を発表した。しかし今、クレアとリビーがしようとしているのは、もっと複雑な実験だ。それは能動試験で、リビーはMRIでスキャンされながら行動しなければならない。

スキャンしながらイヌの行動を調べるのは、それまでの受動試験に比べて桁違いに難しいはずだが、何がリビーをリビーにしているのか、リビーの脳の中の何がリビーをゼンと違う存在にしているかを解明するには、どうしてもその実験が必要だった。行動を見ればリビーとゼンが違うのは明らかだったが、彼らをMRIに入れた状態で、ほかのイヌや人への反応を調べるのはかなり難しいだろう。ゼンは彼独自の落ち着きを発揮して、じっとしているだろうが、リビーがおとなしくしていられるはずがない。

そういうわけで、わたしたちは人間の心理学の分野から、子どもでもできる実験を拝借することにした。それは「Go／NoGo課題」と呼ばれるものだ。

この実験では、リビーの顎乗せ台の、鼻の位置の1センチメートルほど先に、プラスチック製の標的をテープで固定しておく。リビーがこの模擬MRIに入っている状態で、クレアは犬笛を取り出した。

クレアはチューブの中のリビーを見つめて、笛を吹いた。

リビーはためらうことなく、標的を鼻先で押した。クレアはハンドクリッカーのボタンを押す。大きなクリック音が聞こえた。正しく行動できたことをリビーに知らせるための音だ。クレアはリビーにご褒美のおやつを与えた。

ここまではうまくいった。リビーは笛の意味を学んでいた。「標的を突け」という意味だ。ほとんどのイヌはそれを容易に学習する。その訓練では、最初は標的を床に置く。そして標的を指さして、イヌにそれを調べていいと合図する。イヌはすぐ理解して、喜んで標的を調べる。次に、指さすと同時に笛を吹き、イヌが標的を鼻先で突くと、ご褒美のおやつを与える。じきに、指さしをしなくても笛だけでイヌは標的を突くようになる。

だが、その先は少々難しい。クレアは笛を口にくわえたまま、両腕をXの形にクロスする。これは「動いてはいけない。たとえ笛が鳴っても」という意味だ。

両腕をクロスして、クレアは笛を小さな音で吹いた。

リビーは平然とした表情で、クレアの顔を見つめている。

「よし」とピーターが言う。「ご褒美をあげよう」

リビーが本当に理解しているかどうかを確かめるために、クレアは腕を下ろしたまま、笛を吹く。

リビーは標的を突く。

「いい子ね！」クレアはもう一つおやつを与えながら、大きな声で言った。

笛は「行動」（Ｇｏ）を、両腕のクロスは「行動の抑制」（ＮｏＧｏ）を意味し、両腕のクロスが笛より優先されることを、リビーは理解しているようだった。

「うまくいっているね。笛の音を大きくしよう」とピーターは言った。

笛の音を大きくしても、両腕をクロスしていると、リビーはじっとしていた。わたしはうれしくて気持ちが高ぶった。これは人間でも難しい課題なのだ。


Ｇｏ／ＮｏＧｏ課題は、何十年にもわたって心理学者のお気に入りの道具だった。リビーは笛が鳴ると鼻で標的を突いたが、人間の場合はキーボード上のボタンを押す。人間でもＧｏ／ＮｏＧｏ課題を正しく行うには自制心が必要で、その成績は個人差が大きい。幼い子どもは前頭葉が未発達なので、まったくできない。わたしは、この個体差がイヌにも現れることを期待した。そこから脳の違いを垣間見ることができるのではないかと考えたからだ。

イヌの脳はそれほど大きくない。レモンほどの大きさで、しかも前頭葉が占める割合は人間の脳よりはるかに少ない。となれば、自制があまりきかないのも当然だろう。イヌは芸を覚えるし、飼い主がおやつをくれるまで長く待つこともできる。しかし、我が家のイヌたちは、食べ物や下着などを狙ってしょっちゅう家捜ししている。小柄なキャリーでさえ、背伸びしてキッチンカウンターに頭を横向きに乗せ、アリクイのように舌を伸ばして食べ物を舐める。自制がきかなかったのか、あるいは、自制はきくものの、人間との距離がわかっていて、人間が怒鳴って走ってくる前に少々食べることができると判断したかのどちらかだ。

自制心ゆえに、というよりもその欠如ゆえに、イヌはしばしば保護施設に連れていかれる。その主な理由は、かむ、吠える、家具を壊す、家の中でおしっこをするといったことだ。イヌの脳のどの領域が衝動の制御を担っているか、そしてそれらの領域がどのように働いているかを解明するのが、ドッグ・プロジェクトの目標の一つだ。それが少しでもわかれば、保護施設に送られ、安楽死させられるイヌの数を減らすことができるかもしれない。

リビーの行動はチームを困惑させた。彼女は、ほかのイヌに対しては衝動をほとんど抑制しなかったが、模擬MRI装置の中ではイヌ科の模範的市民になった。当初わたしたちは、イヌは自制心を持つか持たないかのどちらかだろうと考えていたが、それではリビーの行動は説明できなかった。もしリビーが、ある状況では大いに自制心を発揮し、別の状況ではそうできないのであれば、イヌの自制心は状況が決めていることになる。では、どのように決めているのだろう。それをわたしたちは知りたかった。

ほかのイヌはリビーほど興奮しやすくなかったが、多くはGo／NoGo課題の習得に苦労した。リビーのレベルに達するのに数か月かかるイヌもいた。それらのイヌたちを責めることはできない。彼らの多くは、このプロジェクトを始めた時から参加しており、その訓練では、ヘッドコイルに頭を入れたら、じっとしていなければならない、と教わった。しかしGo／NoGo課題は、その教えに逆らうことを彼らに求める。リビーは新しい状況にすぐ適応できたが、ほかの、もっとおとなしいイヌたちは、古い習慣からなかなか抜け出せないようだった。彼らが頑固なのか、それとも混乱しているのかはわからなかった。

ケイディは、やる気のないイヌの典型だった。ゼンと同じく、ゴールデンレトリバーとラブラドールのミックスで、純白に近いブロンドのふさふさした毛並みと、チョコレート色の大きな瞳の持ち主だ。わたしがこれまでに出会った中でも群を抜いて可愛いイヌだったが、やる気のない無気力なイヌなのも確かで、飼い主のパトリシア・キングが命令しないと何もしようとしなかった。明らかに、これはほぼ遺伝的なものだ。介助犬の候補だったケイディは、体が不自由な人を支援するよう、穏やかな性質のイヌを選択して進化させてきた血統を受け継いでいる。パトリシアはケイディの補助脳のような存在だ。ケイディのようなイヌの場合、その意思と飼い主の意思をこちらが見分けられるかどうかはわからなかったし、そうすることに意味があるかどうかもわからなかった。

行動だけからでは、ケイディであるのはどんな感じかはわからない。なぜなら、行動はさまざまな動機に影響されるからだ。ケイディの脳の状態を読み解くことによってのみ、なぜ彼女がそうするのか、あるいはしないのかについて、洞察を得ることができるはずだ。リビーとケイディという、命令の遵守に関して両極端な反応を示すイヌの存在は、イヌがしたいことと許可されていることとの相互作用を探る絶好の機会をもたらした。

しかし、まずはケイディに、新たな課題に取り組んでもらわなくてはならない。

ケイディには、標的に触りたいという欲求さえないようだった。ケイディはボール遊びが好きなので、これは奇妙に思えた。ボールを追いかけるのとプラスチックの標的を突くのは似たようなものだ、どちらも鼻と口を使うのだから、とわたしは思っていた。しかし、またもやわたしは、人間の視点で考えるというミスを犯していた。

ヘッドコイルに入ると、ケイディは動かなくなる。そのせいで彼女は、このプロジェクトにとって最高の、そして最も信頼できる被験者と見なされてきた。まったく動かないので、スキャンはとても簡単だった。だが、タスクが変わると、彼女の評価は一転した。ケイディは、要求されていることがわからなかったようで、動かないことを選択し、パトリシアの合図を待った。

幸い、イヌには人間が指さすものを見るという不思議な能力がある。デューク大学の進化人類学者ブライアン・ヘアは、イヌや霊長類を含むいくつかの種でこの能力を調べた。そして、イヌは人間が何かを指さしたら、指さされたものを見るべきだとわかっているらしいことを発見した。当たり前のように思えるかもしれないが、ほかの霊長類は、仮にそれを習得できるとしても、多くの訓練を必要とする。サルはただ指を見つめるだけだ。研究者らは、イヌのその能力が先天的なものか後天的なものかについて議論した。イヌの行動の研究者であるオレゴン州立大学のモニク・ユーデルは、生まれた時から人間に育てられたオオカミは、イヌと同様に人間が指さしたものを見ることを示した。イヌや社会化されたオオカミは、人間の指がおやつをくれることをすぐ覚える。したがって、人間の指は彼らにとって重要な意味を持っている、とモニクは説明した。彼女の見方によると、人間が指さした方向をイヌが見るのは、人間の手や指を重視していることの自然な延長なのだ。一方、ヘアは、その行動は、何千年もかけてイヌに植えつけられた先天的な行動だと主張した。先天的であれ後天的であれ、わたしたちはそれを利用して、ケイディに何をすべきかを教えることにした。

まず、プラスチックの標的を床に置いて、パトリシアはそれを指さした。ケイディはパトリシアの指のところへ行き、お尻を持ち上げ、尻尾を振りながら、そのあたりの匂いをかいだ。おやつを期待しているのは明らかだ。あたりをかぎまわっているうちに、偶然、ケイディは鼻先で標的を倒した。もちろんこれが目標なので、即座にパトリシアは「いい子ね！」と言って、おやつを与えた。

ケイディは、何が起こったのかわかっていなかったが、喜んだ。

パトリシアとケイディはこの練習を繰り返した。

二〇回ほど繰り返した後、ついに成功した。パトリシアが標的を指さすと、ケイディはそれに駆け寄り、鼻で押して倒した。そして、称賛とおやつを求めてパトリシアを見た。標的を倒した時だけ、おやつをもらえることを学んだのだ。

ケイディがプラスチックの標的を倒すのは楽しいゲームだということを理解すると、パトリシアは笛を導入した。そして、単に指さすのではなく、指さすと同時に笛を吹いた。この練習を二〇回ほど繰り返すと、ケイディが笛と標的とおやつの関連を理解したので、パトリシアは指さす必要がなくなった。

ケイディが確実に鼻で標的を倒せるようなると、わたしたちは標的をヘッドコイルの中へ移した。この実験を成功させるには、全てのイヌは、臆病であろうとなかろうと、MRIの中で標的を鼻で突かなくてはならない。しかし、イヌは驚くほど状況の変化に敏感だ。ケイディが床の上で標的を倒せるようになったからといって、MRIの中でそれができるとは限らない。人間から見れば、標的は明らかに同じなのだが、ケイディがそう見るという保障はない。わたしたちはまだ、ケイディであるのはどんな感じかを知らなかった。

ケイディをMRIに入らせ、顎乗せ台の鼻の位置から1センチメートルほど先に、標的をテープで固定し、パトリシアは笛を吹いた。しかしケイディは、パトリシアを見つめ返すだけだった。ケイディの目には、どんな感情も浮かんでいなかった。

パトリシアはさらに何回か試し、こちらを見た。明らかに怒っている。「どうしたらいい？」と彼女は言った。

もちろん、床でできていたことをそこでもすればよいのだ。ケイディがこちらの要求を理解するまで、笛を吹くと同時に標的を指さし、必要なら標的を叩いて、これを倒すのだ、と教える。

ケイディのようなイヌにとって、それはすぐにできる仕事ではなかった。リビーと違って、彼らはヘッドコイルの中では動きたくないのだ。それでも最終的に全てのイヌが、笛の合図で標的を鼻で突き、腕をクロスした時は突かないよう訓練された。二か月でできるようになったイヌもいれば、半年かかったイヌもいた。

さて、次はスキャナーへと進もう。幸運にもこの実験の設計が正しいのであれば、イヌの心の中で何が起こっているかが、すぐにわかるだろう。

第2章　マシュマロテスト

パトリシアは早くMRIでの実験に進むことを望んでいたので、二〇一四年四月のよく晴れた日、彼女とケイディはMRI室に一番乗りした。わたしは三〇分早く到着し、スキャナーコンピュータを起動して、MRI室をイヌのために整えた。検査台に新しいシーツを敷き、イヌが自分でMRIの台に上れるよう階段を設置した。数分遅れてピーターがやって来て、MRIの後方に回って機械を準備した。最初に用意したのは、実験の時間を記録するのに使うボタンボックスだ。パトリシアが笛を吹くと同時に一つのボタンを押し、ケイディが標的を突いたらもう一つのボタンを押す。次にピーターは、MRI装置の内側に鏡をテープでとめて、ケイディが確かに標的に触れたかどうかを確認できるようにした。最後に、寝台の上に顎乗せ台をダクトテープでとめると、スキャナーの横のボタンを押して、全てを巨大な磁石の真ん中に送り込んだ。

ケイディはコントロールルームに飛び込んでくると、尻尾とお尻をしきりに振った。訓練を含むと、ケイディがMRIに入るのは、これで一〇回目だ。不安は少しも感じられない。ケイディが落ち着くまで数分待って、パトリシアはケイディに「コイル！」と命じた。

ケイディは元気よく階段を上り、台に顎を乗せ、パトリシアがトンネルの向こうに回るのを待った。計画ではウォーミングアップとして、スキャンはせずに、GoテストとNoGoテストを一〇回ずつ行うことになっていた。完璧なパフォーマンスは期待しておらず、どちらのテストでも八〇パーセント成功すれば上出来だと、わたしたちは考えていた。

しかし、ケイディは「MRIの中では動きません」という気分に戻ってしまった。パトリシアがいくら強く笛を吹いても、少しも動こうとしない。さて、どうすればいいだろう。マークは、ケイディをスキャナーから出して、遊びモードに戻すことを提案した。

「出なさい！」とパトリシアは命じた。

ケイディは後ずさりして、平然と階段を下りた。

わたしたちは訓練でそうしたように、床の上にプラスチックの標的を置いた。この実験ではイヌが落ち着いているほうが望ましかったが、今はケイディを興奮させ、遊びたい気分にさせるために、わたしたちはケイディと取っ組み合いを始めた。パトリシアは笛を吹き、床の標的を指さした。ケイディは彼女のほうへ駆け寄り、標的を突いた。みなが歓声を上げた。

標的で一〇分ほど遊ぶと、ケイディは課題に再挑戦する準備が整ったようだった。今回はうまくいった。完璧ではなかったが、およそ七五パーセントの正確さで笛に反応して標的を突いた。いよいよ次は本番だ。

ＭＲＩはすばらしいツールだ。現時点では、身体の内部を見るための最高の技術である。Ｘ線などの電離放射線を必要とせず、きわめて強力な磁石と高度に設計された多くのソフトウェアによって画像を正確に描き出す。放射線を使わないので安全だ。

しかし、予想外のことも起きる。部品の故障や不可思議なエラーの表示がコントロールパネルに現れると、ＭＲＩ修理工と呼ばれる技術者の出番となる。そうした故障やエラーの主な原因は、磁石が冷却を必要とするところにある。地球の磁場の六万倍の磁場を生み出すには、チューブの周りに何キロメートルもの電線を巻き、それに電流を流さなければならない。その電流が穴の周囲に磁場を作り出すのだが、それほど大量の電流が流れると、電線は加熱し、普通の銅線なら溶けてしまう。一九七〇年代に新たな超伝導体が発見されて、この問題は解決した。MRIはニオブとチタンでできたワイヤーを使う。これらの特殊な金属を、きわめて低い温度にまで冷却すると、電気抵抗が消えて、電流を必要なだけ流せるようになる。電気抵抗がないので、電線は熱くならず、熱放散しない。ひとたび通電すれば、超伝導電磁石は常に作動中となる。

金属をそこまで冷やすことができる素材は、液体ヘリウムだけだ。通常、ヘリウムは空気より軽い気体として存在する。しかし、十分に冷却すれば凝縮して液体になる。この変化は、およそマイナス二六九℃（液体ヘリウムの沸点）で起きる。そのまま放置すれば、ヘリウムは沸騰して気体になって逃げていく。それを防ぐには、圧力鍋と同様に、システムに蓋《ふた》をしなければならない。それでも、熱力学の法則により、ヘリウムは徐々に気体に戻っていく。液体の状態を保つには、ポンプで圧縮し続ける必要がある。

ポンプやチューブは、MRIが生きているような印象を与える。コールドヘッドと呼ばれる圧縮装置は、ベンチレーター（通風機）のような音をたてる。マグネット室に入って最初に気づくのは、コールドヘッドのカチ、カチ、という音だ。それは止まることがない。少なくとも、止まらないことを期待されている。わたしたちがエモリー大学の心理学棟に新しいMRIを導入した時、ヘリウムが漏れて超伝導性が失われ、磁場が崩壊し、クエンチと呼ばれる緊急事態に陥った。わたしたちはそのMRIをドラマ『ビッグバン・セオリー』の気まぐれなヒロイン、ペニーに因んでペニーと名づけた。

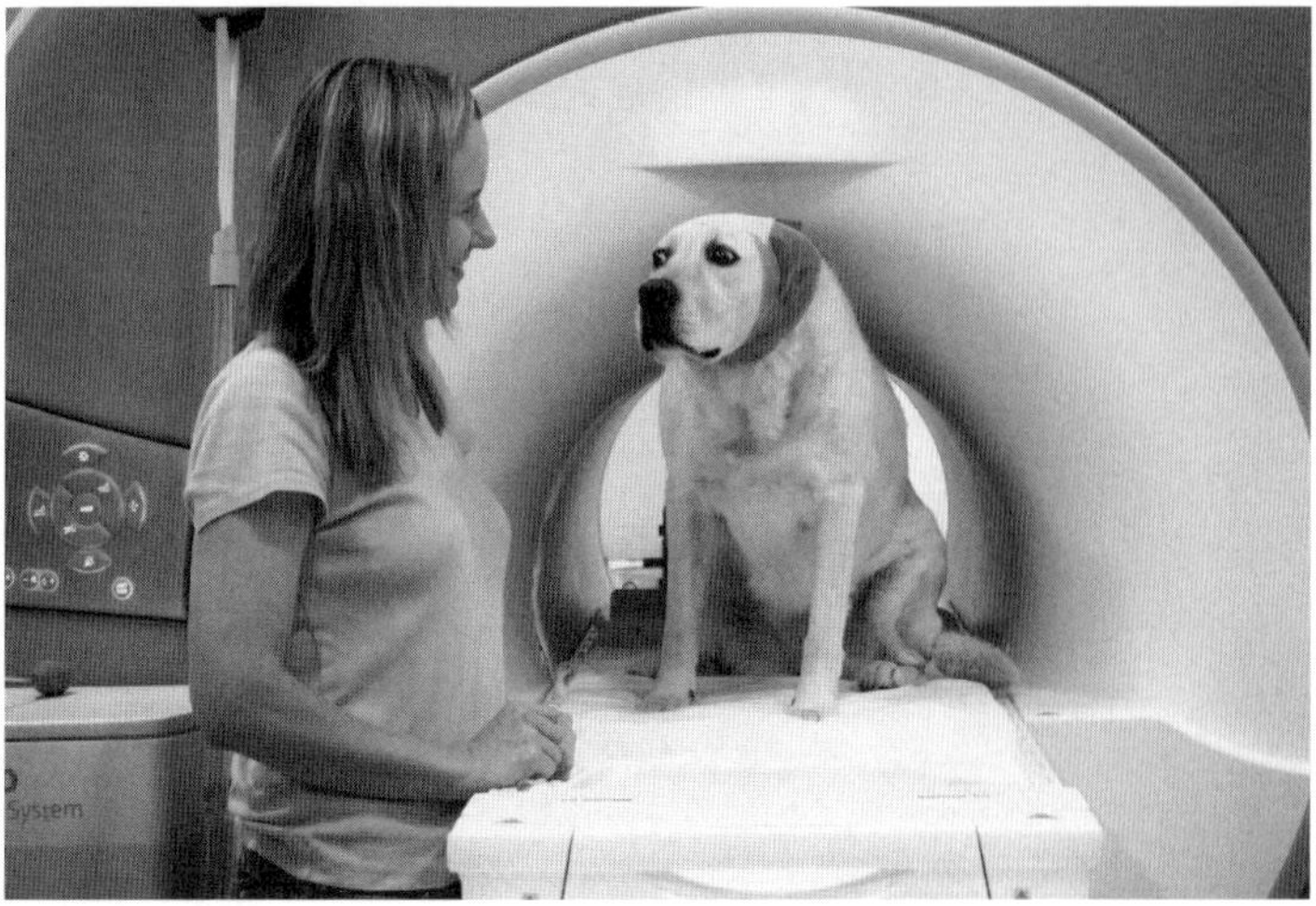

図2.1　スキャンの準備として、パトリシアはケイディの耳を巻く。（ヘレン・バーンズ撮影）

MRIの磁場は常に作動しているが、実際のスキャンでは、特定の位置にさらに少量の磁気を加える。その追加された磁場は、スキャナーの穴の内側にある「勾配磁場コイル」と呼ばれる補助の磁石によってコントロールされる。このコイルに電流を送ると、特定の場所を分離することができる。精巧なソフトウェアで勾配をコントロールすれば、脳内のそれぞれの場所を高速で連続的に特定できる。

もし勾配磁場コイルが静かに作動するのであれば、何の問題もない。しかし、コイルの急速な回転は大きな音をたてる。勾配磁場の流れが変わるたびにコイルは振動し、これらの振動はスキャナー全体に伝わる。そしてMRIは、イヌの被験者がその真ん中にいる状態で、拡声器のような働きをする。

初期の訓練では、イヌを騒音に慣れさせる

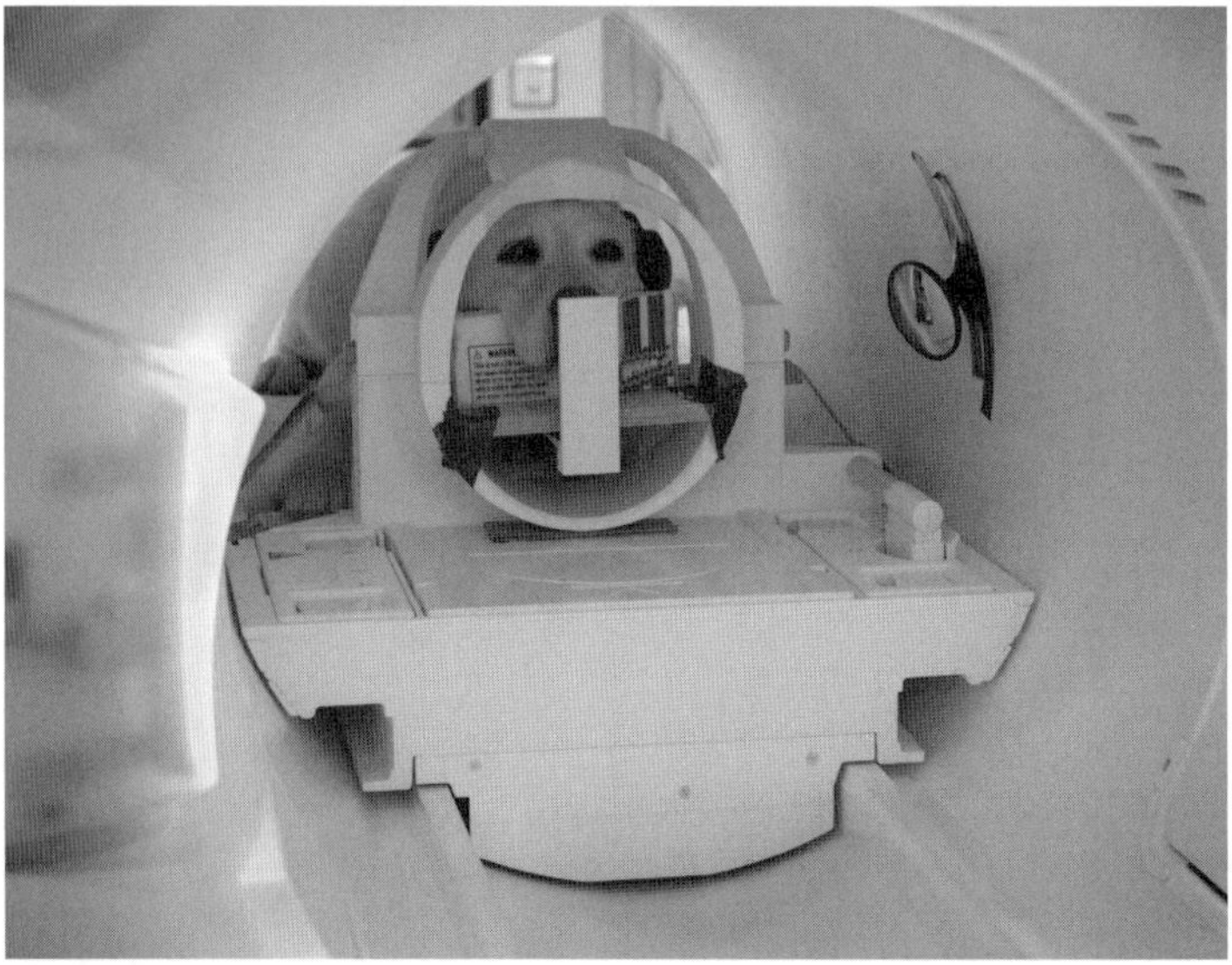

図 2.2　ケイディは MRI 内の台に顎を乗せる。（グレゴリー・バーンズ撮影）

ために、それを録音して、適度な音量で再生した。しかし、実際のコイルの作動はあまりにも音が大きいので、イヌは耳栓を必要とする。この実験では、スキャナーに入る人間が使うのと同じタイプの耳栓を使い、カラフルなスカーフでイヌの頭を巻いて、耳栓が落ちないようにした。耳栓を嫌がるイヌには、イヤーマフを装着させた。

被験者の頭をスカーフで巻き、ピーターが位置に着くと、パトリシアは命じた。

「ケイディ、コイル！」

コントロール室から見えるのはケイディの後ろ姿だけだ。緊張していないようだ。ローカライザー・スキャンでケイディの位置をチェックした。コイルの中にあるもののスナップ写真を撮るための一〇秒間のスキャンだ。このスキャンは低音のブーンという音をたてるだけなので、多くのイヌは意に介さないようだ。期待通りに、ケイディの脳はちょうど真ん中にあった。

次は機能的スキャン、すなわちｆＭＲＩだ。ｆＭＲＩは脳の活動を捉えるためのもので、スキャナーは脳画像を連続的に撮影する。それにかかる時間は、脳の大きさによって異なる。人間の場合、およそ二秒だが、イヌの脳はレモンほどの大きさしかないので、その半分ですむ。結果として得られるのは一連の画像で、映画のフィルムに似ていなくもない。ｆＭＲＩは勾配磁場コイルを高速で回すため、音圧は九五デシベルで、一五メートル先で削岩機が出す騒音に等しい。そういうわけで耳栓が必要なのだ。

わたしはコントロールパネルのスキャンボタンを押した。削岩機の音はケイディとピーターに本番が始まったことを知らせた。

パトリシアが手で合図を送ると、ケイディの脳画像がコンソールに流れ始めた。機能像なので、細部はあまり含まない。スキャンは、ニューロンを取り巻く血管内の酸素濃度の変化を捉えるよう最適化されていた。ニューロンが発火すると、周辺の血管は拡張し、ニューロンに新鮮な血液を送ってエネルギーを補充する。ｆＭＲＩでは、スキャナーは血流の変化を拾うことで、神経活動の所在を明らかにしていく。それは血中酸素濃度依存（blood oxygenation level dependent）反応、略してＢＯＬＤと呼ばれる。

ＢＯＬＤ反応は微小で、全信号の一パーセント以下だ。さらに悪いことに、ｆＭＲＩの信号自体が騒々しく、そのノイズが全信号の五パーセントから一〇パーセントを占める。このノイズの一部は水分子の熱振動によるものだが、大半は生理的な作用が原因だ。心臓が鼓動するたびに血液は脈動し、脳が動く。また、呼吸するたびに、血中の酸素と二酸化炭素の濃度が変化し、脳の中に動きが生じる。これらのノイズはBOLD信号を無力にする。幸い、大数の法則はノイズを克服する方法を示している。試行を繰り返し、結果の平均を出せばよいのだ。不規則なノイズは試行回数の平方根に落ち着くので、スキャンを一〇〇回実行すれば、背景のノイズは一〇分の一に下がる。

MRI内部のケイディの体を見るのは難しかったが、インターコムを通じて鼻息を聞くことができた。パトリシアがNoGoのサインを出さなければ、ケイディは標的を鼻で突く。そうすると頭部が急に前方へ動き、その動きはMRIの連続画像上に現れる。わたしは画像を注意深く見つめて、鼻で突くたびにケイディの頭が同じ位置に戻ることを確認した。

一〇分間スキャンした後、ピーターがマシンの後ろから姿を現し、こちらに向かって手を振った。一セット目のトライアルは終了し、わたしはスキャナーを止めた。ケイディは後ずさりしてMRIから出ると、階段を駆け下りた。その間ずっと尻尾を振っていた。

「ケイディはどうだった？」とピーターが尋ねた。

「上出来だったよ」と、わたしは答えた。「トライアルの間、頭は動いていなかった。それはケイディが保守的だったからだね」

「保守的」というのは、動いてはいけない時には動かないという意味だ。ケイディはその点では優れていたが、自主性に問題があった。五分間の休憩の後、再びスキャナーでの実験が始まった。さらに三セット行って、パトリシアとケイディのタスクは終わった。最終的に、ケイディはGo信号に対して七五パーセントの割合で正しく反応したものの、ＮｏＧｏ信号に対しては五六パーセントという驚くほど高い誤認率を示した。つまり、鼻突きしてはいけない時に、二回に一回は鼻突きしていたのだ。自主性が欠けているだけでなく、自制心にも問題があることが明らかになった。彼女の脳がその理由を教えてくれることをわたしたちは期待した。

その頃にはすでに、クレアとリビーが到着していた。リビーはコントロール室をかけまわり、一人ひとりに跳びついた。リビーの性質からすると、自制心はケイディよりさらに乏しいだろうと、わたしは予想した。しかしまたもや、わたしの直感は間違っていた。

どちらかといえば、リビーはケイディよりさらに保守的で、いったんスキャナーに入ると、頑として動こうとしなかった。そこでわたしたちはリビーをスキャナーから出して、ケイディにしたのと同じウォームアップを行い、その後、スキャナーに戻らせた。リビーの成績にはむらがあった。練習の時はＧｏとＮｏＧｏの両方のテストでほぼ完璧だったのに、本物のスキャナーの中ではＧｏで四六パーセントしか鼻突きをしなかった。しかし、ＮｏＧｏでは完ぺきに近い九六パーセントの確率で正しく反応した。つまり、ケイディはスキャナーに入るとＧｏとＮｏＧｏの両方で成績が落ちたが、リビーのほうはより保守的で、Ｇｏテストの成績は落ちたものの、ＮｏＧｏテストの成績は向上したのだ。

老犬ビッグ・ジャックは、ＧｏとＮｏＧｏの両方で好成績を上げた。彼は九歳で、このプロジェクトでは最高齢だ。深刻な肥満に加えて、老齢のせいで動きが緩慢だ。スキャナーの階段を上るのも危なっかしく思え、わたしは横に立って彼が踏み外した場合に備えた。しかしジャックの長所は、いったん台の上に乗れば、セッションの間ずっと、そこに居続けることだ。

ジャックはウォームアップでは、ほぼ完ぺきにタスクをこなしたので、早速スキャンへと移った。彼と飼い主のシンディ・キーンは難なくやってのけた。ジャックはとても好調で、休憩も一回ですんだ。Ｇｏテストでは七〇パーセント、ＮｏＧｏテストでは何と九六パーセントの成功率だった。

数か月にわたり、わたしたちはＧｏ／ＮｏＧｏ課題で一三匹のイヌの脳をスキャンした。ドッグ・プロジェクトがわずか数年前にわたしの飼い犬キャリーともう一匹のイヌから始まったことを思うと、ここまで来られたことが誇らしかった。ＭＲＩ向けに訓練されたイヌの数は増え続け、彼らが行うタスクの複雑さは人間のｆＭＲＩ研究のそれに近づきつつあった。キャリーはＧｏ／ＮｏＧｏ課題を含む全ての実験に参加したが、わたしはキャリーと一緒にタスクをこなすより、スキャナーを操作するほうが好きだった。一つには、プロジェクトを管理するための仕事が増え、キャリーとの訓練にあまり時間をさけなくなったからだが、理由はもう一つある。キャリーとわたしは、イヌが覚醒している状態でのｆＭＲＩ撮影をやり遂げた最初のイヌと人間のチームだったので、スキャナーに入ったらいつでもお手本になるような成績を上げなくては、というプレッシャーがあったのだ。

キャリーはＧｏ／ＮｏＧｏ課題をうまくこなしているようだった。成功率はＧｏテストでは八三パーセント、ＮｏＧｏテストでは八九パーセントだった。この成績を上回るのはエディーだけだ。しかしキャリーのスキャンを見てみると、彼女が待機中に動きすぎたせいで有益なデータは取得できていないことがわかった。

イヌが動くことはｆＭＲＩの結果の解釈を混乱させる。スキャンしている間にイヌの頭が動けば、隣接した脳領域の信号が混ざってしまう。動きがどこまで許容できるかは、スキャンの解像度次第だ。ほとんどのfMRI実験では三ミリメートルの解像度で脳をスキャンするが、それは脳を1辺が三ミリメートルの立方体に切ることを意味する。これらはボクセル（ボリューム・ピクセル＝三次元の画素）と呼ばれ、ピクセルの三次元版である。動きがボクセルの大きさに迫ると、画像は乱れる。念のためわたしたちは、前のスキャンから一ミリメートル以上動いた脳の画像は棄却した。

ピーターはキャリーに関する悪い知らせを持ってきた。「動いた画像を取り除いたら、三分の一も残らなかった」と彼は言った。

それでは分析するには足りないので、実験のこの段階から彼女のデータを除外しなければならない。わたしはがっかりしたが、自分の感情より、厳密な分析を重視すべきだとわかっていた。それに、除外されるのはキャリーだけではなかった。オハナも動きすぎていた。

ピーターは、残る一一匹のイヌのデータから、NoGoテストがうまくいった場合のBOLD反応の平均値を出した。NoGoテストでは、イヌは鼻突きをしたいという欲求を抑え、頭を動かさないので、ブレーキをかける脳活動をわたしたちは捉えることができた。対照実験として、飼い主が片手を挙げるテストも行った。これは全てのイヌがMRI訓練に参加した当初から学んできた手振りだった。その手振りが意味するのは「じっとしていれば、おやつがもらえる」だ。これはNoGoサインの対照実験として理想的だ。両腕のクロスは「笛の音を聞いても、じっとしていれば、おやつがもらえる」ことを意味する。どちらも手振りを使い、どちらも成功すればおやつがもらえる。唯一の違いは、NoGoでは笛の音を聞いても動かないという自制心が求められることだ。

ピーターはNoGoテストで成功した時の脳の反応と、この対照試験の成功時の脳の反応を比較することによって、行動を抑制する時に稼働する脳領域を特定した。

見つかった領域は一つだけだった。前頭葉の小さな部分だ。

人間の頭と違って、イヌの頭の大部分は筋肉、骨、空洞から成る。顎と首についている筋肉によって、イヌのかむ力は強大になる。また頭蓋骨の空洞は、匂いをかぐための海綿静脈洞を形成する。脳はこれらの層の下にあり、頭の容積の四分の一ほどを占める。前頭葉は眼球の後ろの領域だ。人間の場合、前頭葉は脳の三分の一を占め、霊長類の中でも大きい。イヌの場合、前頭葉は脳のおよそ一〇分の一しかない。

人間の前頭葉は多くのことを行う。言語、抽象的思考、計画、社会的知性のほか、まだよくわかっていない多くの認知プロセスを担っている。もっとも、イヌの前頭葉が小さいからといって、人間に似た認知プロセスを持たないわけではない（言葉を持たないのは明らかだが）。解剖学的には、前頭葉は脳の前部から後方の大きな溝まで、と定義される。霊長類では、この溝は頭頂部から耳の隣へと走っている。解剖学者はこの溝を中心溝と呼ぶ。この溝より前のニューロンは運動を制御し、後ろのニューロンは触覚を司る。つまり中心溝は、行動と感覚の境界線なのだ。

イヌには中心溝がない。その代わり、十字溝と呼ばれる、前方から頭頂へ向かってV字型に走る大きな溝がある。ピーターが特定した領域は、この溝の下部にある。ほかの研究により、人間とほかの霊長類が同様のタスクをする時に、類似の領域が活性化することがわかっている。[1] この結果は、動きたいという衝動を抑制するイヌの脳の領域を突き止めたことを示唆していた。

この領域が判明したことで、研究の方向性が正しいことは確認できたが、本当に理解しなければならないのは、この領域がどのようにして自制を可能にしているかということだ。それがわかれば、ケイディ、リビー、ジャック、キャリーのようなイヌの違いを理解する道が開けるだろう。もしかするとイヌの自制心を育み、保護施設で一生を終えなくてすむようにしてやれるかもしれない。

その最初の手がかりは、イヌのGo／NoGo課題をこなすレベルがさまざまであることだ。人間の場合と同じく、ほかのイヌよりそれが得意なイヌがいて、しかも前頭前野の活動レベルとそのタスクの成績には密接な関係があるようだった。前頭前野の活動レベルが高いほど、成績が良かったのだ。この関係は、その小さな前頭葉をより多く課題に集中させたイヌのほうが、成績が良いことを示していた。次の課題は、Go／NoGo課題で成績の良かったイヌが、ほかの自制心のタスクでもうまくやれるかを確かめることだ。

人間の自制心に関する最も有名な実験は、スタンフォード大学の心理学者ウォルター・ミシェルによって行われた(2)。一九七〇年代の初め、ミシェルと同僚は子どもを対象として、満足を先延ばしにする能力について研究した。後にマシュマロを使うようになり、「マシュマロテスト」と名づけられたその実験の最初の実験では、ミシェルは四歳の子どもに、クッキーなどの好きなお菓子とそれほど好きではないお菓子のどちらかをあげる、と約束した。しかし、条件があった。実験者は部屋を出る。通常一五分くらいだが、子どもが好きなお菓子を手に入れるには、実験者が戻ってくるまで待たなければならない。子どもがベルを鳴らせば実験者はすぐに戻ってくるが、その場合、子どもがもらえるのは、あまり好きではないお菓子だ。

数年後、その子どもたちが思春期を迎えた時、四歳の時に満足を先延ばしにできた子は、勉強への集中力が高いと親に評価されていた。また、その子たちは欲求不満を感じにくく、誘惑に抵抗することができた。我慢できない子どもが我慢できないティーンエイジャーになるのは、驚くようなことではない。

その後の研究によって、満足を先延ばしにする能力には、いくつかの認知的要因が絡んでいることが明らかになった。おそらく最も重要なのは、即時の満足感を抽象的な喜びに変換する能力だ。好きなお菓子を思い浮かべることを教わった子どもたちは、うまく待てるようになった。対照的に、子どものいる部屋にお菓子を置くと、子どもたちは待てなくなった。

それからほぼ四〇年後、コーネル大学の心理学者Ｂ・Ｊ・ケイシーは、ミシェルの被験者の脳画像を初めて研究した[3]。被験者はＧｏ／ＮｏＧｏ課題の感情版を行った。スキャナーの中で、彼らは顔の写真を見せられる。その顔がある一方の性別であれば、被験者はボタンを押すことになっている（Ｇｏ刺激）。しかし他方の性別であれば、ボタンを押してはいけない（ＮｏＧｏ刺激）。その顔は、無表情な時もあれば、笑顔や悲しそうな時もある。驚くことに、四〇年前のミシェルの実験で満足を先延ばしにできなかった被験者は、満足を先延ばしにできた被験者に比べて、このタスクに失敗する確率が高かった。

ケイシーが脳活動のパターンを調べると、ＮｏＧｏ課題が成功した時には、下前頭回（ＩＦＧ）と呼ばれる前頭前野の小さな領域が活性化することがわかった。さらに、子どもの時に満足を先延ばしできた被験者は、IFGの活性化の度合いが高かった。これらの結果から、生涯を通じての満足を先延ばしする能力は、IFGの反応性と結びついているとケイシーは結論づけた。

ケイシーの画像結果は、わたしたちがイヌで発見したものと一致していた。NoGo課題と関連するイヌの脳領域は、ケイシーが人間で発見した脳領域によく似ていた。その関連を確認するには、イヌ版のマシュマロテストが必要だった。

しかし、ミシェルが子どもに命じたような方法は使えない。なぜなら、待たないとあまり好きでないおやつしかもらえないことを、イヌに教える方法はないからだ。イヌにとっては、おやつさえもらえたらいいのであって、それがどんなおやつかを気にするイヌはおそらくいない。したがって、マシュマロテストをもっと単純にする必要がある。

ピーターは、おやつをイヌの前に置いて待たせたらどうか、と提案した。わたしたちは、飼い主が食べてよいと命じるまで鼻の上におやつを乗せてバランスをとるイヌの映像を見たことがあった。しかし、このプロジェクトにそんな芸当ができるイヌはいない。

そこで、もっと簡単な方法を考えた。飼い主の「伏せ」の命令で、イヌに伏せの体勢をとらせ、滑車をとりつけた浅いカップにおやつを入れ、イヌの一八〇センチメートル前に置く。イヌが伏せをやめたら、カップをイヌには届かないところまで引き寄せる。イヌがおやつを食べていいのは、飼い主がGoと言った時だけだ。

わたしたちの計画は、それぞれのイヌが、どれだけ長く伏せの体勢を保てるかを確かめることだった。イヌがじっとしていられる時間は自制心の指標になるだろう。しかし、最初から困ったことになった。

ケイディは動かなかった。前足に頭を乗せ、次の指令を待って、パトリシアを見ていた。五分たつと、そのまま寝てしまった。おやつを食べたのはパトリシアが促した時だけだった。

陽気なポーチュギーズ・ウォーター・ドッグのタグも、ケイディと同じだったが、理由は違った。タグは二年前からこのプロジェクトに参加していたが、MRIの中で動かないよう躾《しつ》けるのは難しかった。訓練を始めたのがわずか二歳の時だったので、若さも一因だったようだが、基本的に活発なイヌだった。それでもMRI実験のやり方をマスターできたのは、ひとえに飼い主のジェッサ・ファガンが根気強く訓練したからだ。そうした経緯があったので、この実験でも、ジェッサが「伏せ」と命じると、タグは素直に従った。それでも、タグはすぐおやつをとりにいくだろうとわたしは予想した。実際、彼はそうしたがった。タグはカップを凝視していたが、じきにジェッサを見て、激しく吠え始めた。それでも姿勢を崩そうとはしなかった。

ケイディとタグの違いは、より大きな問題を明らかにした。それは、イヌのマシュマロテストでは、自制心と訓練による服従を区別できないことだ。ケイディとタグはどちらも伏せの体勢を保っていたが、その理由は大きく異なった。タグはおやつを食べたがったが、動こうとせず、その苛立ちを吠えることで表現した。ケイディはおやつに関心がなかったか、あるいはあまりにも内気なせいで、パトリシアに命じられなければ何の行動も起こせなかった。どちらのケースも、その説明に自制心は必要としない。

結局、わたしたちはマシュマロテストをやめることにした。必要なのは、訓練とは無関係の、イヌの自然な自制心に踏み込む方法なのだ。

今回も手がかりは、人間の発達に関する文献にあった。もっともその文献は、ミシェルよりはるかに時代を遡る、発達心理学の先駆者ジャン・ピアジェによるものだ。ピアジェは子どもの認知発達に関する包括的理論を構築したことで知られる。その理論によると、認知能力は段階的に出現する。誕生時から言葉を話し始める（二歳くらい）までの感覚運動期（センソリモーター期）に、幼児は外界と影響し合ってその性質を学ぶ。一歳になる頃には、事物が物陰に隠れて見えなくなっても、そこに存在していることを学ぶ。この「物体の永続性」を学ぶことは重要な成長段階だ。この段階まで来ると、「いないいないばぁ」遊びはおしまいになる。なぜなら、お母さんの顔がまた出てきても、子どもはもう驚かないからだ。

「いないいないばぁ」は正確なテストではないので、ピアジェはより穏やかなA-not-Bテストを考案した。A-not-Bテストでは、赤ん坊の前に二つの箱AとBを置く。実験者は箱Aの中におもちゃを入れ、少し間をおいてから、中のおもちゃを幼児に見せる。幼児は大喜びする。これを何度か繰り返す。その間、幼児はたびたび箱Aに手を伸ばしておもちゃをとろうとする。次に、実験者はおもちゃを箱Aではなく、箱Bに入れる。約一〇か月未満の幼児は、おもちゃが箱Bに隠されるのをはっきり見ていても箱Aに手を伸ばす。しかし一歳を過ぎると、ほぼ全員が正しい場所（箱B）を探すようになる。

A-not-Bテストでの誤りは、幼児の感覚世界――おもちゃが箱に入るのを見ること――と、その動作システム――箱に手を伸ばすこと――のずれを示している。実験者から見れば、子どもは習慣的に箱Aに向かうのをやめられないかのようだ。この繰り返されるエラーは保続（perseveration）

と呼ばれ、前頭葉が未発達なことと関係がある。(4) 比較研究により、ほかの動物でもこの現象が起きることが明らかになった。アカゲザルは、餌を使ったA-not-Bテストを楽々とこなすが、前頭前野を損傷したアカゲザルは、九か月の幼児と同じように失敗する。(5)

A-not-Bテストの長所は、簡単にできることだ。実験者は幼児に何をすべきかを教える必要はない。また、おもちゃを食べ物に代えれば、広範な動物に適用できる。二〇一四年に動物研究者のコンソーシアムが率いた研究では、三六種の動物を対象としてA-not-Bテストを行った。その種にはサル、類人猿、キツネザル、トリ、ゾウ、げっ歯類、イヌが含まれた。(6) 平均して、イヌの八九パーセントは箱Aから箱Bに切り替えたとたんに箱Bを探した。この成績は、類人猿（チンパンジー：八七パーセント、ボノボ：一〇〇パーセント、ゴリラ：一〇〇パーセント）に並び、コヨーテ（二九パーセント）と多くのサル（オマキザル：八六パーセント、オナガザル：六七パーセント、リスザル：一六パーセント）の成績を上回った。トリの大半は成績が悪く、例外はハトの一部（五五パーセント）だった。驚いたことに、ゾウは一頭も正しい行動がとれなかった。

そのデータにパターンを探した研究者は、A-not-Bテストの成績を予測する最も強力な因子は脳の大きさだということに気づいた。ゾウは例外として、通常、脳が大きいほど成績は良かった。しかし、大きな動物はより大きな脳を持っているという悩ましい事実がある。実際、体の大きさを計算に入れると、脳の大きさと成績にはやはり相関が見られたが、それほどはっきりしたものではなくなった。一方、餌に含まれる果実の割合や、種の社会集団の大きさといった環境因子に、A-not-Bテストの成績との相関は認められなかった。

だが、脳の大きさだけで全ての違いを説明できたわけではない。例えば、イヌは脳がそれほど大きくないが、A-not-Bテストの成績は霊長類に並ぶほど良かった。また、コヨーテはイヌの近縁種で、両者の脳はよく似ているが、その成績はイヌよりずいぶん悪かった。さらに言えば、種が同じでも個体によって差があった。おそらく、ミシェルのマシュマロテストが示したように、個体によって能力に差があるのだろう。そうだとすれば、Go/NoGo課題で調べた前頭葉の活性とA-not-Bテストの成績には関連があるかもしれない。この予測は、次にどんな実験をすればいいかを示唆していた。

Go/NoGo課題でイヌのスキャンを行った数か月後、わたしたちは独自のA-not-Bテストにとりかかった。ベビーゲート（赤ちゃん用のフェンス）で部屋を区切って、幅一八〇センチメートル、長さ三メートルの通路を作り、その終端に三つのバケツをとりつけた。左端のバケツがA、右端のバケツがB。真ん中のバケツはイヌを惑わすためのもので、イヌが推測したかどうかをわかりやすくするのが目的だ。イヌが匂いをかいでおやつを見つけないよう、それぞれのバケツの後ろにおやつをテープでとめた。小型のゴールデンレトリバーのパールが最初だった。パールが大いに期待しながら眺めている中、わたしの娘のヘレンがバケツAの中におやつを入れた。そして自分の視線がパールにヒントを与えないよう、向こうを向いた。

食べてもいいことを教えるために、マークはパールをおやつが入っているバケツのところまで連れていった。パールは尻尾を振りながら、すぐそれを食べた。

パールはゲームを理解したようだ。わたしたちはさらに二回、同じことを繰り返した。この二回では、マークは通路の入り口でパールを放して、自分でバケツAまで行かせた。そして四回目のテストで、ヘレンはまずバケツAにおやつを入れ、それをバケツBへ移した。後ろから見ていて、パールの頭がヘレンの動きを追っているのがわかった。パールはおやつのありかを理解したはずだ。

マークがパールを放した。

するとパールは真ん中のバケツに駆け寄った。中に何もないのがわかると、バケツAに行ったが、そこでも同じように落胆した。

わたしはピーターと顔を見合わせ、肩をすくめた。昔ながらの定義によれば、パールはA-not-Bテストに失敗したのだ。しかし、それは大した失敗ではなかった。なぜならパールはバケツBと間違えて、真ん中のバケツへ向かったからだ。

わたしたちはこのような失敗を予測して、それぞれのイヌに複数回チャレンジさせることにしていた。そして、成績には何度目のチャレンジで成功したかを反映させた。パールはまぬけではなかった。二度目のテストでは、まっすぐバケツBへ向かった。このA-not-Bテストにおけるイヌの能力には、驚くほど個体差があった。ゼンとビッグ・ジャックはおやつの場所をAからBに切り替えるとすぐBに向かったが、ケイディとエディーは最も成績が悪く、一一回目でようやくBにおやつがあることを理解した。

Go/NoGo課題で誤認率が高かったイヌは、A-not-Bテストの成績も悪かった。方法は異なるが、どちらも自制心を測定するものであり、その結果が一致したことは、わたしたちがそれぞれのイヌの個性を大まかに捉えられていることを示していた。

この実験結果は、シンプルな連鎖にまとめることができる。つまり、前頭葉の活動レベルが低い→Go／NoGo課題での誤認率が高い→A-not-Bテストでの切り替えに時間がかかる、ということだ。因果関係を直接調べることはできなかったが、この関係は相関的であり、また、人間やほかの動物の前頭葉機能に関するデータも、イヌの前頭葉がきわめて重要な役割を持つことを裏づけていた。ミシェルとケイシーの実験が示す通り、前頭皮質が活性化しているイヌは、そうでないイヌより、自制心を必要とするタスクの成績が良かった。したがって、イヌにとって自制心を働かせるというのはどういうことか、という問いの答えは、わたしたちの脳の中にあると言える。それがデザートを適量でがまんすることであれ、衝動買いを抑えることであれ、依存症を断つことであれ、自制心を働かせるのがどんなことかは誰もが知っている。そして脳のデータは、イヌの自制心もほぼ同じであることを示していた。

この結果は二つの理由から重要だった。

一つは実際的な理由だ。飼い主はさまざまな策を弄《ろう》して、イヌが調理台から食べ物をくすねたり、花壇を掘ったり、ありとあらゆる衣服をかんで引きちぎったりするのを防ごうとする。イヌはあくまでイヌであり、そうしたことをしたがるものだ。しかし、イヌが全て同じというわけではない。我が家のキャリーは、わたしが仕事に行っている間、家で自由にさせておいても問題はないが、柵のない場所でリードを外すことはできない。キャリーにどれほど自制心があっても、小動物や、さらに危険な車を追いかけようとする猟犬の衝動を抑えることはできないだろう。彼女の扱いを決めているのは、イヌであることではなく、彼女自身の性質だ。ほかのイヌも、それぞれ個性に応じて扱いを変えるべきだ。

第二に、イヌの前頭葉の活性化の度合いと行動との関連は、人間で観察されているものによく似ている。両者の脳のよく似た領域は、よく似た機能を担っているようだ。これは重要なことだ。なぜなら、構造と機能の関係がよく似ていることは、イヌであるのは、あるいはほかの動物であるのはどんな感じかという問いに答える道を開いてくれるからだ。人間の脳領域によく似た領域が活性化している時、おそらくそれらの動物は、人間の主観的体験に似た体験をしているのだろう。イヌにも人間と同じように個体差があるので、なおさらそう思える。現在、人間の神経科学の領域は個別化医療の方向へシフトしており、そこでは生物学的な個人差を理解することが何より重視されている。

ドッグ・プロジェクトは、イヌの脳機能の一般的性質から、さらに先へと進み始めた。わたしたちは個々のイヌのわずかな違いと、そうした違いが個体の経験について何を語るかに注目し始めた。もっとも、同種の個体差に適用するアプローチは、種と種の違いにも適用できる。ケイディやリビーであるのはどんな感じかの説明から、イヌあるいはほかの四本脚、あるいは二本脚の肉食動物であるのはどんな感じかの説明へと進むことができるのだ。

個体から種に進むには、脳の構造と機能の関係をより深く掘り下げる必要がある。複数の種に共通する脳の構造は何か。一つの種の中で、それらにはどのような違いがあるか。そうした問題に取り組む前に、わたしたちはもっと基本的な問題に取り組まなければならない。それは、脳はいったい何のために存在するのか、という問題だ。

第3章　なぜ脳は存在するか

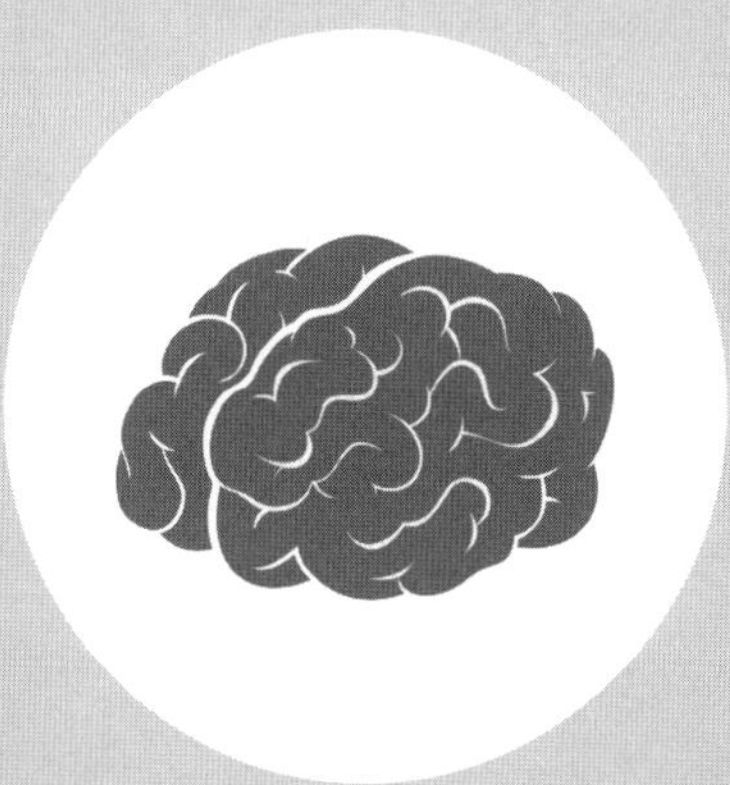

脳は、維持するのが高くつく器官だ。人間の場合、脳の重さは体重のわずか二パーセントだが、心臓からの血流の二〇パーセントは脳に送られ、わたしたちが吸った酸素の二〇パーセントは脳で消費される。また、脳はきわめて繊細で、血流が少しでも滞ると機能しなくなる。血圧が急に下がると、たちまち意識が失われることもあり、およそ五分以上、血液と酸素の供給が途絶えたら、脳は不可逆的な損傷を受ける。脳の酸欠が一〇分続くと、あなたは死ぬ。

こんな神経質な車を運転することを想像してみよう。ほんの少しメンテナンスをしくじっただけで走れなくなり、修理もできない車を誰が欲しいと思うだろう。脳は、このように気まぐれな器官なので、それがもたらすメリットは、コストをはるかに上回るはずだ。では、脳はいったい何のために存在するのだろうか。

単純なダーウィン主義者なら、脳は動物の生存と繁殖を後押しするために存在する、と言うだろうが、それでは、ある動物の脳がほかの動物の脳より大きい理由や、人間の前頭葉が大きい理由を説明できていない。脳構造におけるこうした違いは、種の機能の違いの土台になっている。課題は、この構造と機能の関係を解読することだ。正確な数はわからないが、人間の脳には少なくとも八〇〇億のニューロンがあることを思うと、これは困難な仕事だ。また相対的な大きさから、イヌの脳でさえ、およそ五〇億のニューロンがあると推定される。

これらの絡み合ったニューロンに、動物の内的経験を理解する鍵がある。研究者や哲学者の中には、動物の精神生活を理解するのは不可能だと言う人々もいるが、わたしはそうは思っていない。ドッグ・プロジェクトは、イヌの脳と人間の脳の構造と機能に類似性があることを示した。しかし、fM

Ｒ－で全てが明らかになるわけではなかった。ｆＭＲ－はニューロンの活性変化を明らかにしたが、その分析力には限界があった。機能的画像の下では、たくさんのことが起きていた。イヌ、人間、あるいはほかの動物であるのはどんな感じかを知り、その物理的証拠を得るには、脳の構造にもっと深く入り込んでいく必要があった。

脳についての理解は、この一〇〇年間で劇的に進歩した。イヌであるのはどんな感じかは決して理解できないという主張に、わたしは反論するが、神経科学の歴史を遡れば、トマス・ネーゲルが『コウモリであるとはどのようなことか』を刊行した一九七〇年代のこの学問分野がかなりお粗末だったことは認めざるを得ない。しかし今では多くのことが変わった。神経科学の情報が爆発的に増えただけでなく、脳機能の理論やそれを調べる技術が大いに進化した。

技術は、計測に役立つだけでなく、生物システムを理解するためのメタファーとしても役立っている。それは常にそうだった。脳機能について言えば、現在では三つのメタファーが注目を集めている。すなわち、「刺激－反応」のメタファーとしての「電気スイッチ」、「記号処理」のメタファーとしての「初期コンピュータ」、「ニューラルネットワーク」のメタファーとしての「集積回路」だ。これらのメタファーの起源に目を向けることは、脳機能に関する現代の理論の位置づけに役立ち、また、脳に関するいくつかの一般原理を知る助けにもなる。それらをもとに、イヌの脳が何を行っているか、それは人間の脳が行っていることとどう違うかについて考察を深めることができるだろう。

神経科学は二〇世紀の初めに本格的に始まった。当時は、電気の進化もめざましかった。トーマス・エジソンが一八七九年に電球の設計で特許を取得し、一九〇〇年までにグリエルモ・マルコーニが無線通信の試験を行った。マルコーニの前にも、アレクサンドル・ポポフが電波に基づく雷検知器を発明していた。ポポフが拠点としたロシアのサンクトペテルブルクは、知的活動を育む環境だった。反射行動研究の草分け、イワン・パブロフの本拠地でもある。パブロフがポポフのことを知っていたかどうかは不明だが、パブロフの研究において電気装置は重要な役割を果たした。パブロフは、反射行動は生得的なものとは限らず、彼が条件付けと呼ぶプロセスによって学習される場合もあることを示した。電気回路との類似は明らかで、配電盤と同じように、反射は設定し直すことができるのだ。

パブロフが発見した条件反応は、その後の五〇年間、心理学に大きな影響を与えた(1)。一九一一年、心理学者のエドワード・ソーンダイクは「効果の法則」を発表し、満足をもたらす行動は往々にして繰り返される、と述べた。この単純な観察から、もう一人の心理学者B・F・スキナーはオペラント条件付け理論を打ち立てた。

脳が電気化学的原理によって働くことは広く知られていたが、パブロフからソーンダイク、スキナーにいたる考え方は基本的に機械論的で、脳をブラックボックスと見なした。つまり、観察不能で、行動研究にとって無意味なものと見なしたのだ。しかし一九五〇年代になると、スキナーのブラックボックスを超える見方が登場し、科学者は、脳が情報を整理する方法に目を向け始めた。この新たな見方は、それ以前の「刺激ー反応」理論より洗練されていた。

脳に対する新たな興味は、主にコンピュータの発明によって引き起こされ、心理学者は脳を生物学的なコンピュータ装置と見なすようになった。この新たに登場した「認知心理学」は、脳内における知識の表現と、その情報の操作を重視した。[2] しかし、心を構成するソフトウェアが重視されるようになった反面、脳は単なる生物学的なハードウェアとして再び舞台の後方に押しやられた。多くの研究者が、わたしたちが完全に脳を捨て去り、コンピュータにソフトウェアをダウンロードするだけですむ未来を想像した。認知心理学は、脳に対する理解が大躍進することへの期待と、人工知能の発展に後押しされて、その後三〇年にわたって流行した。

しかし、一九七〇年代の半ばまでに、脳はコンピュータのように情報を収納するだけではないことを、多くの科学者が理解し始めた。脳はコンピュータと違って、独立した記憶領域や中央処理装置（CPU）を持たない。脳で知識がどのように蓄積されるかはわからないままだったので、ソフトウェア（心）とハードウェア（脳）を分けようとした研究者たちは行き詰まった。ネーゲルの『コウモリであるとはどのようなことか』は、彼らの不満をさらに煽《あお》っただけだった。脳を分析しても心のことは決してわからない、とネーゲルは言った。彼は心に対する還元論者の無益に見えるアプローチには反対したが、彼のエッセイは学者たちを神経科学の有用性を信じる者と信じない者に二分し、その分裂は今日まで続いている。

しかし、心に対する生物学的アプローチを擁護する人々の中から、新たなタイプの科学者が現れた。神経科学に刺激された彼らは、脳にコンピュータに似た機能を探すのではなく、脳の働きをまねたコンピュータ・アルゴリズムを設計し始めた。彼らが最初に気づいたのは、脳内では数十億ものニューロンが同時に働いていることだった。そのような大規模な並列コンピューティングは、CPUが命令を順に実行していくコンピュータとは大いに異なる。この新たな「コネクショニスト」［訳注：ニューラルネットワーク・モデルに基づいた研究手法をとる研究者］は、ニューロンに似た自動機械《オートマトン》から成るシンプルなネットワークが、驚くほど複雑なタスクを実行できることを示した。さらに、これらのニューラルネットワークは、プログラマーの手を借りなくても、自分で学習することができた。[3]

　これらの初期のニューラルネットワークは、手書き文字の識別やバックギャモン［訳注：ボードゲームの一種］などで人間並みの力を発揮した。その後、ニューラルネットワークは集積回路の急速な発展と並行して進化し、やがてニューラルネットワーク用のチップが作られるようになった。現在、ニューラルネットワークは、その莫大な情報可用性と無限の計算能力ゆえに人工知能（AI）アルゴリズムに組み込まれ、ディープラーニング（深層学習）と呼ばれる新しいハイブリッド分野を牽引《けんいん》している。とはいえ、ニューラルネットワークは基本的には入出力装置だ。それらは環境から何かを入力し、それを変換し、出力することのモデルになる。

　脳の機能を入出力にたとえるのは理にかなっているように思える。わたしたちは絶えず情報を取り込み、それについて考え、それに応じて行動する。しかし、このたとえは方向を間違っている。脳は情報を処理するために生まれたわけではない。脳が進化したのは生物の動きをコントロールするためなのだ。実際、筋肉を持つ全ての動物には神経系があり、神経系を持つ全ての動物には筋肉がある。[4]このような神経系と筋肉との関係は、避けがたい結論と、脳の第一原理を導く。

　すなわち、「動物が脳を持つのは、行動するためにそれが必要だからだ」。

しかし、動物がどのように行動するかは、その形態と環境によって決まる。(5) 脳は確かに情報を処理するが、情報処理が必要なのは、それが行動を手助けする場合に限られる。さらに、動物は自らが処理する情報をコントロールし、それは能動的知覚と呼ばれる。(6) この脳と体の緊密な関係(7)に埋もれているのが動物の心だ。

それを理解するには、動物とその神経系の起源を見る必要がある。

最も初期の生命体は、四〇億年前、地球が形成されてまもない頃に誕生したが、最初の動物が現れるまでに、それから三〇億年以上かかった。それまで、複雑な生命体を養うのに十分な酸素が大気中に存在しなかったからだ。しかし、およそ六億年前に十分な酸素が蓄積され、生物が爆発的に増えた（「カンブリア爆発」と呼ばれる）。多細胞生物が急速に複雑さを増し、動物と認識できる最初の生物が現れた。現代のクラゲによく似た生物だ。

クラゲは神経系と推進のための環状の筋肉を持っているが、脳は持っていない。クラゲとその近縁は刺胞《しほう》動物門に属し、神経網を持つ。脳と神経網の違いは、神経の集中の度合いだ。

クラゲは集中的な指令センターを持たないが、その神経網は驚くほど多彩な動きを可能にする。捕食性のクラゲは、そばを通る獲物が触手に接触するのを感じることができる。この接触が神経網の反射作用を引き起こし、刺胞が射出され、獲物に打ち込まれる。この行為に意識は伴わない。実際、その行動に気づく「もの」は存在しない。なぜなら、何が起こっているかを追跡する中央処理システムがないからだ。クラゲは海のゾンビなのだ。

クラゲの明らかな特徴は、放射状に対称であることだ〔訳注：放射相称と言う〕。言うなれば、クラゲは生きている管であり、その幾何学的な形状ゆえに、神経網も管状に配置されている。

神経系の進化における次の大きな変化は、動物が放射相称から左右対称へと変わった時に起きた。放射状に対称な管の集まりを、縦に伸ばすことを想像してみよう。それは縦の中心線を軸とする左右対称になる。こうして生物に左右、前後が生まれた。分類学的に言えば、最初の左右相称動物だ。最も単純なものは、扁形動物（フラットワーム）である。

放射対称の動物に比べて、左右相称動物の体は平らで、神経網も平らだ。かつては放射相称だった神経系が、縦に走る二本の神経幹に変わり、その間をまばらな横の神経網がつないだ。そして、これらの新しい生物には頭と尾があった。左右相称動物の神経系は、ニューロン間の距離が縮まったら何が起きるかを示している。それらは互いとより多くのつながりを持つようになるのだ。そして、より多くのつながりは、より複雑な演算を可能にする。左右相称動物の神経系にとって最も重要な仕事の一つは、左右の動作を協調させることだ。それが協調しなければ、あなたはうまく歩けない。つまり最初の左右相称動物は、中央制御装置を持つ最初の動物だったのだ。

そのような動物進化の初期段階であっても、神経系がどのように動作と絡み合っているかを見ることができる。一つの方向に動くだけでも高度な協調を必要とする。実際、協調は非常に重要であり、人間の脊椎と脳幹のかなりの部分は、今もそれに専念している。このことは、わたしたちがワームから進化したことを思い出させる。

脳機能の重要な原理を理解するのに、ワームから現代の動物までの進化の全過程を追う必要はない。

重要なポイントは二つだけだ。まず、左右の協調はきわめて重要なことであり、ひとたびその解決策が発明されると、それ以降に進化した全ての動物は、それを受け継いだ。次に、体の動きをコントロールできるようになった神経系にとって、次の重要な任務は、何をするかを決定することだった。これは意思決定であり、そのために動物は脳を必要とした。そしてこの筋書きは、わたしたちを第一の原理に立ち返らせる。すなわち、「動物が脳を持つのは、行動するためにそれが必要だからだ」。

進化は生物の全てに共通する理念だが、進化がいかにして現代の脳をもたらしたかを理解するのは難しい。厳密な意味では、チャールズ・ダーウィンが悟った通り、進化は全生物に作用した。動物は生殖できるようになるまで十分長く生存しなくてはならず、長く生存できたら生殖しなければならない。脳のような体の部分が進化してきたのは、それが生存か生殖のいずれかを後押ししたからだ。したがって脳の進化についても、進化によってある動物の脳がいかに人間のものに近づいたかではなく、その動物を環境により適応させたかを見るべきだ。これらの考察から、脳機能について次の原理が導き出される。

「動物はその環境に行動を適応させるための脳を持つ」

言い換えれば、動物は孤立した状態では存在しない。周囲の環境に組み込まれて生きており、したがって脳の機能の一部は、外界とその動物の意思決定システム、最終的にはその体をつなぐことに従事しているのだ。

ワームから進化して背骨を持つようになると、動物はますます興味深いものになる。最初の脊椎動物は五億年前に出現した。それらはワームとあまり変わらないように見えるが、ワームより少々大きいせいで、体の支柱となる構造を必要とした。これらの動物の端から端までを走る、頑丈で分厚い部分、脊索について見ていこう。動物が大きくなるにつれて、制御と協調のためにより複雑な神経系が必要となり、神経系の統合と集中化が進んだ。

これらの生物のモデルとするのに最適な現生の動物は、ヤツメウナギとヌタウナギだ。いずれも海底に生息する顎のない生物である。両者については、魅力的な生物か、気味の悪い生物か、人によって意見が分かれるだろう。ヌタウナギはきわめて無害な生物で、一生の大半を海底の泥の中をのたうって過ごす。脅威を感じると、濃い粘液を分泌する。一方、ヤツメウナギはSF映画に出てきそうな生物だ（実際、『スター・ウォーズ』と『デューン／砂の惑星』に登場するサンドワームは、ヤツメウナギからインスピレーションを得たそうだ）。ヤツメウナギは大きな口の吸盤で、自分より大きい魚に吸いつく。吸盤の後ろには環状に並んだ歯があり、不幸な宿主の肉をかじり続ける。最初のヤツメウナギが海を泳いでいた時、まだ魚は誕生していなかったので、その歯は後で進化したはずだ。

初期の顎のない脊椎動物は、初めて脳と見なせるものを持っていた。脊髄の頭側の端が少し膨らんでいて、そこにあらゆる脊椎動物の脳に存在する基本的な部分が全て含まれていた。嗅球、意思決定のための原始的な皮質、感覚処理のための領域、生命維持機能の調整と制御のための領域である。

これらの最初の脊椎動物の体と脳は、無脊椎動物にはできなかった動きを可能にした。しかし、こうしたさまざまな動物が泳いでいたため、海中では競争が激化した。そうなると反射作用だけでは間に合わない。この古代の海で生き延びるには、競争相手より良い選択をする必要があった。行動をうまく変化させられる動物は、決まりきった動きしかできない動物より明らかに優位に立てる。柔軟な行動が求められることは、脳の第三の原理を導き出す。

「脳を持つ動物は、学ぶことができる」

実際、単純な神経系しか持たない動物でも学ぶことはできるが、学習の程度は大いに異なる。刺激反応も学習の一種だが、それにはわずかなニューロンしか必要としない。一方、十分に発達した脳が成し遂げる学習は、はるかに深遠だ。感覚を持つ生物は、環境には良い結果につながるものと悪い結果につながるものが存在し、ただし、たいていは後者であることを学べるし、学ばなくてはならない。生存と生殖は、長期的に良い選択を行い、悪い選択を避けることにかかっている。選択を誤ると死につながりかねない。やり直しはきかないのだ。では、動物はどうやって、死ぬことなくこれらの経験から学ぶのだろう。

その答えは、脳は、情報を取り込み、それに応じて行動する以上のことができるように進化してきた、というものだ。洗練された脳は常に、行動とその結果についてシミュレーションしている。ちょうどチェスをする人のように。そういうわけで、行動のレパートリーが増えるにつれて、脳の複雑さも増していった。脳が大きくなっていったことは、進化の生存ゲームにおける競争の激化を反映している。生きていくには、経験から学ぶだけでなく、未来と可能性を予測しなければならないのだ。それが第四の脳の原理へとつながる。

「脳は、行動とそれがもたらす結果をシミュレートし、その状況において最善の決定を行う」

さらに八〇〇〇万年の進化の後に、魚が現れた。これは軟骨魚類で、サメやエイの仲間だ。その後、ダーウィンの適者生存の原理に従って、魚はより大きく、より強くなり、より強い骨格が必要とされるようになった。その結果、硬骨魚類が生まれた。四億年前までに、海はさまざまな軟骨魚類と硬骨魚類で満たされた。骨の進化は、複雑な体形の出現を可能にした[8]。より多くの位置にひれが現れ、スピードと操縦性を高めた。そしておよそ三億九〇〇〇万年前、脊椎動物の進化においておそらく最も重大な革新が起きた。いくつかのひれが、地上で体重を支えられるほど頑丈になったのだ。こうして四足類が登場した。

最初期の四足類はサンショウウオのような動物で、生活の大半を水の中で送り、時々、冒険的に陸に上がった。それらは植物が生い茂る風景を見たはずだ。その植物の全てが食料になったことを思えば、これら初期の両生類が生きていくうえで、水中でしか生きられない同類よりはるかに有利だったことは容易に想像がつく。

両生類は水中に産卵するが、それは保護皮膜のない彼らの卵は陸上での乾燥に耐えられないからだ。その結果、進化は再び新たなニッチを見出した——乾燥に耐える卵を産むことができれば、卵を好んで食べる海棲動物には手の届かない陸上で生活できる。そういうわけで、およそ三億二〇〇〇万年前、卵は陸上で生き延びられるほど頑丈になり、そのような卵を産む竜弓類（爬虫類や鳥類の祖先）が繁栄し、さまざまな種に進化して地球を支配するようになった。しかし、それらは二億五〇〇〇万年前の大量絶滅で突然消え失せた（ペルム紀／三畳紀絶滅）。原因は不明で、巨大隕石の大量落下、火山噴火、過度の温暖化などさまざまな説がある。生物が回復するには、ほぼ一〇〇〇万年かかった。

生き残った竜弓類は、やがてワニと恐竜になった。恐竜は、二億年前のもう一つの大量絶滅（三畳紀／ジュラ紀絶滅）によって競争相手の大半が消えた後、勢力を増した。地上に残った恐竜以外のものは、巨大な恐竜を出し抜くために、より小さく、より賢い方向へ進化した。これらは哺乳類の祖先になった。

哺乳類の最初期の祖先であるキノドン類は、まだ爬虫類や鳥類のように産卵していた(9)。キノドン類はペルム紀／三畳紀絶滅より後に現れ、ラットとトカゲの中間のような姿をしていた。脚は爬虫類のものより垂直だったので、動きやすかった。キノドン類は体温調節の基本的なメカニズムを備えていたかもしれない。もしそうであれば、それらは最初の温血動物ということになる。大型のキノドン類は熱を保つのに十分な大きさがあり、小型のものは気温が低くても体温を保てるよう、毛皮を持っていた可能性がある。やがて、卵を体内で孵化させるという新たな繁殖戦略が出現し、おかげで孵化する前に食べられる危険性はなくなった。哺乳類の新たな枝であるこの獣亜綱《じゅうあこう》は、子を産んだ。それらは現存する全ての哺乳類の祖先になるので、「クラウン哺乳類」と呼ばれる。

恐竜は、約六六〇〇万年前の小惑星の衝突がなければ、今も生きていたかもしれないが、その衝突のせいで、鳥類を除く恐竜は絶滅した。白亜紀末の絶滅は五回目の、そして最近の大量絶滅で、あらゆる種が大きな打撃を受けたが、その後の復活の時期に哺乳類は優位に立った。恐竜がいなくなったので、哺乳類は急速に多様化し、残されたニッチを埋めていった。

そして哺乳類が大きくなったところで、脳の話に戻るとしよう。

大きな体には大きな脳がある。当然のことのように思えるかもしれないが、その原因や意味については一〇〇年以上にわたって激しく議論されてきた。[10] 生物学的観点から動物の心を理解するには、まず脳の大きさの違いと、増えた神経組織がどのように大型動物の役に立っているかについて、説明しなければならない。

一九七三年、心理学者のハリー・ジェリソンは、種による脳の大きさの違いを説明する簡単な法則を提案した。「ある機能をコントロールする神経組織の量は、その機能の遂行に関与する情報処理量に応じて決まる」とジェリソンは記した。[11] 彼はそれを「適切な質量の原則」と呼んだ。生物システムは一定のエネルギーを必要とするため、脳は、その目的を果たすのに必要なだけ大きくなった、と彼は考えた。この論理を裏返せば、脳の各領域の大きさは、そこが担っている仕事の量について何かを教えてくれることになる。

ジェリソンの論理によれば、大きな脳は小さな脳より多くの情報を処理するはずだ。では、なぜそうなるのだろう?

最初の手がかりは、動物の体の形状と、脳の重さと体重との数学的関係から得られる。小型のトリの脳と体の重さの比は一：一〇で、イヌやネコはおよそ一：一〇〇、ゾウはおよそ一：五〇〇、シロナガスクジラは一：一万四〇〇〇だ。つまり、大きい動物は脳も大きいが、脳の大きさの増加の割合は、動物が大きくなるほど小さくなる。脳の重さは、動物の体重の三分の二乗に比例することがわかっている。[12]

三分の二乗が重要なのは、基礎幾何学が体表面積は体積の三分の二乗に比例することを示しているからだ。[13] この数学的関係が生じるのは、大きな動物ほど筋肉が多く、より多くのコントロールが必要になるからではない。例えば、昆虫はわたしたちとほぼ同じ数の筋肉を持っている。この数学的関係が生じるのは、ジェリソンが明察した通り、体表面積が広くなれば皮膚からの感覚入力が多くなり、それらが脳での処理を必要とするからなのだ。

科学者は生物学的現象を説明する数学的法則を好むが、そのような法則は基本的な理念にはなっても、絶対的な原理にはなり得ない。法則には常に例外があり、[14] 人間はその顕著な例だ。人間の脳は、表面積の法則から予想されるよりはるかに大きい。さらに、その表面積の法則は、ほかの感覚系、特に視覚を考慮していない。視覚の重要性は種によってさまざまである。

新しい尺度である脳化指数（ＥＱ）は、体の大きさの影響を補正して、脳の相対的なサイズを測る方法として登場した。ゾウの脳は大きいが、それが体のサイズに比して本当に大きいかどうかをＥＱは教えてくれる。ＥＱを考案したハリー・ジェリソンは、哺乳類の平均ＥＱを一と定義した。ある種のＥＱが一よりも大きければ、その種は体に比して大きい脳を持っていることになり、ＥＱが一より小さければ、脳は比較的小さいことになる。ネコは平均的でＥＱが一だが、イヌはわずかに上で一・二だった。サル、チンパンジー、ゾウのＥＱはおよそ二で、バンドウイルカは四を記録した。人間のＥＱは七で、脳の山の頂上に君臨する。

となると、ＥＱが高い動物ほど賢い、と結論づけたくなるところだが、そう言えるのは、かなりおざっぱな見方をした場合に限られるようだ。抽象的概念を形成する能力と言葉を話す能力を知性と見なすのであれば、もちろん人間が知性の頂点に立ち、平均より大きい脳がその要因だと言いたくなる。しかし、人間の中においてさえ、EQと知性の関係は崩壊している。例えば、二人が同じ大きさの脳を持つとしよう。一人は体重が六七キログラム、もう一人は一一三キログラムだとすれば、前者のEQは七、後者のEQは五となる。しかし、痩せた人ほど賢いという証拠はない。[15]

近年EQは、あらゆる動物の脳を同一視している、と批判されている。その批判には一理ありそうだ。ブラジルの神経科学者スザーナ・エルクラーノ＝アウゼルは、二〇〇六年以来、脳のニューロンの数を調べる方法を研究してきた。[16] かつての方法は、脳の各領域からランダムに取り出した塊に含まれるニューロンを数えて、全体の数を推測するという、おおざっぱなものだった。そこでエルクラーノ＝アウゼルは、脳を溶かしてスープ状にし、その中に浮かぶニューロンの核を数えるという方法を考案した。そしてさまざまな動物の脳のニューロンを数えた結果、人間がそれほど特別ではないことに彼女は気づいた。確かに人間のニューロンの数は膨大で、八六〇億ほどもあるが、その数は霊長類としては体の大きさに見合ったもので、特別多いわけではない。大きな違いは、霊長類とそのほか全ての哺乳類との間にある。霊長類のニューロンは小さいので、大きさの決まった脳の中に、より高密度で詰め込むことができるのだ。エルクラーノ＝アウゼルは、知性を決めるのはEQではなく、ニューロンの数、とりわけ大脳皮質におけるニューロン数だと主張する。

とはいえ、脳の容積であれニューロンの数であれ、それは脳を計測した結果にすぎず、情報としての重要性は、身長や体重とそれほど変わらないだろう。ある動物の主観的体験を理解するには、脳の組成について掘り下げる必要がある。

脳全体の大きさからわかることはあまりないので、脳の各領域の大きさに目を向けよう。個々の領域はやはり「適切な質量の原則」に従い、大きな領域ほど多くの情報処理を行っていると考えられる。それは動物の内的経験について何かを教えてくれるはずだ。また、ニューロンを働かせるのにはコストがかかるので、脳の各領域の大きさから、その領域が担う機能が、その動物にとってどれほど重要かがわかるだろう。

しかし、個々の脳領域を掘り下げて調べる前に、大きさにまつわる曖昧さを解消しておかなければならない。大きさの測定には三つの方法がある。まず最も簡単な方法は、各領域の容積を測ることだ。次は、ある領域の容積が脳の全容積に占める割合である。この全脳に占める割合は領域によって決まっているので、きわめて興味深い。例えば、脳が大きくなるにつれて、皮質はより多くの割合を占めるようになる。小脳や脳幹なども大きくなるが、増大のスピードは皮質ほど急速ではない。これら皮質、小脳、脳幹が全脳に占める割合は、さまざまな種において驚くほど一定で、それは特に哺乳類で際立っている。ある説は、脳の主な部分は協調して進化したと示唆する。[17] 納得できる主張だ。脳は相互に強くつながっているため、ある領域への影響はほかの領域に影響したはずだ。

しかし、各領域が協調して発達したのだとして、進化はどうやって特定の機能を増やしたり減らしたりできたのだろう。そのような違いは、ネコの脳とイヌの脳、あるいは人間の脳とチンパンジーの脳の違いの核心に近いものだ。この謎は、脳領域の大きさを測定する第三の方法を導く。

それは、ほかの領域に対する割合、すなわち「相対的サイズ」を出すことだ。イヌの嗅球は大きいが、脳に対する大きさはどうだろうか。イヌの場合、嗅球は脳の全容積のおよそ〇・三パーセントを占める。周辺の神経組織（嗅索と嗅条）を含めると、その割合は二パーセントに上昇する。人間の場合、これらの割合はそれぞれ〇・〇一パーセントと〇・〇三パーセントだが、相対的なサイズが小さいのは、単にほかの皮質が大きいせいかもしれない。本当に知る必要があるのは、視覚などのほかの感覚系との容積の比である。それを知ってようやく、イヌの嗅覚と人間の嗅覚を比較することができる。おそらく脳の各領域は、それぞれ独自の進化圧のもとでモザイク状に進化したのだろう[18]。

モザイク進化のもう一つの例は、聴覚情報と視覚情報の相対的重要性に見られる。聴覚では、音は圧力波という形で耳に入り、そこで中耳にある小骨の振動に変換される。内耳の有毛細胞にある繊毛がその振動を電気信号に変換し、その信号が聴覚神経を通って脳幹へ伝わる。聴覚信号が脳に向かう時、それらは一連の構造を通過するが、その最も主要な構造は下丘と呼ばれるものだ。左右の下丘は脳幹の後ろで一対の隆起を形成する。お察しの通り、下丘があるからには上丘も存在する。それは下丘の上部に位置し、視覚情報を受信している。かねてより解剖学者は、下丘と上丘の大きさの比は、その動物にとっての聴覚情報と視覚情報の重要性を反映していると考えてきた。例えば、反響定位を使うコウモリとイルカは下丘のほうが大きいが、多くの哺乳類を含む、聴覚より視覚に頼る動物では上丘のほうが大きい。

相対的サイズと機能に関する最も魅力的な例は、トリの脳に見られる。海馬は皮質と脳幹の間に横たわる構造だ。哺乳類では側頭葉の内側に沿って湾曲している[19]。鳥類では、海馬は脳の最上部にある。オックスフォード大学の動物学者ジョン・クレブスは、今では古典となったその研究において、食物を蓄えるカラスなどのトリと食物を蓄えないフィンチなどのトリの海馬について、相対的サイズを測定した。そして体の大きさと脳全体の大きさを調整すると、食物を蓄えるトリの海馬は蓄えないトリの海馬より大きいことが判明した[20]。

海馬は記憶に関わる重要な構造であることが、かねてより知られていた。一九五〇年代に、てんかん患者のヘンリー・モレゾンは、その病気の治療として海馬を含む内側側頭葉を切除された。てんかんを治すという意味では、この手術は成功だった。しかし別の意味では、H・M（モレゾンは亡くなるまでこう呼ばれた）は歴史上最も有名な神経疾患患者となった。なぜなら、新しい記憶を形成できなくなったからだ。動物では、海馬は空間記憶、すなわち物の位置を覚えることに関して特に重要である。したがって、食物をどこかに蓄え、後で食べるトリの脳では、空間記憶に関わる領域が大きいというのは、完全に理にかなっている。

前述の例は、脳のモザイク進化を支持するために頻繁に持ち出されるものだ。それらには説得力があり、脳領域の相対的サイズと機能との関係を説明する。しかし、そのほかの事例の大半は、証拠としてはかなり弱い。実のところ、ほかの脳領域の大きさは脳全体の大きさに比例している。すなわち、動物が大きくなればなるほど脳は大きくなり、それを構成する各領域も大きくなるのだ。

しかし、人生がそうであるように、大きさが全てではない。重要なのは、あなたが誰とつながっているかだ。

脳の要素として特に注目されるのはニューロンだが、ニューロンの細胞体が集まった領域である灰白質《かいはくしつ》は三ミリメートルの厚さしかない。脳の大部分はほかの物でできている。その多くを占めるのはグリア細胞で、ニューロンを構造と代謝の両面から支えている。一方、脳脊髄液（CSF）は脳を浮かべるクッション材になっている。さらに、白質が脳のかなりの部分を占める。その白さは、ニューロンの軸索を包んで絶縁体の役割を果たしているミエリンという油性の物質に由来する。ニューロンは、灰白質の中にあるシナプスによって互いと情報を伝達する。しかし、遠くにあるニューロンどうしの情報伝達を可能にしているのは、白質を構成する軸索だ。このような情報伝達は、脳の異なる領域間や、脳と脊髄の間でも起きている。実のところ、脊髄の白質に含まれる軸索は長さが一メートルに及ぶこともある。

ジェリソンは灰白質を研究したが、それはそこにニューロンの本体があるからだった。最近まで白質に注目する神経科学者はほとんどいなかったので、ソーク研究所の理論神経科学者ケチェン・チャンとテレンス・セジュスキーが白質と灰白質との強力な関係を発見したことは、人々を驚かせた。[21] チャンとセジュスキーは、五九種の哺乳類の脳の灰白質と白質の容積を計測した。対象となった動物は、小さなヒメトガリネズミからゾウやゴンドウクジラまでさまざまだった。灰白質と白質の容積を対数グラフにすると、その値は直線になった。この種のグラフでは、傾きはスケーリング指数を示す。彼らは白質の容積が灰白質の容積の一・二三乗に等しいことを発見した。

この指数は、二つの理由から興味深い。

第一に、指数が一より大きいことは、白質の容積が灰白質の容積より速く増加することを意味する。すなわち、脳が大きくなればなるほど、白質はより多くのスペースを占めるようになるのだ。これは、ニューロンが多ければ、それらをつなぐもの（軸索）がより多く必要になるので、理にかなっている。

皮質の表面は大半がニューロンに埋め尽くされており、脳が大きくなればこの表面積は広くなる。この全てのニューロンが互いとつながるのであれば、そのつながりの数はニューロンの数の二乗に比例して増える（つまり、スケーリング指数が二になる）はずだ。しかし、そうはならない。

第二に、指数が二より小さいのは、白質が増加するスピードが、灰白質の増加よりは速いが、全てのニューロンが互いとつながる場合ほどではないからだ。それが意味するのは、脳が大きくなるにつれて、つながらないニューロンが増える、つまり脳が分離されるということだ。言い換えれば、

「脳は大きくなると、よりモジュール化される」

チャンとセジュスキーは、灰白質と白質の容積の関係は、「脳は長距離の接続を避けようとする」という簡単な原理によって説明できることに気づいた。長い軸索は多くのスペースを必要とし、なおかつ伝達の遅れをもたらす。言うなれば、軸索は配達トラックが使う高速道路のようなもので、なくてはならないものだが、その維持管理には費用がかかる。全国にたくさんの品物を輸送しなければならないと想像してみよう。個々の荷物を中心地から送ることはできるが、まとめて地域の倉庫に送ってから、ローカルに送ることも可能だ。長距離輸送にかかる費用は、積荷を各地域へまとめて送ることによって最小化できる。

不明瞭な数学的関係のように見えるものの中に、脳組織の真理が潜んでいる。チャンとセジュスキーより前の科学者たちは、動物の脳がそれぞれ異なる理由について議論してきた。「適切な質量の原則」は、脳領域の大きさはその仕事量と関係があることを示唆した。しかし、脳が大きくなるとコストも増えることをチャンとセジュスキーは示した。灰白質が大きくなると、それを全てつなぐには、

白質はいっそう大きくならなければならない。この問題を解決するために、脳は大きくなるにつれて断片化されていった。現代の大きな脳は、こうして半自律的なモジュールの集まりになった。

白質と灰白質の容積の関係は、脳を理解するための土台になるが、その関係は依然として大きさに関するものだ。それは、イヌの脳が、同じく重さ一〇〇グラムほどのアカゲザルの脳と違って見える理由を説明しない。それは、イヌの脳がどのようにして、イヌをサルではなくイヌにしているのかを知るには、白質と灰白質の関係に深く切り込んでいかなければならない。それには、脳の各部がどのようにつながっているのかを示す詳細な地図が必要だ。

脳の各部のつながりを解き明かすのは、ある国の経済の働きを宇宙から観察するようなものだ。あなたが地表から四〇〇キロメートルの軌道上にある宇宙ステーションにいると想像してみよう。あなたはどうやってアメリカについて学んでいくだろうか。最初はまず、地理的な特徴（ランドマーク）から始めるだろう。海、山、川、都市などだ。それらは人間の活動の場所を教えるが、それ以外はよくわからない。もっと目を凝らせば、高速道路や物流が見えてくるだろう。そうした情報の断片をつなぎ合わせることによって、やがてあなたはその国の機能に関する理論を組み立てられるようになる。

このたとえで言えば、二〇世紀後半まで神経科学は脳のランドマークを見てきた。つまり、脳領域の大きさや、その活動要因となるものだ。しかし、二一世紀に注目を集めているのは脳の高速道路のマッピングだ。この新世代の神経科学者は、脳の地図をつくるために「コネクトミクス」に励んでいる。[22]

「コネクトミクスはただマッピングするだけでなく、最終的に動物の心に切り込む可能性を秘めている。なぜなら、動物は脳領域のつながりを通じて活動を調整し、周囲の状況を知り、自らが何を行っているかを認識しているからだ。そのつながりのパターンは、心のロードマップを提供する。アメリカとカナダのロードマップが異なるように、イヌとサルの心のロードマップは異なる。イヌであるのはどんな感じかを知るには、イヌのロードマップを調べなくてはならない。

脳内のつながりは精神状態との関連が非常に強く、そのつながりの切断がもたらす障害には「離断症候群」という名前さえある。つながりが切れた脳領域は孤立した状態で機能し続け、それが原因でさまざまな神経疾患が生じる。例えば、右脳と左脳は、それ自体でほとんど完全な脳だ。一九五〇年代に行われた分離脳（脳梁《のうりょう》離断）の実験では、それぞれの脳半球が情報を処理し、体の反対側を的確にコントロールしていることがわかった。しかし、もし左右の脳半球をつなぐ脳梁がなければ、人は体の一方があることをしていて、もう一方が別のことをしている理由を説明することができない。そのつながりの欠落は意識を低下させる。分離脳は外科手術によって引き起こされた症状だが、脳卒中や外傷によってほかの領域とのつながりが切れる場合もある。言語処理を担う領域と言語を生み出す領域のつながりが切れると、伝導失語と呼ばれる症状になる。伝導失語症の患者は、流暢《りゅうちょう》に話すことはできるが、入ってくる言語を処理する領域とのつながりが遮断されているせいで、自分が言っていることを理解できない。その結果、わけのわからないことをまくしたてる。

自動車事故などで、脳の白質全体がダメージを受けることもある。深刻な場合、皮質が脳幹から切り離される。脳幹には覚醒を調整する細胞が集まっているため、脳が脳幹と切り離されると、人は昏睡状態に陥る。時がたつにつれて回復する人もいるが、脳の全ての領域が同じスピードで回復するわけではない。ある経路はつながりを取り戻しても、ほかの経路が機能不全のまま、ということもある。このようなことが起きると、ごくわずかな感覚刺激でも皮質の活性を混乱させる。そのせいで患者は暴れたり、叫んだり、やみくもに走り回ったりする。しかも往々にして、自分のそうした行動にほとんど気づいていない。過去には、大量の鎮静剤でそのような行動を抑えようとした。しかし現在では、脳のつながりに関する理解が深まったおかげで、医師は、昏睡から覚めた患者に対して精神安定剤を投与するのではなく、感覚刺激をコントロールするようになり、患者はより早く回復するようになった。

脳損傷の治療は、ある動物であるのはどんな感じかを物語っている。なぜなら脳の損傷は、各部の電気的活動の協調と意識との関連を明らかにするからだ[23]。実際、意識は、協調する電気的活動にすぎない。このことは、生理的状態や環境からの刺激によって意識が変動することを意味する。健康な人の脳でも意識の状態には幅があり、睡眠中に周囲の状況をぼんやりと感じているというようなごくわずかな覚醒から、例えば脳手術の執刀というような難しい行動に必要な過度の覚醒までさまざまだ。この違いをもたらすのは、脳内の電気的活動の協調の度合いである。脳の各部が互いと切り離されていると、それらは活動を協調させることができず、結果として意識が混乱する。

どの動物の意識も一様ではないが、ある動物の脳のつながりのパターンを見れば、その動物がどの程度の意識を持つかが推測できる。クラゲの神経網からヒトの大脳皮質にいたるまでの、脳の進化のどこかで、このつながりが十分緻密になり、意識が誕生した。意識があればこそ、知覚、感情、行動、記憶、そしてコミュニケーションが生じた。そしてこれらの向こうに、個を超越した意識の領域、すなわち他者の気持ちを理解するといった領域が存在する。

高次の意識は、何よりも記憶に依存する。過去の出来事を記録することによってのみ、個人は自意識を維持し続けることができる。記憶のおかげで、人は毎朝目覚める時、自分が昨晩と同じ人間だと感じることができる。記憶のための脳の場所は一つではない。それらは皮質のいたるところに点在し、それらが協調した時だけ、記憶が呼び覚まされる。例えばアルツハイマー病などによってこのプロセスが妨げられると、必然的に自意識が崩壊する。脳が損なわれると、ニューロンとそれらのつながりが消失し、同時に記憶も失われる。主観的経験が文字通り崩壊するのだ。

動物がアルツハイマー病になるかどうかはわからないが、その記憶システムが有害物質によって破壊されることはある。次章で紹介する事例では、人間と動物が同じ有害物質に苦しめられ、両者の症状は驚くほどよく似ていた。記憶障害は、意識障害と同じく、ある人物であるのはどんな感じか、あるいは動物の場合では、その動物であるのはどんな感じかについて雄弁に物語る。

第4章　アシカを捕まえる

一九八七年の末、クリスマス休暇が始まった頃、カナダ保健医療局は、かつてない伝染病の流行に直面した。数百人の患者がモントリオールの救急救命室に運ばれた。全員、吐き気や嘔吐《おうと》があった。食中毒と見られたが、患者の多くは意識が混乱しており、普通の食中毒とは様子が違った。状況は深刻で、数名は激しい発作に見舞われて昏睡状態に陥った。そのうちの四人は目を覚ますことなく、一週間以内に亡くなった。昏睡から覚めた患者も、発作前と同じではなく、新しいことを覚えられなくなっていた(1)。

一九八七年一一月四日から一二月五日までで一〇七人が発病した。公衆衛生当局が原因を解明するのに、それほど時間はかからなかった。患者はみな、ムラサキイガイを食べていた。さらに、問題の貝は全てノバスコシア州の北にあるプリンスエドワード島の河口で捕れたものだった。その貝が病気の原因であることを確認するために、科学者は貝の抽出物を数匹のマウスに注射した。一〇分もしないうちにマウスは猛烈に体を掻《か》きむしり始めた。そして次第にめちゃくちゃな動きをするようになり、一時間以内に全て死んだ。

どのムラサキイガイにも環境有害物質は含まれていなかったが、高濃度のドウモイ酸が検出された。ドウモイ酸は化学的には神経伝達物質のグルタミン酸によく似た働きをする。グルタミン酸は脳内の最も一般的な神経伝達物質で、ニューロンを活性化するが、過剰になると過度の刺激と発作をもたらす。グルタミン酸が溢れ出ると、代謝は回転速度を急激に上げ、周囲の脳細胞を死滅させる(2)。ドウモイ酸は少量でも同じ働きをする。さらにドウモイ酸は耐熱性なので、ムラサキイガイを調理しても毒性は消えない。

死亡した患者の検死解剖が行われ、特に脳に注意が向けられた。病理医は、海馬と扁桃体を含む内側側頭葉の細胞が死滅していることに気づいた。[3] H・M（ヘンリー・モレゾン）がてんかんの手術のせいで記憶能力を失って以来、この領域へのダメージは深刻な記憶障害につながることが知られている。モントリオールの医師は、この病気を「記憶喪失性貝毒」と名づけた。

その大流行は公衆衛生を脅かす深刻な問題となり、大西洋の貝業界が全面的に操業を停止する可能性さえ出てきた。再び死者が出る前に、何としてもドウモイ酸の出所を明らかにしなければならない。生物学者のチームはプリンスエドワード島の全域に足を運んだ。[4] カナダ水産海洋省に雇われた生物学者スティーヴン・ベイツが率いるチームは、全ての入り江（二五か所）で海水とムラサキイガイを採集した。ムラサキイガイは植物プランクトンを食べるので、それらが多く生息する海表面の水に焦点を当てた。チームは、入り江に目の細かい引き網を張ったり、船では到達できない河口から水をくみ上げたりもした。じきに寒さで湾は凍る。作業を急がなければならなかった。

汚染されたムラサキイガイは、島の東側のカーディガンという村の沿岸部に集中していた。その一帯では、ムラサキイガイのドウモイ酸の毒性レベルが高いことに加えて、海中にプセウドニッチア（属）と呼ばれる植物プランクトンが高濃度で含まれていた。ベイツはプセウドニッチアを研究室に持ち帰って培養した。予想通り、その培養サンプルにはドウモイ酸がぎっしり詰まっていた。

記憶喪失性貝毒になった患者たちは、そのプランクトンを食べたムラサキイガイを食べたことで、ドウモイ酸を大量に摂取したのだった。プセウドニッチアが繁殖した理由はわからずじまいだったが、それは現れた時と同様に、突如として消えた。プセウドニッチアはたちの悪いプランクトンで、人類史に残る最悪の貝毒の原因となっている。次にその被害が発生したのは一九九八年のモントリオールだったが、被害者は人間ではなく、アシカだった。

フランセス・ガランドは、カリフォルニア州サウサリートにある海洋哺乳類センターに勤務する獣医の一人だった。一九八七年にプリンスエドワード島で起きた貝毒被害のことは漠然と知っていたが、その被害にあったのは人間だったので、当時はそれほど注意を向けなかった。しかし、センターに勤務するようになって四年たった一九九八年の春の終わり、ひっきりなしに電話がかかってくるようになり、彼女は否応なくその貝毒のことを思い出した。

毎年、夏になると、センターは数百頭のアシカを保護していた。通常はその春に生まれた子アシカで、栄養失調に陥っていた。ガランドらはそれらの子を収容し、太らせてから海へ戻してきた。しかし、その年の状況は違った。センターの一六〇キロメートルほど南のモントレー湾で、アシカの集団座礁が報告されたが、それはよく見かける栄養失調の子アシカではなかった。母親だったのだ。さらに報告によれば、そのアシカたちは酔っぱらっているように見えた。

無残な光景だった。アシカは歩くこともできなくなり、道端に倒れていた。しきりに頭を振り、懸命にひれ足で体を掻こうとしている。意識を失い、小刻みに震えているものもいた。

六月半ばまでに、センターは約七〇頭のアシカをモントレー湾から収容した。五四頭はおとなのメスで、半分は妊娠していた。いずれも栄養失調ではなかった。さらにセンターでは例年通り、栄養失調の子の面倒も見たが、六月までにその数は三〇〇頭を超えた。

まるで戦場のようだった。ガランドとセンターのスタッフは、アシカを助けるために思いつく限りの策を講じた。てんかんの発作を起こして飲むことも食べることもできなくなったアシカを脱水症状から救うために、静脈注射をした。また発作を抑えるために、ジアゼパム（抗けいれん薬）とフェノバルビタール（抗てんかん薬）を注入した。最悪のケースでは、アシカは「てんかん重積状態」と呼ばれる継続的な発作状態に陥った。そうなった人間を見るのは恐ろしいが、動物でも同じだ。てんかん重積状態が続くのは一〇分ほどだが、その発作が止むのは、脳が酸素不足になった時だけだ。その時、脳は膨張する。ガランドはその腫脹を抑えるために大量のステロイドを投与したが、効果はほとんどなく、やがてアシカたちは息をしなくなった。妊娠中のメスの腹部を超音波で調べたところ、胎児の多くはすでに死んでいた。死亡した胎児は母体に感染症と死をもたらすため、ガランドらは分娩を誘発させた。

ガランドが学んできた知識はまったく役に立たなかった。六月の終わりまでに、七〇頭のうち二二頭をどうにか救った。五四頭の母親のうち、一二頭だけが生き残った。ガランドは、アシカの命を奪ったものの正体を突き止めるための研究を始めた。それからの二年間、彼女は余暇の全てをその研究に投じた。

発作は、脳内でいくつかの変化が起きたことを語っていた。死んだアシカの脳を調べると、組織壊《え》死《し》の明らかなパターンが見つかった。脳の内側側頭葉、ちょうど海馬の周辺には小さな穴がいくつもあいて、スイスチーズのようになっていた。当初ガランドは、何らかの化学物質への暴露を疑った。しかし脳脊髄液を検査しても、容疑者としていつも名前が挙がる鉛や水銀などの痕跡は見られなかった。

　そのため、常連ではない容疑者を探すこととなった。幸い、モントレー湾はアメリカで最もよく監視されている海洋保護区の一つであり、沿岸警備隊とモントレー・ベイ水族館が長年にわたって定期的に海水のサンプルを採集してきた。決定的証拠がそれらのサンプルの中に隠れているはずだ、と彼女は考えた。

　毎年、本格的な春が訪れる前に、太陽光線は高い角度から湾に降り注ぎ、プランクトンの成長を促す。最初のプランクトンの増殖は、通常、四月の初めに起こる。プランクトンは多くの魚やクジラの主な食料なので、プランクトンの変化は波及効果をもたらす。一九九七年から九八年にかけてエルニーニョが襲った時、予想外の事態が起きた。

　四月のモントレーの平均気温は通常一二℃である。しかし一九九八年には一六℃だった。また通常、四月は乾期で、平均降雨量は二・五ミリメートル以下だ。しかし一九九八年の四月は、最初の二週間、ほぼ毎日雨が降り、月末までの降雨量は七五ミリメートル――平均の三〇倍になった。

　気温以上に、この雨がプランクトンによる被害をもたらした。ガランドは、雨のせいで湾に流れ込む農業排水が増えたのだろう、と推測した。化学肥料を豊富に含む排水は、大量の窒素を供給し、プランクトンの増殖を助ける。四月末までに、沿岸警備隊の海水サンプルには、新種のプランクトンが含まれるようになった。

　プセウドニッチアが再び発生したのだ。

　モントレー湾でプセウドニッチアが増殖したという報告を見て、ガランドはそれがアシカとどう関係するかを解明しなければならなかった。アシカはプランクトンを食べない。また、アシカはラッコのように器用に貝を割って食べたりしないので、プリンスエドワード島での大流行をもたらしたムラサキイガイが原因ではない。アシカは魚を食べ、極端にえり好みするわけではない。ガランドはまず、その一帯で最も一般的な魚――アンチョビとイワシに目をつけた。案の定、その腹の中はプセウドニッチアでいっぱいだった。電子顕微鏡で見ると、プセウドニッチアはガラスの破片のように見えた。奇妙なことに、プセウドニッチアのドウモイ酸は魚の内臓内にとどまっていた。しかしそれは、アシカには関係のない話だった。アシカは魚をまるごと食べ、それと一緒にドウモイ酸を摂取していたのだ。

ガランドは全容を解明し、世間を驚かせた⑸。プリンスエドワード島の出来事とモントレー湾の出来事との違いは、ドウモイ酸を媒介した生物だけだった。エルニーニョは触媒にすぎず、農業排水が毒素を増殖させたことは間違いなかった。ガランドより前に、ドウモイ酸と海洋生物の大量死を関連づけた人はいなかった。ある意味、ガランドがカリフォルニアのアシカでそれを発見したのは幸運だった。なぜならその集団は健康で、およそ一七万五〇〇〇頭もいたので、一時的な被害で済んだからだ。しかし、プセウドニッチアが次にどこを襲うのかは予測できない。もしそれがハワイなら、絶滅の危機に瀕しているわずか一四〇〇頭のモンクアザラシの集団は一掃されるかもしれない。ガランドの報告を受けて国際社会は、沿岸部の海水への監視を強めた。海洋生物と人間、双方のためにである。

数年が経過し、プセウドニッチアはカリフォルニア沿岸から姿を消し、ガランドは全て終わったと思った。しかし、そうではなかった。

モントレー湾がアシカの大量死の中心地となったのには理由があった。絵のように美しいその海岸線のすぐ先には、深さが一六〇〇メートルに届く海底峡谷がある。ダイバーは岸から離れると、すぐその深淵を見下ろすことができる。アシカもそれを知っている。この海底峡谷には、アシカの餌になる魚が豊富に泳いでいる。しかしモントレー湾は、周囲の丘からの排水を集めるじょうごの役目も果たしている。

このように海洋生物が豊富なモントレー湾は明らかに、海洋科学研究所を設立する場所として最適だ。一九六五年、カリフォルニア大学は湾の北端にサンタクルーズ校のキャンパスを建設した。海洋科学研究所はすでにその計画に組み込まれていた。一九七二年に土地が寄贈され、やがて建設が始まり、一九七八年に完成した。

その研究所は海洋生物全般を研究対象としたが、アシカと近縁の鰭脚《ききゃく》類（ひれあし類、アザラシやセイウチ）を専門とする部門は一九八五年にロン・シュスターマンが設立した。シュスターマンはそれ以前に、アシカはイルカのように反響定位（音波探知）ができるという当時の定説が間違いであることを証明していたが、この新しい施設では、言語の理解を含む、アシカの能力を探る野心的な研究に着手した。当時、人間以外で初歩的な言語能力を持つのは類人猿だけだと考えられていた。しかし、やがてシュスターマンは、アシカが手話を理解できることを証明する。シュスターマンの教え子だったコリーン・ライヒムースはその研究プログラムを発展させ、二〇〇三年にシュスターマンが引退すると、鰭脚類研究部門を引き継いだ。彼女は今もそこで活動している。

ライヒムースは温かな人柄で、人を出迎える時と別れる時には必ずハグをする。海洋学者の会合では人気者で、いつも熱心な学生たちに囲まれている。しかし、そのおおらかさの下には真剣さがあり、鰭脚類研究所を真摯《しんし》に運営している。ライヒムースにとって全ては動物を中心に回っているのだ。研究所にはいつもアシカ、カワウソ、数種類のアザラシが収容されている。それぞれ個別の保護スケジュールがあり、それには給餌や定期的な医療が含まれる。これらの動物は非常に知的なので、メンタル面での刺激を必要とする。施設は二四時間無休で、動物行動学者、獣医、研究者、あらゆるレベルの学生からなるチームが働いている。ただしこの研究所に入っても、すぐ動物の研究を始められるわけではない。まず餌にする魚の準備から始まって、徐々に食物連鎖を上がり、ようやく動物と関わったり訓練したりできるようになるのだ。

ライヒムースは必ず面接をしてから学生を受け入れるようにしている。ただ動物が好きなだけの、特に海洋哺乳類が好きなだけの学生を除外することがいかに大切かを、彼女は知っている。海洋哺乳類のなめらかなフォルムと大きな瞳は、無数の純真な学生を惹《ひ》きつけてきた。生物学者は子どものまま大きくなったようなそれらの姿をネオテニー（幼形成熟）と呼ぶが、それは特に母性本能が強い人には魅力的に見えるかもしれない。しかし、ネオテニーの魅力は優れた科学にとっては有害であり、そのためライヒムースは、動物を擬人化しようとする感傷的な学生をきっぱりと排除してきた。

ピーター・クックは、鰭脚類研究所に参加している学生としては異例だった。彼の学士号は哲学で、よくある生物学や心理学ではなかった。彼は常に動物の意識に関心を寄せていたが、それだけではライヒムースの採用基準をクリアするには不十分だった。彼は信用を高めるために、コロンビア大学で一年間、心理学の学士取得後のコースを履修した。余暇には、コニーアイランドにあるニューヨーク水族館で働き、セイウチを観察した。彼にとってそれは、野生動物をじかに体験する最善の方法だった。だが、もちろんそのセイウチは野生ではなかった。

コロンビア大学での勉強が終わりに近づくと、ピーターはカリフォルニア大学サンタクルーズ校の心理学のPhDプログラムに出願し、許可された。ピーターが感傷的な学生ではないという保証はなかったが、ライヒムースにとって彼を受け入れることに特にリスクはなかった。鰭脚類研究所は海洋科学研究所に属している。一方、ピーターは心理学部の学生である。ピーターが鰭脚類を相手にうまくやっていけるようなら、それはそれで喜ばしいが、うまくいかなくても、心理学の分野でほかのテーマを見つけるだろう。こうして扱いがあいまいなまま、ピーターと妻のリラは二〇〇七年に西海岸へ引っ越した。

サンタクルーズ校での生活はピーターとリラに向いていた。ピーターはキャンパスと海洋研究所の間を自転車で移動できたし、下町にはビーガン向けのレストランがたくさんあった。さらにニューリーフ・コミュニティ・マーケットはエシカルフード（良心的に育てられた食物）を提供していた。

気さくな性格のピーターは、鰭脚類研究所にうまく適応した。ほかのスタッフと同様に、下っ端からスタートし、まずは動物の餌を準備した。動物のトレーニングに関して彼は未経験で、イヌのトレーニングさえしたことがなかったが、その基礎をすばやく習得した。

サンタクルーズ校での最初の二年は、あっと言う間に過ぎた。心理学の学位を取得するためにいくつもの授業を受けながら、残り時間は全て、鰭脚類研究所で動物の世話とトレーニングに投じた。アシカの訓練方法を学ぶことは、ピーターの研究にとって重要だった。なぜなら彼は、アシカに何らかのタスクをさせて、それをもとにアシカの心の働きを調べるつもりだったからだ。

ＰｈＤの論文のために、ピーターが特に注目していたのは、アシカの記憶力だった。一九九八年に大量死が起きて以来、ドウモイ酸はアシカの脳を傷つける毒物として知られていた。最も深刻なケースは、発作を見れば明らかだった。しかし、それほど深刻でないケースについてはどうだろう。発作を起こすほどではなかった損傷が、別の形で動物に影響を及ぼしている可能性はないだろうか。軽度の損傷を負ったアシカは、発作を起こさないとしても、食物を見つけることができず、栄養不良で死ぬかもしれない。あるいは、海で迷って、溺れ死ぬかもしれない。もしピーターの予測が当たっていれば、ドウモイ酸に暴露した動物は、たとえ本格的な発作を起こしていなくても、物の位置を覚えるタスクをこなせないだろう。低濃度のドウモイ酸への暴露は、エルニーニョが発生しなくても起きている可能性があった。

ピーターの疑問を解くには、冒険的な企てが必要だった。今や海洋哺乳類センターのシニア獣医になっていたガランドは、病気のアシカを収容すると、それをピーターに知らせた。アシカが健康を取り戻すと、ピーターはそのアシカを鰭脚類研究所へと運んだ。ライヒムースの指導のもと、彼はこれらのアシカたちを、一連の記憶テストを受けられるよう訓練した。ドウモイ酸の影響を見極めるには、対照群が必要だった。すなわち、ドウモイ酸中毒とは別の理由でセンターに連れてこられたアシカたちだ。

ドウモイ酸は体内に長くとどまらない。四八時間以内に、尿や糞とともに排出される。そのため、動物が有毒なアンチョビを食べた直後でなければ、動物が苦しんでいるのがドウモイ酸のせいなのか、それともほかに原因があるのかを識別するのは難しい。深刻なケースでは、わかりやすい神経症状が現れるが、軽度の場合はそうはならない。しかし、MRIで脳を撮影すれば、海馬への損傷があるかどうかがわかる。

これまでアシカをMRIにかけた人はいなかった。少なくとも、仕事として繰り返しそうした人はいない。しかし、MRIにかけることは、ドウモイ酸中毒かそうでないかを見分けるために、欠かせない要素になりつつあった。近代的なMRI設備なら、アシカの脳でも基本的なMRI撮影はできるはずだが、アシカには麻酔をかける必要があるだろう。しかし、海洋哺乳類は大量の脂肪を蓄えているので、それがスポンジのように麻酔を吸収してしまうことがある。また、アシカの呼吸器は、長く呼吸を止めることができるので、麻酔がかかった状態で呼吸させるには特別な技術が必要とされる。海洋哺乳類の専門医の数は限られていたが、麻酔と放射線の知識をあわせ持つ専門医はさらに少なかった。

ピーターにとって幸いなことに、ちょうどアシカ・プロジェクトを始めた時に、まさにそうした人物であるソフィー・デニソンがセンターにやって来た。彼女は放射線科で研修医をしている最中だった。そしてピーターのために、レッドウッドシティの施設でアシカをMRIにかける手はずを整えてくれた。そこはサンタクルーズと海洋哺乳類センターのちょうど中間にあった。金銭的余裕のない院生であるピーターにとってさらに幸いなことに、彼のプロジェクトがあまりにも珍しかったので、その施設は通常の業務が終わった後、無料でアシカのスキャンをさせてくれることになった。

二〇〇九年四月、ピーターのもとに待望の電話がかかってきた。ジェティホーンという名の若いオスのアシカが、栄養失調になっていたためにセンターに保護されたのだ。

ピーターは最初の被験者になるこのアシカを引き取るために、ピックアップトラックに乗り込み、サンタクルーズを出発して北に向かった。そしてゴールデンゲート・ブリッジを渡り、左折してマリン・ヘッドランズ方面へ向かった。

二時間もたたないうちに海洋哺乳類センターに到着すると、ピーターは大きなイヌ用の檻《おり》の中へジェティホーンを追い込んだ。ジェティホーンはまだ幼かったので、檻をトラックの荷台に載せるのは簡単だった。長居は無用だ。帰りの旅が大変になることはわかっていた。ジェティホーンは散弾銃並みにうるさく騒ぐだろう。輸送のストレスを最小限にするために、ピーターは州間高速道路を避けて、パシフィック・コースト・ハイウェイ沿いの眺めのいいルートをとった。マーヴェリックスと呼ばれるサーフィンの名所、ハーフムーンベイのあたりで、ジェティホーンは波の音に気づいたらしい。ピーターには、ジェティホーンが檻の中で体を揺らし、首を伸ばして海を見ようとしているのがわかった。「ごめん、また今度にしよう」とピーターは言った。

ジェティホーンは研究所の隔離プールに入れられたが、ピーターはそこを巨大な迷路に改造していた。計画では、アシカに二つのテストを受けさせることになっていた。いずれも、簡単な迷路をうまく通って、魚を手に入れるというものだ。ピーターが個々の動物にかけられる時間は限られていたので、たとえ相手が捕らわれた状態で課題をこなすことに慣れていない野生のアシカであっても、すぐ訓練できるテストが必要だった。

最初のテストは、アシカがどのようにして食べ物を見つけるかをシミュレートするものだった。アシカは好奇心旺盛で、熱心に餌を探すので、迷路のテストには理想的な被験者だ。どこかに魚があるとわかれば、探しに行くだろう。一日一回、ピーターはプールの縁に、間隔をあけて四個のバケツを置いた。魚が入っているのはそのうちの一つだけで、そのバケツは毎日同じ場所に置かれた。魚をバケツに入れているところをアシカに見られないようにするため、ピーターは全てのバケツに滑車をとりつけ、ロープで動かせるようにした。そして毎日、同じバケツに魚を入れ、全てのバケツを同時に下ろした。

初日、ピーターがバケツを下ろすと、ジェティホーンはその中を見るために、プールから飛び出してきた。あいにく最初に向かったのは、魚が入っているバケツから一番遠いバケツだった。そこからジェティホーンは反時計回りにプールの縁を進み、一つ一つバケツの中を調べて、ようやく魚が入ったバケツにたどり着いた。ピーターの計測によると三二秒かかった。

翌日、ピーターがバケツを下ろすと、ジェティホーンはプールから飛び出してきたが、何か考えているようだった。デッキで歩みを止め、前後に体を揺らした。そしてほかのバケツに寄り道することなく、正しいバケツに行き着いた。タイムは二八秒だった。三日目にはさらにうまくこなし、一二秒で魚を手に入れた。五日目にはその課題をすっかりマスターし、一目散に正しいバケツに向かい、三秒でたどり着いた。

ジェティホーンは日課となったこのテストをうまくやり続けたので、ピーターはもっと複雑な記憶テストを導入した。「遅延交替」と呼ばれる、ラットでよく行う実験を土台としたものだ。このテストでは、ラットはT字型迷路の縦線の端に待機させられる。Tの横線の一方の端に餌があり、ラットはそれを見つけなくてはならない。もし間違ったほうへ行けば、正しいほうへ行く道は閉ざされ、そのトライアルは終わる。次のトライアルでは、餌は横線の反対の端に置かれるので、それを食べたければ、さっきどちらへ行ったかを覚えておかなければならない。

遅延交替テストのアシカ版を行うために、ピーターは、プールを出発点とする巨大なT字迷路を作った。テストの第一段階で、アシカはプールを飛び出し、通路を進んだ先で、左右どちらかへ進む。匂いで答えがわからないよう、ピーターは檻の外のブラインドの陰に隠れていて、アシカが正しい道を選べば、その先へ魚を投げ込んだ。

これは純粋なオペラント条件付けだった。ジェティホーンは自分が何を期待されているのかを知らなかったが、本能的な好奇心から迷路を探索した。正しい方向へ進めば、魚をもらえた。しかし、その道へもう一度入るには、プールに戻らなければならない。今来た道を戻ることはできないのだ。

このタスクでは根気が求められた。ピーターとライヒムースは、アシカを次の段階に進ませるのは、正答率が八五パーセントに達してからだと決めていた。連日、ピーターは餌やりの時間にやって来て、ジェティホーンに魚をとるタスクをやらせた。

そうして二週間がたち、四二一回、タスクを繰り返した後に、ジェティホーンはようやく状況を理解したようだった。記憶力をいっそう必要とする、難しいタスクに挑戦する時が来た。

このトレーニングで記憶力を測るための遅延《ディレイ》になるのは、ジェティホーンが一方の出口から出て、魚を食べ、迷路の入り口に戻るまでの時間だったが、それは海馬に負荷をかけるほどの遅延ではなかった。そこでピーターは七秒間、迷路の入り口をふさぐことにした。その間、ジェティホーンは今出てきた迷路の出口がどちら側だったかを覚えておかなければならない。四〇回挑戦させて、ピーターは正しく選択できた回数を集計した。

論文に載せるための試験は重大なイベントだった。実験の計画に二年、ジェティホーンの訓練に数週間を費やしてきたピーターは、うまくいくだろうかと神経を高ぶらせていた。完璧を期待していたわけではないが、彼はジェティホーンのことがどんどん好きになり、きっとうまくこなすはずだと期待した。

ジェティホーンは期待を裏切らなかった。日常と違っていることに気づくことなく、ジェティホーンは四〇回のトライアルのうち三七回を正答した。正答率は九〇パーセントを超えていたので、偶然でないのは確かだった。ライヒムースも喜んだ。ピーターの大胆なアイデアは軌道に乗った。

しかし、それはほろ苦い成功でもあった。実験が終わったので、ピーターはジェティホーンを海洋哺乳類センターへ戻さなければならなかった。ジェティホーンは健康そうで、遅延交替テストによって記憶力も正常であることがわかったので、おそらく海へ帰されるだろう。うれしい結果だが、ピーターはジェティホーンと別れるのがつらかった。

春から夏にかけて、ぽつぽつとアシカがセンターに収容され、ピーターの研究対象になった。その年、エルニーニョが起きなかったことは、アシカにとっては幸運だったが、良好な天候はピーターの実験を遅らせた。被験者がいないまま数か月が過ぎていった。結局、目標の四〇頭に到達するのにほぼ六年かかったが、ピーターはついにアシカのドウモイ酸暴露と記憶障害との関係を明らかにした。

MRIがミッシングリングを提供した。

ピーターは、アシカの海馬の大きさと遅延交替テストの成績を比較して、海馬が小さいほど誤答が増えることを発見した[6]。ガランドの最初の発見から二〇年近くたって、チームはアシカの座礁について納得できる筋書きを得た。すなわち、毒素のある藻類が増殖し、アンチョビはその藻類を食べ、内臓にドウモイ酸を蓄積した。アシカはアンチョビを食べるたびに、脳に小さな損傷を負った。時が経つにつれて、これらの損傷が蓄積し、そのせいで餌をとったり泳いだりする能力が損なわれた。やがて、この毒素に冒されたアシカは、栄養失調になって死ぬか、浜に座礁した。この偉大な研究は、生態系に存在する毒素が、食物連鎖を経て脳に入り込み、認知に影響を及ぼすまでを解き明かした。

ピーターのチームは原因の特定には慎重だったが、この「異常な大量死」の原因が、エルニーニョやそのほかの自然現象だけでないのは明らかだ。過剰な雨がきっかけになったのは確かだが、藻類の増殖をもたらした根本的な原因は、農業排水である。植物プランクトンの増殖は、海水中の窒素の増加が原因であり、それは農業がもたらしたのだ。

プリンスエドワード島での貝毒被害も人間の活動が原因だったかどうかはわからないが、その患者たちに見られたドウモイ酸の影響は、同じ意識障害がアシカにどのような影響を及ぼすかを示している。そして発作は人間では珍しくないため、わたしたちはそれがどう感じられるかをよく知っている[7]。全般発作は脳全体が興奮して起こるが、部分発作では脳の一部だけが興奮する。部分発作を起こす領域として最も一般的なのは側頭葉で、海馬のすぐ外側に位置する。これはアシ力が冒された領域と同じだった。一九世紀のロシアの小説家フョードル・ドストエフスキーは側頭葉てんかんを患っていたようだが、その発作について、ありありと書き記している(8)。『白痴』では、ほぼドストエフスキー自身の経験に基づいて、主役のムイシュキン公爵のてんかん発作を次のように描写している。


　てんかん発作の間、あるいはその直前、彼は常に一秒か二秒、心臓と心と身体全体が目覚め、活力に満ちて軽くなるように感じる。発作前の意識のある最後の瞬間、彼は自分の言葉を完全に理解しながら、よくこうつぶやいた。「今この瞬間に全生涯を捧げてもいい」と。

　しかし、これが続くのはおそらく二分の一秒ほどで、すぐうめき声、奇妙な恐ろしいうめき声が始まり、それがひとりでに自分の唇から飛び出すのを、彼ははっきりと覚えていた。どれほど強い意思をもってしても、それを抑えることはできなかった。

　次の瞬間、彼は完全に意識を失う。暗闇が全てを消し去った。

　この受難者はただちに自室へ連れてこられ、部分的に意識を取り戻したものの、半ば気絶した状態で長く横たわっていた(9)。


　アシカはムイシュキン公爵のような感受性は持ち合わせていないが、脳の解剖学的構造がよく似ていることからすると、てんかんの症状はよく似ているはずで、その後の混乱状態も同様だろう。しかし、もし海でそうなったら、おそらくアシカは溺れ死んでしまう。ピーターの研究はドウモイ酸暴露とアシカの海馬損傷との関係を描き出したが、まだわかっていないことも多かった。最悪のケースでは、アシカの海馬は明らかに萎縮していたが、それで話は終わりなのだろうか？　海馬は脳の多くの部分とつながっている。海馬の損傷はこれらのつながりにどのような影響を与えるだろう。コミュニケーション障害は、ドウモイ酸がもたらす症状として真っ先に現れる可能性が高く、海馬の全体的な損傷に先立つと考えられた。

ピーターはアシカのＭＲＩをたくさん撮影してきたが、これらの疑問に対する答えは単純な構造的スキャンからは得られなかった。それらの疑問はつながりに関するものだ。それを解くには異なるタイプのスキャンが必要とされ、わたしの出番となった。

そういうわけでピーターは、エモリー大学のわたしのラボに入った。そして一年もたたないうちに、海洋哺乳類センターが救うことのできなかったアシカの脳を、わたしたちのラボへ送る手はずを整えた。最初に届いた脳は、二重にしたビニール袋に入れられ、湿り気を保つために大さじ一、二杯の茶色い液体も入っていた。脳はグレープフルーツほどの大きさで、少しひしゃげていた。袋には、誰かがそのアシカの名前を「リトルフット」と走り書きしていた。

わたしは、リトルフットがどんなアシカだったかを想像しようとした。まだ小さくて、たまらなくかわいい。たぶん、ちょっとお調子者だっただろう。

その脳を手にすると悲しくなった。それまでにわたしは、人間の脳も、ほかの動物の脳もたくさん見てきた。その脳の持ち主の名前を知っていることもしばしばだった。人間の名前はその人の人物像についてあまり語らなかったが、動物の名前は違った。少なくとも、わたしたちにはそう思えた。

「それほど大きくないね」とわたし。

「たぶん、子どもでしょう」とピーターは答えた。

リトルフットの死を悲しんでも仕方がない。わたしはリトルフットと会ったことさえないのだ。わたしが望みうる最善は、彼の脳からアシカの脳について何かを学びとり、その死を意味あるものにすることだ。ピーターとわたしは、人間の神経画像検査では一般的になりつつあった技術を用いて、海馬のつながりをマッピングできるかもしれないと考えた。それは拡散テンソル画像（DTI）と呼ばれるものだ。

DTIはMRIをベースとする技術で、脳周辺の水分子の動きに偏りがあることを利用する。もし脳が均一な組織であれば、水分子は特別な方向に偏ったりせず、ランダムに跳ね回るはずだ。しかし、脳は高度に構造化されている。白質は、ニューロンの軸索とそれを包むミエリンから成り、脳の高速道路を形成している。白質中の水分子にとって、軸索を横切って進むのは難しい。なぜなら、ミエリンはほぼ脂肪とコレステロールから成り、水と混ざらないからだ。そこで水分子は抵抗が少ない方向、すなわち軸索が伸びるのと同じ方向に移動する。DTIは、脳の全域で水分子が好む方向を測定することによって、白質のマップを作成する。

海馬の損傷がほかの領域にもたらすダメージを測定するために、まず白質のつながりを全てマッピングする必要があった。これまでにアシカの脳でそれをした人はいなかったので、何から始めればよいのか見当がつかなかった。

ピーターの計画では、まず、ドウモイ酸に晒《さら》されたものもそうでないものも、できるだけ多くの脳を手に入れる。次に、ドウモイ酸が、通常の結合パターンをどのように破壊するかを見ていく。この種のマッピングは、死んだ脳ではやりにくいだろう。血管を血液が流れていない脳は、スキャナーにかけても、生きている脳ほど多くの信号を生じさせない。もっとも、被験者が動くという心配はしなくてすむ。

いささか奇矯な研究領域ではあったが、いくつかのグループが死後の人間の脳のDTIを成功させていた。それは時間がかかる作業で（一二時間以上）、信号は弱く、白質の広がりを再現する能力には限界があった。オックスフォード大学のMRI物理学者カーラ・ミラーは、MRIソフトウェアのプログラムを変更して、スキャンの質を改善しようとしてきた。二〇一二年までに彼女はある程度、成功を収め、従来の半分の時間で、死後の脳から上質なDTIデータを取得できることを示した。残念ながらミラーの業績はあまり注目されなかったが、それはおそらく死んだ人の脳に関心を持つ人がそれほど多くないからだろう。しかし、わたしは彼女が成し遂げたことに大いに魅力を感じ、連絡をとって、アシカプロジェクトへの協力を呼びかけた。彼女は自分が開発したプログラムにこちらが興味を持ったことを喜び、それをスキャナーにインストールする方法をさっそく教えてくれた。

スキャニングの準備として、ピーターはリトルフットの脳を、タッパーウェアに張った寒天培地にセットした。寒天の水が脳の信号を打ち消すのを防ぐために、まず少量のガドリニウムを寒天培地に混ぜた。ガドリニウムはレアアース（希土類元素）で、望ましい磁気特性を持つ。MRI検査では造影剤として広く使われ、特に腫瘍の位置の特定に役立つ。しかし、わたしたちのスキャンでそれを使

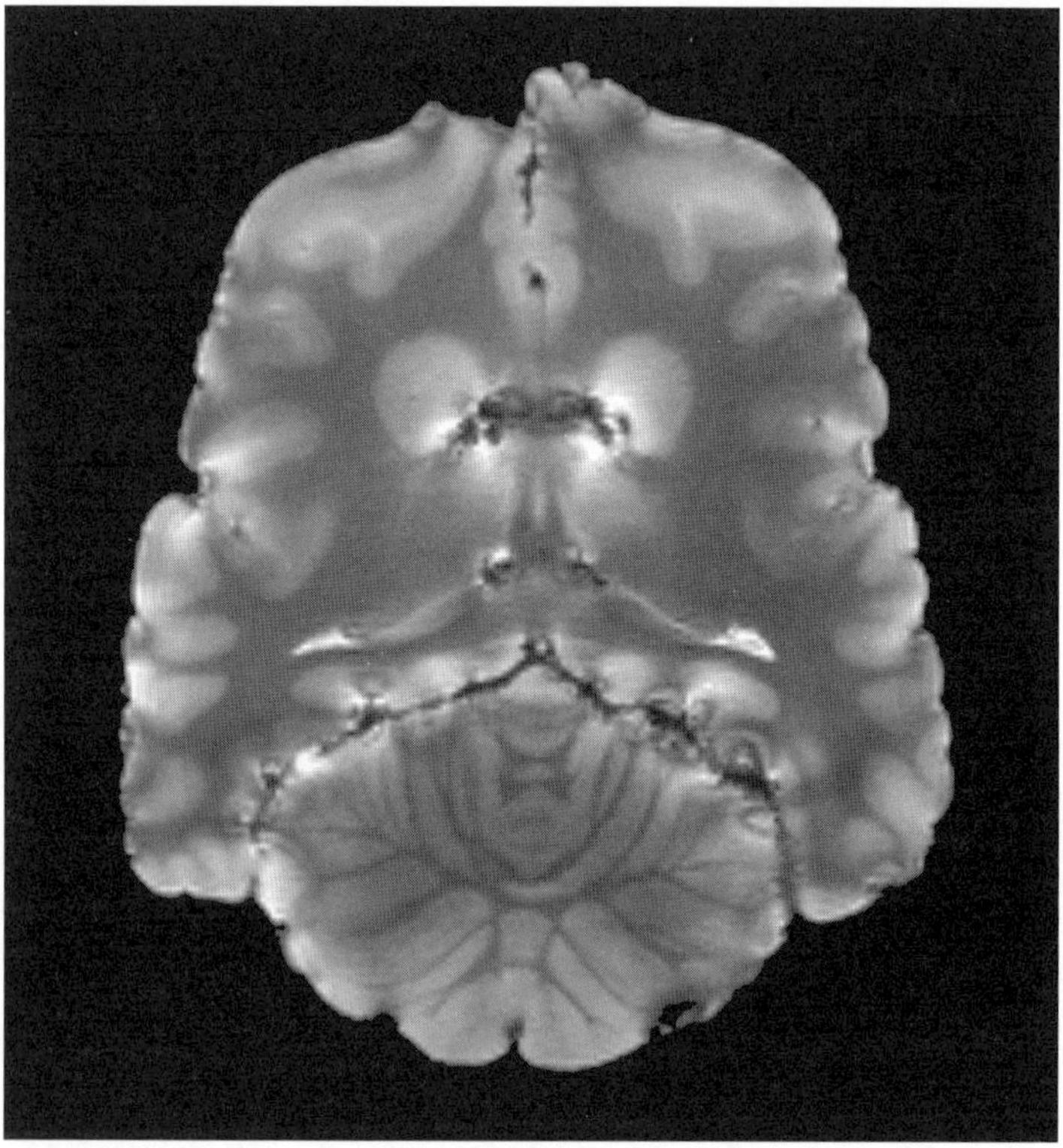

図4.1　リトルフットの脳（グレゴリー・バーンズ撮影）

ったのは、寒天培地からの信号を弱め、脳の信号を際立たせるためだった。

スキャンはおよそ八〇回行う必要があった。そのいくつかは解剖学的構造を詳しく知るための高性能のスキャンだが、このプロトコルの中心になるのはDTIスキャンだ。これらのスキャンでは、それぞれ特定方向に磁場をかける。そして脳内のあらゆる場所で水の拡散の様子を調べる。方向を変えて五二回それを行う。スキャニング自体はおよそ六時間かかる予定だ。その後、全スキャンの結果を統合して、白質内で起こりやすい拡散の方向を見極める。

構造的スキャンは期待通りの結果を出し、全て順調に進んでいるように思えた。準備段階が終わり、いよいよメインイベントであるDTIスキャンの出番になった。わたしたちはカーラのプロトコルに従ってスキャニングを始めた。

スキャナーは数回カチッカチッと音を立て、処理を始めたが、ふいにブーンという大きな音を立てて動きを止めた。スタートから一秒しかたっていない。スキャナーのコンソールに赤い線が現れ、異常が起きたことを語っていた。

「何が起きたのでしょう?」とピーター。

「勾配が超過しているようだ」とわたしは答えた。

勾配磁場コイルは大量の電力を消費するので、コイルの銅が加熱する。そのままだと銅の周囲の素材は発火する。それを防ぐために、コイルには冷却パイプが内蔵されているが、その冷却システムがあっても、コイルはだんだん熱くなる。それが限度を超えると、内部の温度センサーが自動停止装置を作動させる。そうなった可能性は高い。また、スキャナーソフトにも抑制均衡機能があり、操作者がうっかり危険な操作をした時には、動きを止める。どうやらそのいずれかを、わたしたちはやってしまったようだ。

DTIではコイルにかける負荷が高い。磁場を強くするほど、水の拡散を検知しやすくなるからだ。しかしスキャナーソフトは、それでは要求されたスキャンを安全に実行できないと告げていた。その警告を無視したら、磁気装置を損傷する恐れがあった。

「勾配を落とさなければ」とわたしは言った。

「どれくらい？」

わたしは肩をすくめた。「スキャナーが安全だと言うまでだ」

安全なところまで落とすと、わたしたちは作業を再開し、スキャナーをさらに六時間作動させた。夕方までにスキャンは終わり、コイルは無事だった。全てのデータをラボのコンピュータにアップロードするには、さらに一時間かかるため、わたしたちはそれを作動させたまま、自宅に戻った。

その分析では五二の拡散画像を用いて、水分子が拡散した距離とその方向を計算する。これを脳のあらゆる場所で行う必要があり、画像は合計で三五万ボクセルにもなった。カーラはこれらの計算を行うソフトを作っていたが、「スーパーコンピュータで計算しなければ、かなり時間がかかるでしょう」と警告していた。わたしたちのラボにスーパーコンピュータはなかったが、メインコンピュータはかなりのメモリ（七二ＧＢ）と一六のＣＰＵを備えていた。そのＣＰＵに脳の異なる場所を割り振り、並行処理したが、それでもリトルフットの脳スキャンの処理には丸二日を要した。

ＤＴＩの結果を視覚化するために、わたしたちは異なる色を用いて、繊維（軸索）が走る主な方向を表示した。赤は左右、緑は前後（より正確には尾側《びそく》—吻側《ふんそく》）、青は上下（あるいは背側《はいそく》—腹側《ふくそく》）を示す。その画像は美しく、ピーターやわたしの予想をはるかに上回っていた。脳の中央には赤い繊維が集中して帯をなし、明らかに、左半球と右半球をつなぐ脳梁を示していた。側面に脳の前後をつなぐ経路が見られ、これらは上下をつなぐ繊維と交差していた。

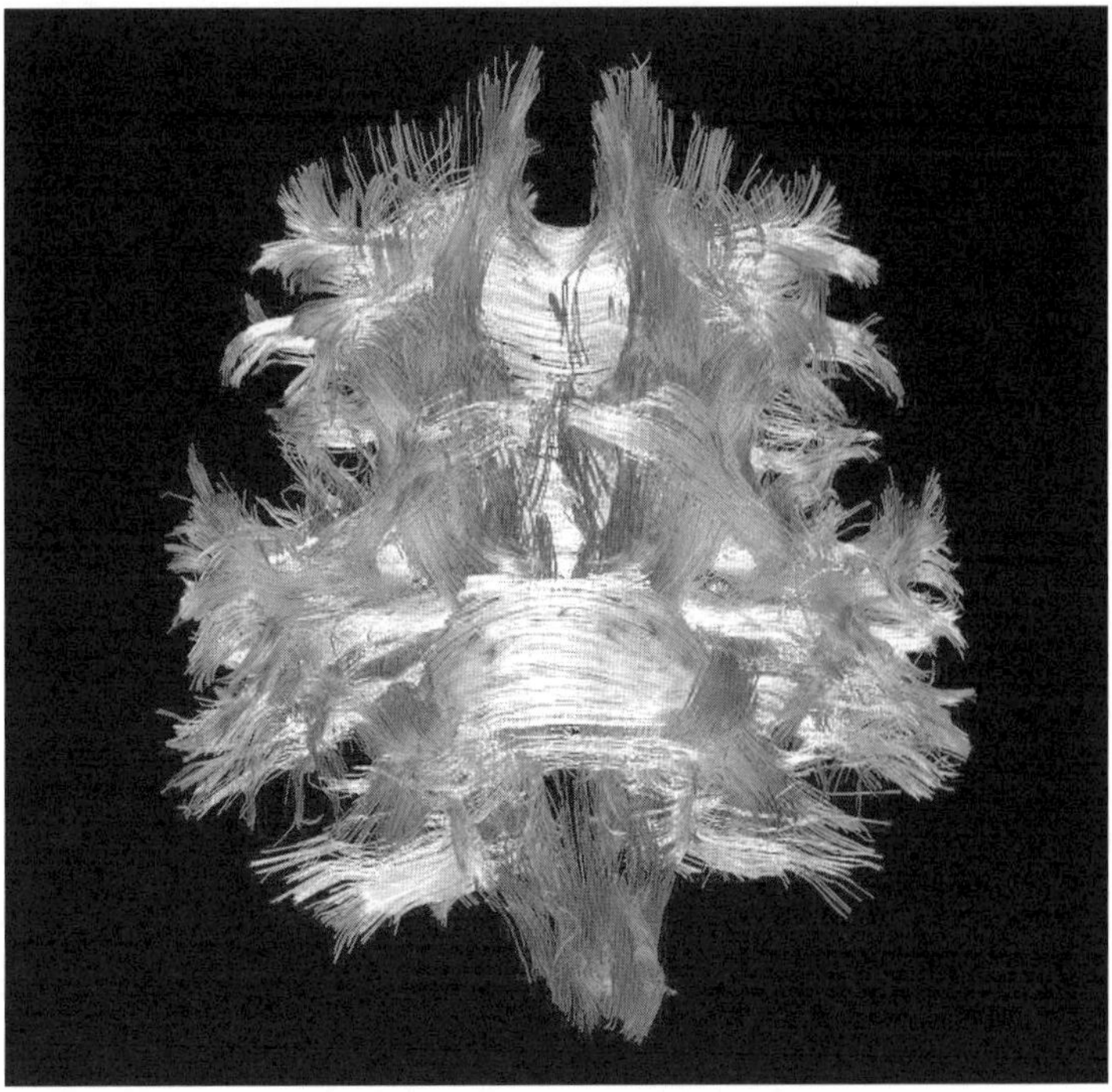

図4.2　リトルフットの脳内に走る繊維の視覚化（グレゴリー・バーンズ撮影）

わたしたちがDTI研究を始めた二〇一五年に、再びエルニーニョが到来した。そのスケールは一九九八年のものをはるかに上回っていた。今回、アシカの座礁は、はるか南のサンディエゴまで広がり、海洋哺乳類センターはやむなく安楽死させたアシカの脳を、わたしたちに送り続けた。全てではなかったが、アシカの多くは発作を起こしていた。夏の終わりまでに八個の脳が届き、わたしたちはドウモイ酸による損傷を調べた。

側頭葉てんかんでは、海馬は損傷し、縮んでいく。しかし脳はその埋め合わせをしようとして、残りのニューロンの働きを強化する。つまり、逆説的ではあるが、海馬の損傷が進むにつれて、ニューロンのつながりが増えるのだ。[10] もしドウモイ酸が、てんかん発作を引き起こして脳を傷つけるのであれば、人間のてんかんで観察されるのと同様の、このような逆説的影響が見られるはずだと、わたしたちは予想した。

アシカの白質の三次元再構成は美しかったが、海馬経路の行き先をもっと正確に知りたかった。人間の脳画像処理では「確率的経路解析法」と呼ばれる技術が一般的になっていた。その方法では、脳のある場所にデジタルの種《たね》をまく。すると水が拡散する際の優先方向に従い、その種を起点とする仮想の水分子の動きをシミュレートすることができる。その後、その到達点を起点として、再びそれを行う。言うなれば、石蹴りのようにして白質の中を進んでいくのだ。もっとも、優先方向は絶対的なものではなく、仮想分子の動きには常にいくらかの不確実さが伴う。したがって、通常はシミュレーションを数千回行って、その結果生じた経路の平均値をとる。ピーターはデジタルの種を海馬にまいて、そこから発する経路を再構築するよう、ソフトウェアに指示した。

答えはすぐに出た。視床へ向かういくつかの経路の数が、ドウモイ酸に暴露したアシカでは増えていた。それは人間のてんかんの場合と同様だった。そして、アシカと人間の脳の病変がよく似ていることは、経験も似ていることを示唆した。つまり、アシカにとってドウモイ酸中毒がどのようなものであるかを、わたしたちは理解したのだ。それは人間のものと同じだった。しかし、それよりももっと根深い、類似した経験はあるのだろうか。

その答えは、普通でないアシカ――リズム感のいいアシカ――の脳から得られた。

第5章　兆し

ローナンはカリフォルニア北部の海岸のどこかで二〇〇八年に生まれた。一歳になる頃には、救いがたい浮浪児になっていた。おそらく、母親から引き離されるのが早すぎたのだろう。ローナンは波止場をうろつき、人々に施しを求めた。時々、ハイウェイ一号線をよちよち歩き、観光客を喜ばせたが、交通の妨げにもなった。そうやってうろつくのが、道に迷って海への帰り道がわからなくなったせいなのか、それともただ母親を探していたのかは、誰にもわからなかったが、混雑する道路沿いで放浪を続けるうちに、ついに保護され、海洋哺乳類センターに送られた。

ローナンはどこも悪いところはなさそうだったので、通常通り、太らせた後に、海へ戻された。しかしその後、彼女は、パシフィック・コースト・ハイウェイの別の場所に再び現れた。三度目にローナンがセンターに舞い戻った時、人々は、このアシカをどうしたものかと悩んだ。自分で餌を獲る経験があまりなかったので、野生では生き延びられないだろうと彼らは考えた。しかし、保護されたほかのアシカの多くと違って、ローナンは比較的健康だった。一週間ほどで太らせると、センターにとどめておく治療上の理由はなくなった。

シニア獣医のフランセス・ガランドにとっては難しい選択だった。センターがアシカ、ゼニガタアザラシ、オットセイ、そして時にはミナミゾウアザラシを収容する場合、飼育場は主に州立保護区のアニョ・ヌエボ島だった。そのスペースは限られていたが、運ばれてくる動物の数は年々増えていた。

ローナンはセンターの誰からも愛されていた。規則に違反して繰り返しセンターに暮らすことができたのも、その人懐っこい性格ゆえだった。しかし、センターは人や動物を楽しませるための場所ではない。ほかに行き先がなければ、ローナンは水族館で暮らすことになるだろう。あるいは、貰い手が見つからなければ、安楽死させられる。

ピーター・クックはドウモイ酸研究の対照群になる被験者を必要としていたが、それを見つけるのは難しかった。なぜなら、健康なアシカは通常、座礁しないものであり、座礁するアシカの大半は病気だったからだ。そういうわけで、ガランドから電話でローナンを引き取ってほしいと頼まれた時、ピーターは喜んだ。ローナンにとってもそれは喜ばしいことだった。ピーターやライヒムースの研究に参加することは、少なくとも運命が決まるまでの時間稼ぎになるだろう。

ローナンは物覚えが早く、ピーターの遅延交替テストをたちまちこなせるようになった。ドウモイ酸中毒のアシカの訓練には数か月かかることもあったが、ローナンはわずか一か月で全てを楽々習得した。しかし、科学への貢献を終えた後の行き先は未定だった。

アシカは飼育状態で三〇年間生きられるので、ローナンを引き取ると長く飼うことになる。鰭脚類研究所でのライヒムースのキャリアを超える可能性さえあった。また、研究所にはすでにGドッグという名の人気者のアシカがいた。Gドッグはよくバケツを頭に乗せて、檻の周りをよちよち歩いた。おっちょこちょいで陽気な性格で、トレーナーたちから好かれていたので、ライヒムースはGドッグをその研究所でずっと飼うつもりだった。しかし、ピーターのテストでの成績はローナンのほうがよかった。そういうわけで結局、ローナンのほうが永住権を獲得し、ひょうきん者のGドッグはほかの施設に送られた。

しかし、ローナンがとどまったのは誰にとっても幸運だった。その後まもなく、言語の進化についてのこれまでの考え方を変えるような独自の能力を、彼女が持っていることが明らかになったからだ。

人間とほかの動物の違いは何かと問われたら、たいていの人は言語の使用だと答えるだろう。実のところ、動物の行動や発声を人間並みだと感じることはあるが、十分に発達した言語能力を持つのは人間だけだ。多くの学者が、「言語本能」こそがヒト科の誕生を導いた進化上の革新だ、と主張している。[1] そして、ほかの動物は経験を言語によってラベル付けしたりしないため、結局、ほかの動物であるのはどんな感じかを人間は理解できないのではないか、と疑問を投げかける科学者もいる。

しかし、わたしがローナンから学んだように、言語は認知という氷山の一角にすぎない。その下には豊かな認知プロセスがあり、それらはほかの動物と共有することは可能なのだ。

人間にとって言葉は意味を背負うものだ。「花」というような簡単な言葉さえ、さまざまなイメージを思い起こさせる。子どもは早くから、言葉は考えを伝えるための手っ取り早い方法であることを学び、言葉によってこの世界のあらゆることを表現できることを知る。根本的には、言語は概念を抽象的に表現するものだ。言葉はそれが表す物事の代役にすぎない。ほかの動物は、話すことはできなくても、言葉による命令を理解できるようになる。それについて重大な問いは、動物が単に音に反応しているのか、それとも言葉の意味を理解しているのか、ということだ。それは突き詰めれば、動物が脳内で象徴表現をしているかどうか、という問いである。

言葉には、話し言葉、書き言葉、身振りという異なる形式があり、動物にとって理解しやすいものとそうでないものがある。一九八〇年代、ロン・シュスターマンは手信号を用いてアシカの象徴能力を調べ始めた。シュスターマンはジェスチャーによって、物体（バット、ボール、指輪など）、形容詞（大きい、小さい、白い）、行動（取って来る、尾のタッチ、足ひれのタッチ）に対応する多くの概念をアシカに教えた。彼のお気に入りのアシカ、ロッキーは、七〇〇〇超のジェスチャーの組合せに反応することができた。それぞれの組合せを記憶しているとは考えにくかったので、ロッキーは個々のジェスチャーの意味をある程度覚えていて、簡単なフレーズ（組合せ）を理解している、とシュスターマンは結論づけた。(2)

ライヒムースは、ロッキーや後に被験者になったリオという名のアシカは、単に音と行動を結びつけるだけでなく、もっと高度なことをしていると考えたが、言葉が象徴になっているとまでは思っていなかった。彼女は、手信号ではなく絵文字（ピクトグラム）でアシカの理解力を調べた。(3) アシカが手信号をよく理解することはシュスターマンが示していたが、ピクトグラムは明らかに手信号より抽象的だった。この抽象化ゆえにピクトグラムは、言語理解を支えていると思われる論理的な過程を調べるのに適していた。この実験に用いたピクトグラムは、三〇センチメートル四方の合板でできていて、白い背景に黒い図形が描かれている。まるでレコードのコレクションのように、そのピクトグラムは今も鰭脚類研究所の棚に並んでいる。

ライヒムースは、アシカが簡単な「もし……ならば」（if....then）の規則を学べることを証明した。ロッキーは、らせんのピクトグラムを見せられたら、同時にほかのどんなピクトグラムを見せられても、長方形を描いたピクトグラムを鼻で突かなければならないことを覚えた。留意すべきは、これはライヒムースが任意に決めた関連づけだったことだ。新しいピクトグラムが導入されると、ロッキーはすでに何かと関連づけられているピクトグラムを無視することで、新たな関連づけをより速く習得した。それは「排除による学習」と呼ばれるかなり高度な認知プロセスで、タスク全体を理解し、何がすでにルールになっているかを覚えていなければならない。より印象深いのは、リオが論理的な関係を理解したことだ。リオは「(ピクトグラムが)らせんなら……長方形をタッチし、長方形なら……円をタッチする」を理解して、「らせんなら……円」をタッチした。この論理操作は推移と呼ばれ、人間の言語の基礎を成す。リオは論理の方向を逆にすることもでき、「長方形なら……らせん」にも正しく応答した。この操作は論理的対称性と呼ばれ、それによって人間は「サリーはボールを打った」と「ボールはサリーに打たれた」という文章が同じ意味であることを理解できる。

ロッキーとリオは、アシカには論理的に考える能力があり、論理的問題を人間とほぼ同じやり方で解決することを示した。しかし、言語にとって論理は必要だが、それが全てではない。言語は、特に話される場合、リズムを持つ[4]。話す時の自然なリズムを誇張すれば、初歩的な音楽になるだろう。もしロッキーとリオが、言語の基礎となる論理操作ができるのであれば、アシカには初歩的な音楽の能力があるのかもしれない。ここでローナンとピーターの才能が輝きを放った。

チャールズ・ダーウィンは音楽に強い関心を持ち、人間におけるあらゆることと同じく、音楽の起源はほかの種にあると考えた[5]。『人間の由来』にダーウィンはこう記している。「楽しむためではないとしても、おそらく全ての動物は、音楽の律動やリズムを感じとることができる。その能力は、全ての動物の神経系に共通する生理学的性質によるはずだ[6]」。もっとも、この音楽の起源についてのダーウィンの説に、誰もが同意したわけではなかった。同時代に生きたハーバート・スペンサーは一八五七年に書いた『音楽の起源と機能』というエッセイで、「音楽に先だってまず話すことが必要であり、それゆえ音楽は人間だけの領域である」と論じている。ダーウィン対スペンサーの論戦の後、長年にわたって、その状況はほとんど変わらなかった。ダーウィンの説を裏づけるには、動物に音楽の能力があるという証拠を見つけなくてはならないだろう。

今後も、歌えるアシカが発見される、というようなことにはなりそうにない。音をまねるのがうまい動物でも、上手に歌うことはできない。歌はハードルが高いのだ。しかしピーターは、歌にはメロディーのほかにも多くの側面があり、それらは動物にも見られることに気づいた。最も基本的なものはリズムで、拍《ビート》は音楽に不可欠の要素だ。しかし、すばらしい音楽には拍《ビート》以上のものがある。それはグルーヴ（高揚感）である。ジミ・ヘンドリックスやカルロス・サンタナ、キース・リチャーズ、スティーヴィー・レイ・ヴォーンといった偉大なギタリストはみな、グルーヴの達人で、聴衆を夢中にさせる。すばらしいグルーヴをもたらす音楽は、わたしたちの心を打つ。

リズムに乗ることは「同調」とか「エントレインメント」と呼ばれる。動物にそれができるかどうかがわかれば、ダーウィンとスペンサーの論争に終止符を打てるかもしれない。意外なことに、二〇〇六年になるまでそれを調べた人はいなかった。最初に調べたのは、サンディエゴの神経科学者アニルド・パテルである。パテルは「声まね仮説」を提唱した。(7) 人間でもオウムでも、発話には、聴覚の入力と運動の出力との正確な同調が欠かせないことを彼は示した。話すには、発話の正確なタイミングを感知するとともに、声帯でそのパターンを再生しなければならない。込み入っていると思えるかもしれないが、人間は考えなくてもそれができる。そして、この原理が発話に働くのであれば、リズムの再生にも働くはずだ。パテルは脳の「節約の原理」に従って、声をまねることとリズムに乗ることに必要な脳のメカニズムは同じだと示唆した。

パテルの声まね仮説は、説得力のある予測をもたらした。それは、声まねをする動物だけがリズムに乗れる、というものだ。おもしろいアイデアだが、議論の余地は残っていた。というのも、これまでに動物がリズムに合わせて動くことを記録した人はいなかったからだ。

しかし数年後、ふいにこのアイデアが現実味を帯びてきた。ある非凡なトリがユーチューブで一躍有名になったのがきっかけだった。それはスノーボールという名のキバタン〔訳注：大型のオウム〕で、ポピュラーソングに合わせて頭を揺らし、かぎ爪を踏み鳴らす。お気に入りの曲はバックストリート・ボーイズの『エヴリバディ』だ。

ビデオ映像だけでは、スノーボールがしていることを正確に理解するのは難しい。ただ頭を上下させているだけなのか、それとも音楽のリズムに乗って踊っているのか？　そこでパテルはビデオを一コマずつ分析し、スノーボールが本当にリズムに乗っていることを確認した。もちろん、歌のリズムがはっきりしていることが助けになった。

その頃ピーターは、アシカと音楽に関心を持つようになっていた。パテルの声まね仮説によれば、アシカはリズムに乗ることはできないはずだった。アシカはブーブー鳴いたり吠えたりすることはできるが、声まねのできるアシカはいなかったからだ。ピーターは、記憶に関する研究の合間に、ローナンにリズムに乗って頭を上下させることを教えてみようと思い立った。ローナンがそれをこなせるようになれば、声まね仮説は間違っていたことになる。

動物の訓練は、自然な行動から始めるとうまくいく。そこから徐々に、自然でない行動へと導いていくのだ。それは宝探しのようなもので、トレーナーが動物に言えるのは「当たり」か「外れ」だけだ。アシカのひれは驚くほど器用だが、首の筋肉はいっそう柔軟に動く。ローナンにとって首を上下に振るのは朝飯前だろう、とピーターは思った。実際ローナンは、少し教えただけで、ピーターの手振りに合わせて頭を上下に振るようになった。手の動きに合わせてローナンが首を動かすたびに、ピーターは笛を吹き、正しい動きができたことを知らせた。ローナンにとって笛の音は「当たり」に相当する。そしてピーターは、笛を吹くたびに、ごほうびの魚をローナンに投げ与えた。

ほとんどの動物は注意力が持続しない。通常は、短い訓練のほうが長い訓練より効果的だ。しかしアシカは例外のようで、ローナンは、いらいらしている時は別として、訓練に飽きることはなかった。訓練は週末に限られたが、ほんの数週間でローナンは、ピーターの手の動きに合わせて、うれしそうに頭を上下させるようになった。音による合図を導入する準備が整った。ピーターの計画は、初めのうちはメトロノームの音と手で合図を送り、徐々に手による合図をやめて、メトロノームの音だけに合わせて頭を振るように導く、というものだ。

スピーカーからメトロノームの電子音を流しながら、ピーターはオーケストラの指揮者のようにローナンに向かって手を振った。一分あたり一二〇拍（一二〇ｂｐｍ）という中くらいのテンポから始めた。数週間で、ローナンはメトロノームと頭の上下運動を関連づけられるようになり、徐々にピーターは手を動かさなくてもよくなった。

しかし、ローナンはメトロノームに合わせているのではなく、単に一二〇ｂｐｍで頭を上下させているだけかもしれない。そうでないことを証明するために、ピーターは新たに八〇ｂｐｍのテンポを導入し、二つのテンポでの訓練を交互に行って、ローナンに「速度の変更」を教えた。(8)

テンポが変わったせいでローナンは混乱したようだった。拍子に合わせるというより、どちらのセッションでも、メトロノームのテンポとは異なる速さで頭を上下させるようになった。動きがテンポに合っていなかったので、ピーターは魚をやらなかった。動機になる餌がもらえなくなると、ローナンはいら立ち、まもなくプールに撤退した。

ローナンが混乱することがわかったので、ピーターは課題をシンプルにして、日によって八〇ｂｐｍか一二〇ｂｐｍのどちらかだけで訓練することにした。そして、以前は二〇回リズムに合わせることができたらごほうびを与えていたが、たった二回で与えるようにした。そこから数か月かけて、ごほうびをもらうのに必要な回数を増やしていった。

訓練を始めてから六か月後、ローナンはついに八〇ｂｐｍと一二〇ｂｐｍの両方のリズムにうまく乗れるようになった。同調していることを確認するために、ピーターはそれまで聞かせたことのないテンポでテストした。ローナンは最も遅いテンポにだけ同調することができた。以上のことは声まね仮説の反証としては十分だったが、ピーターは、ローナンがスノーボールのように音楽のリズムに同調できるかどうかを確かめたかった。

ダンスはほとんどの人にとって自然に出てくる動きだが、実はきわめて複雑なスキルだ。音楽のリズムに乗るには、脳は、複数の音からなる刺激からリズムを拾い出さなければならない。もっとも音楽は通常、三拍子か四拍子の繰返しなので、その作業は比較的たやすい。ポピュラーミュージックはたいてい一小節が四拍からなり、ベースが一拍目と三拍目を、スネアドラムが二拍目と四拍目（バックビートと呼ばれる）を強調する。ジェームス・ブラウンは一拍目を強調したが（『ゲット・アップ・オファ・ザット・シング』や『セックス・マシーン』）、初期のロックンロールの多くはバックビートにアクセントを置いた――エルヴィス・プレスリーの『ハウンド・ドッグ』のスネアドラムはその好例だ。ジャズやブルースは、弱拍を強調するシンコペーションと呼ばれる手法を使って、腰を揺りたくなるような演奏をする。

ローナンのダンスデビューに向けて、ピーターは基本訓練にバックビートを挿入するようになった。バックビートは、音量を変え、基本のリズムと交互に演奏された。幸いローナンは戸惑うことなく、ぴったりのタイミングで頭を上下させ続けた。

ローナンがリズムに同調していることの究極の証拠は、スノーボールと同じ『エヴリバディ』がもたらすことになるだろう。だがその曲で訓練したのでは、いかさまになる。別の曲で訓練してから、『エヴリバディ』でテストしなければならない。そういうわけで、ピーターは重大な決断を迫られた。ローナンの最初の曲を何にするか、である。

コメディドラマの『サタデーナイト・ライブ』では、レコーディング中のロックバンドにプロデューサー役のクリストファー・ウォーケンが「もっとカウベルを目立たせろ！」と叫ぶ。

なるほど。カウベルを叩くコンコンという音は、ローナン主演のミュージカルにちょうどよさそうだ。カウベルの音は、ほかの楽器の音に紛れないし、ピーターが訓練に使ったメトロノームの電子音によく似ている。しかし、『サタデーナイト・ライブ』で使われた曲、ブルー・オイスター・カルトの

『死神』をそのまま使うわけにはいかない。あの歌はあまりにも派手だし、ダンスソングでもないからだ。ローナンには別のカウベル・ソング、つまり、強いリズムを持つ曲が必要だった。そしてついにその名誉に浴したのは、クリーデンス・クリアウォーター・リバイバル（CCR）の『ダウン・オン・ザ・コーナー』だ。その歌はハイハットシンバルのフォービート（四分の四拍子）から始まり、それからカウベルを叩く音が入り、それは歌の最後まで続く。弱拍の強調（シンコペーション）はなく、気まぐれな演奏もなく、力強い四分の四拍子が最後まで続く。アシカのダンスには最適だ。

しかし困ったことに、ローナンは『ダウン・オン・ザ・コーナー』と同調できなかった。その曲が始まると、ローナンは少し頭を上下させたが、明らかにタイミングがずれていたので、ピーターは魚をやらなかった。するとローナンは、「魚をくれないなら、仕事はしない」と決めたらしく、プールへ戻ってしまった。

しかし、この頃のピーターは動物訓練に熟達し、ローナンの癖をよく知っていた。例えば、少し休憩すればローナンはまた戻ってくることを彼は知っていた。何しろ、まだ魚は残っているのだから。案の定、一〇分ほどするとローナンは訓練を再開する気になったらしく、プールから上がってきた。今回ピーターは、その曲の、ボーカルのない単純な部分を繰り返し再生した。

一〇回ほど練習するとローナンはグルーヴを会得《えとく》し、二〇拍続けて頭を上下させられるようになった。ピーターはバックストリート・ボーイズに進む準備が整ったと判断し、実際、ローナンは完璧にやりとげた。彼女はその曲の一〇八bpmのテンポに合わせて頭を上下させ、九〇秒間、それを続けたのだ。歌やコーラスや間奏に邪魔されることもなく、曲の拍子より速くなることも遅れることもなかった。

ローナンはただ最初の拍子に合わせただけなのでは、と疑う声もあるかもしれない。『エヴリバディ』はテンポが変わらないので、ローナンはその曲に合わせているように見えても、実は自分の内なるリズムを追っているだけなのかもしれない。この疑いを払拭《ふっしょく》するため、ピーターはアース・ウィンド・アンド・ファイアーの『ブギー・ワンダーランド』でローナンをテストした。『ブギー・ワンダーランド』のテンポは一定ではなく、一二三ｂｐｍから一三七ｂｐｍまで変化する。ローナンはそれも完璧にこなした。この快挙がニュースになった時に、バンドメンバーの一人が「バンド名を『アース・ウィンド・ファイアー・アンド・ウォーター』に改名しなきゃね」と言ったほどだ[9]。

ダンス中のアシカの脳をスキャンすることはできないが、リズミカルなことをしている人間の脳で起きていることについては、多くのデータがある。わたしがｆＭＲＩを使い始めた一九九〇年代には、指タップの実験が人気だった。スキャナーの中で被験者に親指と人差し指を開閉（タップ）させ、皮質の運動領域をマッピングするのだ。右手でタップすると、中心溝付近の左の運動野が活性化する。わたしが特に興味を持ったのは、タップのリズムを複雑にしていくと脳内で何が起きるかということだった。

この謎を解明するために、二〇〇〇年代の初めに、わたしと数名の同僚は被検者をＭＲＩスキャナーに入れた。初めは、単純な一定のリズムをタップさせた[10]。それを二〇拍続けた後に、タップのリズムを複雑にした。間隔を交互に長くしたり短くしたりする、ダァー・ディ・ダァー・ディ・ダァー・ディというようなリズムだ。その後さらに複雑にして、ディ・ダァー・ダーアー・ディ・ダァ・ダーアーというように、間隔を三パターンに増やした。被験者は気づいていなかったが、それはモールス信号になっていた。その間に彼らの脳では二つの変化が観察された。まず、タップのスピードが速くなるほど運動野はより活性化した。さらに興味深かったのは二つ目の変化で、タスクが複雑になるほど小脳が活性化した。哺乳類では、小脳は脳のニューロンの八〇パーセントを含み、タイミングと動作の協調にとって重要な構造と見なされている。また、小脳は認知プロセスや自閉症とも関連がある。[11]

ピーターはローナンに拍子をとらせる訓練に一年以上費やした。週末の気晴らしとして始まったものが、彼の主たる研究テーマだった「ドウモイ酸の影響」に取って代わり、彼は大学院で一年多く過ごすことになった。しかし、ピーターは後悔していなかった。拍子の同調は声まねによるものではなく、動物界でよく見られる一般的なスキルだということを証明するのは重要なことだった。ドッグ・プロジェクトに参加した後も、ピーターはライヒムースとの共同研究を続けた。ピーターがローナンの新しいリズム実験の進み具合を見るために鰭脚類研究所へ行くことになった時、わたしは、一緒に行ってもいいかと彼に尋ねた。サンタクルーズに行ってローナンに会いたかったからだ。

サンタクルーズでは、アザラシとアシカは横並びになった飼育場で飼われていた。それぞれの囲いに海水プールと日光浴のためのデッキがあることを除けば、広いドッグランのように見える。もっとも、ドッグランと違って誰も吠えていなかった。

ピーターはそわそわしていた。最後にローナンを見てから三年経っていた。わが子のように思っていたが、ローナンが覚えてくれているかどうかはわからない。

ピーターは囲いのほうを向いて、「彼女がぼくだとわかるかどうか、調べてみよう」と言った。依然としてアシカたちは静かで、こちらの緊張には気づいていなかった。「覚えてくれていなくても、ぼくは平気だよ」とピーターは言った。「まあ、少しは傷つくかもね」

ピーターは待ち望んだ再会のためにアシカの囲いに近づいた。最初の囲いにはリオがいて、プールをゆったりと泳いでいた。「やあ、リオ！」とピーターは言った。

リオはプールから跳び出し、よちよち歩いて調べにきた。親しげに鼻を近づけてピーターのにおいをかぐと、またプールに戻っていった。

ローナンは隣の囲いにいた。リオより若くて活発なローナンは、デッキを歩いたり、プールに飛び込んだりを繰り返していた。

「ローナン！　大きくなったね！」とピーターは呼びかけた。

ローナンにピーターの声が聞えたかどうかはっきりせず、イヌと違って、目で見て彼だとわかったようにも見えなかった。

ピーターは一緒にリズム実験をしたアンドルー・ローズのほうを向いて、「アンドルー、ローナンを呼んでくれないか？」と言った。

アンドルーは魚を持ってきたようなふりをして、囲いを軽くたたいた。

ローナンはすぐプールから跳び出て、調べにやってきた。

ピーターは囲いに顔を近づけ、ローナンの鼻に息を吹きかけた。「アシカはこうやってあいさつするんだ」とピーターは言った。

ローナンは深く息を吸って、匂いをかぎ、鼻を鳴らした。そして満足した様子で、背を向けるとプールへと戻っていった。ピーターのことがわかったかどうかははっきりしなかった。ローナンが、久しぶりに戻ってきた主人を歓迎するイヌのような振舞いをしなかったことだけは確かだ。ピーターは傷ついたようだった。「まあ、どうしようもないね」

おざなりなあいさつを終えると、アンドルーはこの新しい実験に使うスピーカーを設置した。今回の目的は、リズムを頻繁に変えて（すなわち「撹乱」して）ローナンがどう適応するかを調べることだ。

この種の実験は人間ではよく行われていて、通常、少し速い拍子か少し遅い拍子が挿入される。撹乱の程度が大きいほど、リズムを再び安定させるのに長い時間がかかる。そのプロセスから、人間の脳と身体は一連のスプリング（ばね）のように働くと考えることができる。このスプリングは、神経ネットワーク中の振動を表現する。指タップの例で言えば、聴覚刺激はスプリングを振動させ、その振動が次々にスプリングに伝わって、最終的に人間は音に合わせて指をタップさせる。拍子が速まったり遅れたりすると、このシステムは調子が悪くなり、再び音に合わせて共振を始めるのに時間がかかる。このプロセスの力学を支配するのは、スプリングの硬さと連結の具合であり、それは脳と筋肉が決めている。各人の撹乱への適応を調べることで、それぞれの脳における聴覚系と運動系とのつながりの良し悪しを推察することができる。

アンドルーがスピーカーからメトロノームの音を流し始めた。それは正弦波音で、ヨーロッパのパトカーのサイレンのように音程が上下したが、ゆっくりだった。ローナンは何をすべきかを知っていた。スピーカーの前に立ち、頭を上下させ始めたのだ。その同調は非常に正確だった。二〇拍ほどしたところで、アンドルーはごほうびの魚を投げた。

これを数回行った後、アンドルーは別の録音を再生した。まずは、先と同じテンポで始まるが、途中でテンポが速くなる。すると、ローナンは同調できなくなったが、数拍子で同調できるようになった。次の回では、テンポは変化しなかったが、早い段階で、ある拍子が聞こえた。位相シフトと呼ばれるものだが、今回もローナンは一時的に面食らったものの、すぐに調子を取り戻した。

ピーターのチームは、その後、ローナンが位相やテンポの変化にどう反応するかを分析し、彼女が人間と同じように反応することを発見する。これは、アシカと人間の身体の違いを考えると驚くべきことだ。実験では、ローナンは頭を上下に振るが、人間は指をタップする（頭を振ることもある）。使う筋肉は違っていても、リズミカルな聴覚刺激とリズミカルな運動出力を結ぶ神経メカニズムは、アシカでも人間でも同じダイナミクスに従っていることをこの実験は示した[12]。ローナンは、このスキルが言語や精巧な発声器官によるものではないことを明らかに示した。もっと可能性のありそうな候補は、わたしが一〇年前から人間で観察してきたように、小脳系だった。

ライヒムースが、アシカが言語のための一種の論理的積み木を持っていることを示したように、ピーターは、アシカには聴覚系と運動系をリズムで同調させるための基本的能力があることを示した。つまりアシカは、成熟した言語系は持っていないが、人間の言語を支えている二つの要素をその脳の中に持っているのだ。人間は「もし……ならば」のルールをよく知っているし、リズム感のない人でもダンスとはどういうものかを知っている。今回もまた、スキルと脳ネットワークの類似は内的経験の類似を強く示唆していた。

図 5.1　ピーターが見ている前でローナンからキスを受ける。(コリーン・ライヒムース撮影／NMFS 18902)

拍子に合わせてダンスするローナンを見ているうちに、知らず知らずわたしも体を揺らしていた。自分の無意識の動きに気づいた時、ローナンがどう感じているかがわかった。わたしたちの脳は同じ聴覚刺激とつながっていたのだ。誰もが音楽に合わせて踊っているコンサート会場にいるようなものだ。難しい話ではない。

ダンスと上下運動を十数回すると、ローナンのその日の仕事は終わった。プールに戻ろうと体を揺らしながら通りすぎる時、わたしは彼女とキスをした。すばらしい一日だった。太陽は太平洋に沈みかけていた。まぶしい夕日の中、二頭のイルカが海上に弧を描くのが見えた。

彼らの脳はどんなふうだろう、とわたしは思った。

第6章　音で描く

エモリー大学での長年の同僚であるローリ・マリーノは、イルカのことなら何でも知っている。彼女はＰｈＤをとるための研究で、クジラと霊長類の頭蓋《とうがい》を比較し、イルカを含むハクジラ類の脳化指数は動物界で最も高いレベルにあるという驚くべき結論に達した。

二〇〇〇年代のほとんどを通して、ローリはイルカの脳の研究を続けた。座礁ネットワークと連携することで、大西洋の海岸に打ち上げられたイルカの脳を可能な限り手に入れられるようにし、そのコレクションを増やしていった。また、それらの脳のＭＲＩスキャンも始めた。こうして彼女は、イルカの脳についての理解の発展に大いに貢献した。①

またローリは、イルカが鏡に映る自分の姿を認識できるかどうかを調べたことでも知られる。その研究は、ニューヨーク市立大学の心理学教授ダイアナ・レイスと協力して行った。それはミラーテストと呼ばれる実験で、一九六〇年代に心理学者のゴードン・ギャラップがチンパンジーの自己認識能力を調べるために開発した。一般的な方法は、チンパンジーの額にチョークで印をつけ、鏡を見た時の反応を観察するというものだ。チンパンジーが額に触れれば、鏡に映る姿が自分だとわかっていることになる。人間の子どもでは、およそ一歳半を越えると、このテストに合格するようになる。ギャラップが調べたチンパンジーも、同じく合格した。

ローリとレイスは捕獲した二頭のイルカでこの実験を行い、イルカは頭の横などに印をつけられると、そうでない時より長く鏡の前にいることを発見した。② この発見にローリは衝撃を受けた。イルカが自己認識できるのであれば、彼らは人間と同じような認知世界を持っているのではないだろうか。もしそうだとすれば、彼らを水族館などに捕えておくことを正当化できるだろうか。

ローリに、イルカの脳をスキャンすることについて尋ねると、彼女はすぐ、DTI（拡散テンソル画像法）をすれば、イルカの精神生活に関する長年の謎が解ける可能性がある、と認めた。イルカは幅広い音域の音を生み出す。そのいくつかはコミュニケーションのためと考えられ、別のいくつかは海中での反響定位に使われる。その音波探知（ソナー）能力については数十年にわたって研究されてきたが、イルカの脳がその情報をどのように処理し、脳内で海中の地図をどう構築しているかについては、よくわからなかった。

哲学者トマス・ネーゲルに言わせれば、こうしたことはすべて無駄だ。イルカと人間はあまりにも違うので、彼らが海で泳いだり反響定位を行ったりするのがどういうものなのか、人間には決して知ることができない、とネーゲルは考えるからだ。しかし、わたしの考えは違う。イルカが反響定位を行っている時に、その脳がどう機能しているかを明らかにすることができれば、イルカの主観的経験の理解に一歩近づけるかもしれない。それに、人間にも原始的な反響定位のスキルがある。イルカの脳は、人間の脳について何かを教えてくれるだろう。

「すばらしいアイデアね。イルカの脳のDTIは誰もしたことがないわ」とローリは言った。

わたしは高ぶる気持ちを抑えて、現実的なことを尋ねた。「どこへ行けば、イルカの脳が手に入るか、知ってる？」

「もちろんよ。一〇年前にスキャンした脳が、まだ全部手元にあるわ。ぜひそれを使って」

予想外の、ありがたい言葉だった。しかし、その標本の古さが気になった。死んだ脳でDTIを調べるというだけでも十分に難しいのに、一〇年以上もホルマリン漬けになっていた脳から、いったいどんな信号が得られるだろう。

その難しさを思ってわたしが黙り込んでいると、ローリは低い声でこう言った。「ところで、わたしはもうここを出ていくの」

これまでローリはエモリー大学の中で学部を転々としてきたが、それはわたしも同じだった。ある分野に収まらない研究をする場合、往々にしてホーム（所属先）を見つけるのに苦労する。もっとも、ほかの学者たちに意地悪されるわけではない。話し相手がいないというだけのことだ。

ローリは、動物愛護活動により多くの時間を費やすようになっていた。日本の太地町で毎年イルカが殺されていることを知ってからは、なおさらだった。クジラとイルカの擁護者になり、二〇一三年の映画『ブラックフィッシュ』でも重要な役割を担った。やがて彼女は、イルカやそのほかの動物の保護に全力を注ぐか、あるいはこれまでのように学生に神経科学の基礎を教えながら細々と研究を続けるかを選択しなければならなくなった。答えは決まっていた。

彼女からそう聞いて、わたしは初めて、このオフィスにダンボール箱が積まれていることに気づいた。一週間以内に出ていく予定だという。

「行き先は？」と、わたしは尋ねた。

「ユタよ」

なぜ砂漠地帯のユタ州へ行くのか、意味がわからなかった。

「わたしにとってユタ州は特別な意味のある場所なの。そこでキンメラ動物愛護センターという、動物愛護の新しい拠点を設立することになったの。そのセンターで動物研究と動物愛護との橋渡しをしていくつもり。どちらか一方を選ばなきゃいけないなんて、おかしいでしょ」
わたしはローリの決意を讃えた。そんな急進的な改革をするには勇気がいる。彼女の意見にすっかり賛同したわけではなかったが、じきにわたしも同じように考えるようになった。

ローリから、脳はキャンパスで一番殺風景な建物の地下室にある、と聞いた。そこは旧歯科学校と呼ばれていた。一九九〇年まで、そこにはエモリー大学の歯科学校があったからだ。近年、その歯科学校の反ユダヤ主義的行い［訳注：ユダヤ人の学生を差別し、退学へ追い込んだ］が露呈し、ドキュメンタリー番組の中で関係者が公に謝罪した。しかし謝罪したところで、そうしたことが起きたという事実が消えるわけではない。この世に幽霊がいるとしたら、旧歯科学校の廊下には何人か潜んでいることだろう。

ピーターとわたしは、さっそくイルカの脳を探しにいった。「脳の部屋」と表示されているわけではない。ローリが場所を教えてくれていなかったら、見つけられなかっただろう。重いドアを開き、明かりをつけた。

かつて研究室だったその部屋は、今では倉庫になり果てていた。作業台には箱が山積みされ、あらゆるものを埃《ほこり》が覆っていた。ドラフトチャンバー（有害な気体や有毒ガスを除去する装置）の扉が少し開いていたが、排気音は聞こえなかった。チャンバーの中には、蓋つきのポリバケツがいくつも積み上げられている。暗褐色の液体が半ばまで入っているのがわかる。バケツはどれも年月を経て黄ばみ、側面に貼った紙のラベルがはげかかっていた。

「きっとこれだ」と、わたしは言った。

ピーターはうなずいた。

手袋を持ってくることは思いつかなかったが、バケツの中身を確認する必要があった。フードの扉を持ち上げ、バケツの一つを取り出した。変色したバケツ越しに、液体の中に何かが沈んでいるのが見えた。

蓋を開けると、ホルマリンの臭いが鼻をつく。涙で視界がぼやけるが、大きな脳が見える。これまでにわたしが見たどんな脳とも異なる。大きくて、人間の脳の少なくとも一・五倍はあった。それに、サッカーボールのように丸かった。ラベルには「ハンドウイルカ」とある。わたしたちが見ているのはハンドウイルカの脳だった。おぞましい茶色の液体は別として、保存状態はかなりいいように見えた。一〇年以上もそれに浸かっていたことを思えば、なおさらだ。

「悪くない」と、わたしは言った。「ホルマリンは変えなきゃならないが、少なくともドロドロに溶けてはいないようだ」

容器を一つずつ開け、どの標本が最も有望かを書き留めた。これほど古い標本でMRIスキャンをするのは、前人未踏の領域だった。イルカの脳の配線がどうなっているかについて、何か有益な情報が得られるかどうかが、じきにわかるだろう。

六個のバケツをカートに載せて研究室へ戻り、詳しく調べることにした。ローリのコレクションであるこれらの脳は、グレープフルーツくらいのものからサッカーボール大のものまでさまざまだった。ハンドウイルカの脳は最も印象的だった。ただ大きいだけでなく、人間の脳より複雑な褶曲《しゅうきょく》が見られた。シワが多いほど表面積は広く、より多くの神経組織がそれらの溝に埋まっているはずだ。しかし、霊長類の脳で前頭葉とそのほかの部分を分けている中心溝は、イルカの脳には見られなかった。

　この仕事の複雑さがわかってくると、当初の熱は冷め始めた。イルカの脳の基本的な部分を見分けることさえできそうにないのに、その機能を解明できるのだろうか。

　前頭葉について言えば、イルカのそれは霊長類より肉食動物のものに似ていた。資料を調べたところ、イルカには十字溝があることがすぐわかったが、それはかなり前方に位置しており、前頭葉と呼べる部分は脳の一〇パーセントしかなかった[3]。わたしは当惑した。イルカはあれほど頭がいいのに、どうして前頭葉がそんなに小さいのだろう。クジラ目の解剖学者が間違っているか、認知を担う脳の部分についてのわたしたちの理解が間違っているかのどちらかだ。

　手元にはハンドウイルカの脳が四つと、それより小さい脳が二つ——マイルカとマダライルカのもの——あった。ハンドウイルカは知的で社会的なイルカとして名高いため、それらの脳からスキャンすることにした。形は整っているが、重要なのはその中身だ。ＭＲＩスキャンをすれば、内部が溶けているかどうかがわかるだろう。

　ピーターはバケツからハンドウイルカの脳を一つずつ取り出し、余分な液体がどろどろと流れ落ちるに任せた。その後、二重にしたジッパー式のポリ袋に脳を入れてスキャナーへと進み、不気味なラグビーボールのようなそれらの脳を台の上に置いた。

　一番見栄えの良いものを選び、ＭＲＩヘッドコイルの中に置いた。人間の脳よりも大きかったが、頭蓋骨がないので、うまくそのスペースに収まった。発泡剤で脳を固定し、磁石の中央へ送り込んだ。

迅速にローカライザースキャン（位置決めスキャン）を行った。

「これはいい状態だ。全体に灰白質と白質が見える」と、わたしは言った。

わたしは興奮していた。これらの脳は一〇年以上もバケツに入れられていたのに、まだ検出可能な信号を出しているのだ。わくわくしながら高解像度の構造シーケンスを設定し、「スキャン」のボタンを押した。

スキャナーは準備を始めた。マシンの奥からカチッという音やブーンという音が聞こえる。ソフトウェアが機械の内部に置かれた異物の形を調べている。三〇秒ほどかけて調整した後、ブーンという大きな音がしてスキャンが始まった。通常、この種のスキャンは二分程度で終わるが、ハンドウイルカの脳は大きくて丸いため、全体を調べるのに五分ほどかかる。わたしたちは待つしかなかった。五分よりずっと長く思えた後に、スキャンの結果がスクリーンに現れた。わたしはその断面図を脳の底部から順に見ていった。

「小脳がある。驚くほど細かなところまで見えますね」とピーターが言った。

その通りだった。それは細かい網状のシダの葉のように見えた。

しかし皮質に行き当たった時、わたしはがっかりした。それが穴だらけだったからだ。脳の構造の専門家でなくても、この標本が正常でないのはすぐわかるだろう。このスイスチーズのように穴だらけの脳の中につながりを見つける見込みは、かなり薄かった。

別のハンドウイルカの脳を二つスキャンしたが、どちらも内部が同じように傷んでいた。標本の古さを思えば、驚くには当たらない。穴は脳の表面と脳室のちょうど中間あたりにあった。おそらく、

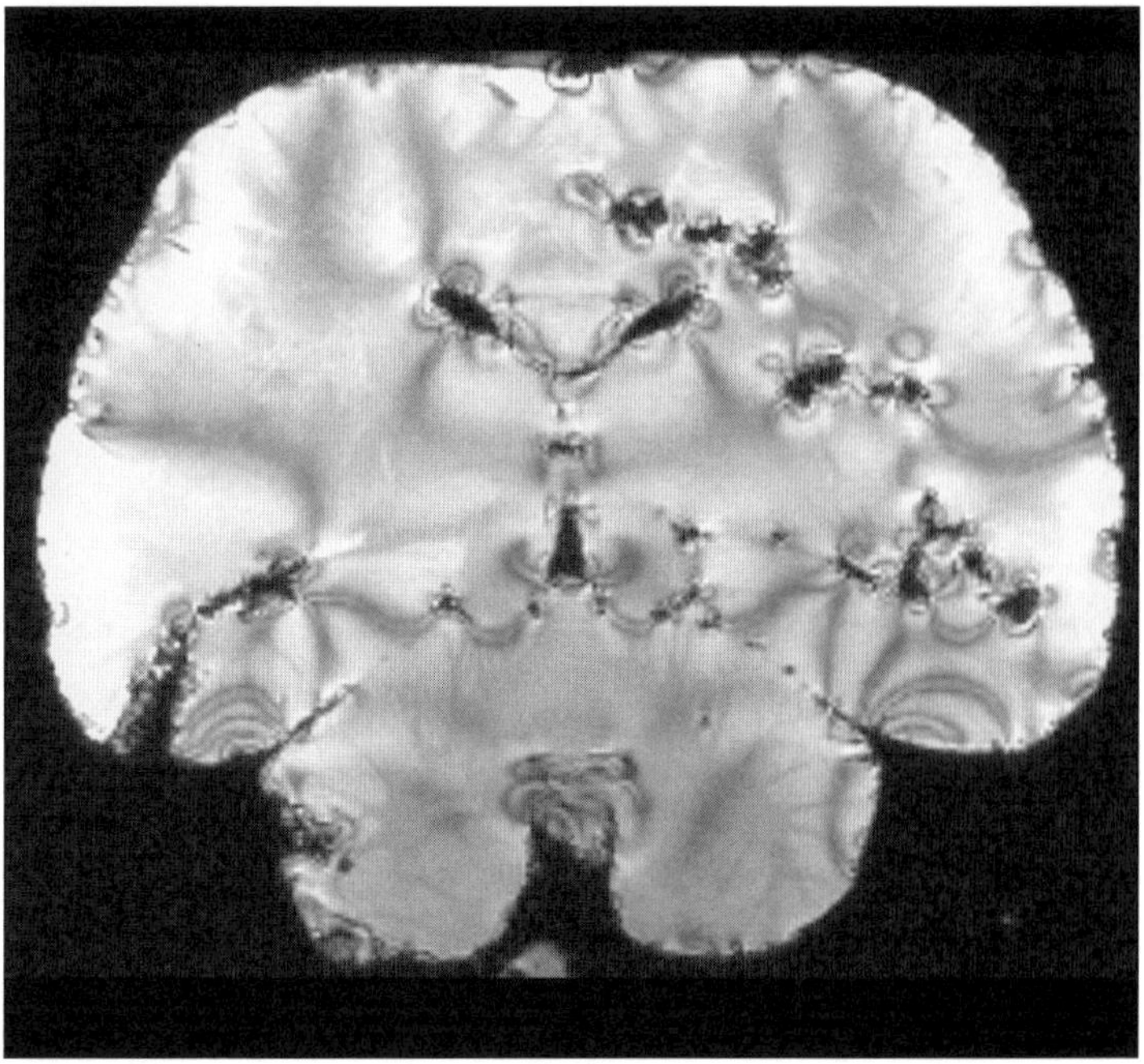

図6.1　穴だらけのハンドウイルカの脳（グレゴリー・バーンズ撮影）

脳が大きいせいで、ホルマリンが深部にまで浸透しなかったのだろう。その結果、劣化したと考えられる。

　となれば、残るのはマイルカの脳だ。ハンドウイルカの脳の半分くらいの大きさで、丸くコンパクトだが、アシカの脳よりやや大きい。それをヘッドコイルの中に置いて、同様にスキャンした。大いに喜ばしいことに、それは無傷に見えた。穴がなかったのだ。DTIの撮影を開始し、一晩中、機械を作動させた。

　イルカの脳はアシカの脳よりも大きかったので、データの分析にはほぼ一週間かかった。全てを正しく行ってきたかどうか確認するために、まずベクトル場を調べた。イルカの脳は陸生の哺乳類の脳とはあまりにも異なり、まるで異星人の脳のようだ。全てが大きな球にぎっしり詰まっていて、通常目印になる構造は、奇妙な位置にずれている。脳梁も大いに異なる。この大きさの脳にしては、脳梁は非常に細く、両半球のつながりが比較的弱いことを示している。

状況をはっきりさせるために、ベクトル場を三次元で表示した。すると、白質以外の全てが消え、つながりの詳細なマップが映し出された。そうしたつながりは脳の奥に入っているので、バーチャルなフライスルー［訳注：自由に飛び回ること］をするソフトウェアがなければ、その経路を見るのは難しい。わたしたちはそれを行った。

その画像が出てくるにつれて、わたしは畏怖を感じ始めた。これまで誰も見たことのないものを見ていることに科学者として興奮を覚えた。皮質と脳幹をつなぐ繊維が見える。それは青色で表現され、垂直に走っている。脳が正面を向くにつれて側頭葉は次第に消え、脳幹から分岐する赤い巻きひげのような脳神経が見えてきた。

ピーターは「うまくいっているみたいですね」と言った。

わたしはただうなずいた。

DTIのデータがよく見えたことに満足したわたしたちは、科学的疑問の解明に進むことにした。しかし、イルカの脳がこれまで見てきたものとあまりにも異なっていたので、ピーターとわたしは、どこから始めたらいいのか決めかねた。まだアシカの脳のほうが簡単だった。アシカは陸上で多くの時間を過ごすため、その脳は陸生哺乳類のものに近く、わたしたちが見慣れているイヌの脳とそれほ

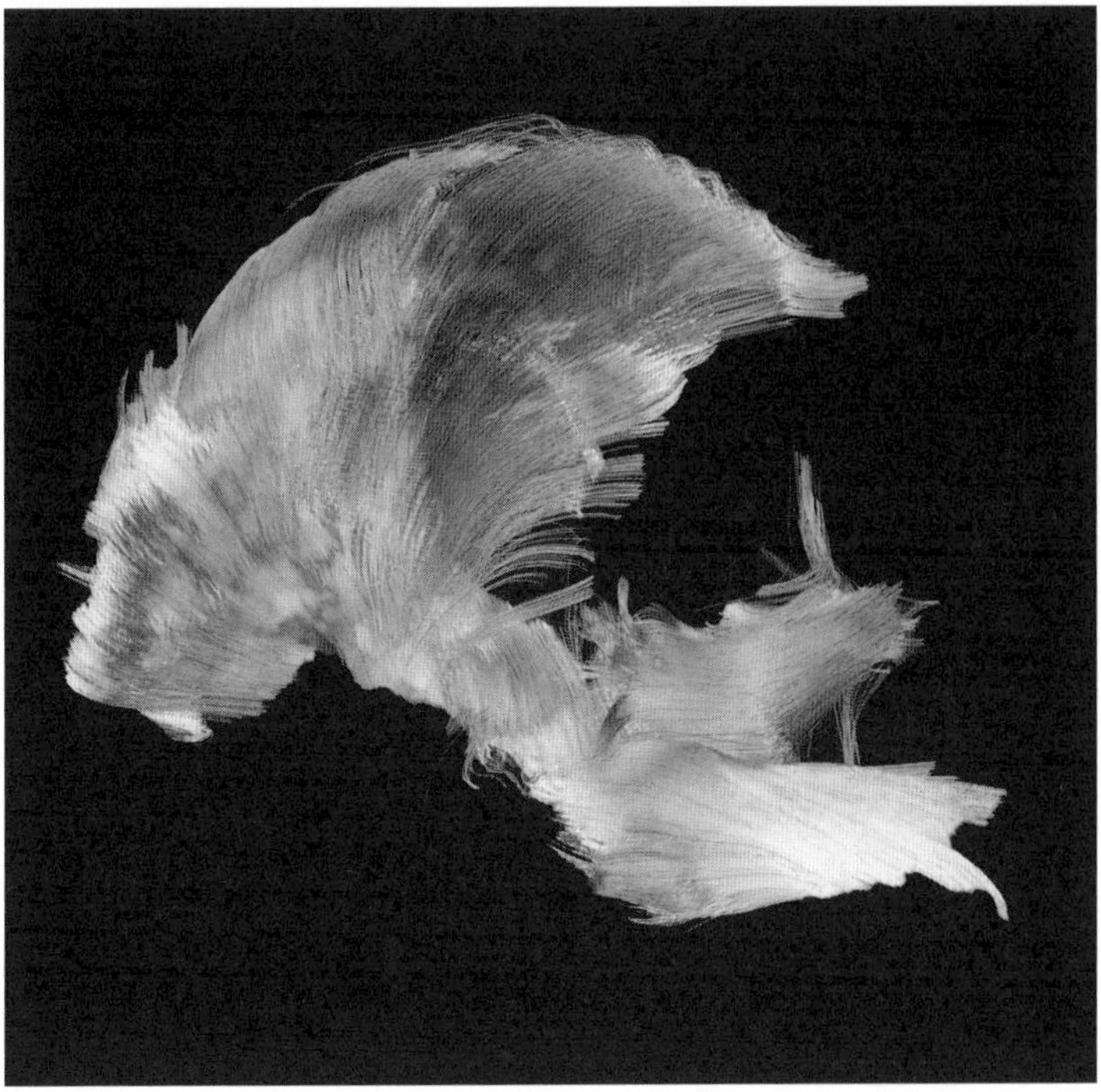

図6.2　イルカの脳の白質路の3D画像。これは横から見たもので、鼻は左を向いている。（グレゴリー・バーンズ撮影）

ど変わらなかった。しかし、イルカの脳は全くの別物だった。

反響定位は、思うほど異質なものではない。反響定位には二つの要素があり、どちらも人間は持っている。つまり発音と聴音だ。イルカは明らかに人間よりもその使用に熟達しているが、ピーターとわたしがプロジェクトを始める二〇年も前に、イルカの反響定位についてはおおかた判明し、それがかつて考えられていたほど謎に包まれたものではないことがわかっていた。

反響定位はソナーに相当

する〔ソナー（sonar）という単語はsound navigation and rangingに由来する〕。その仕組みはわかりやすい。音が発せられ、水中の物体に反射して、エコー（反響）となって戻ってくる。エコーが戻ってくる時間から物体までの距離がわかり、エコーの音から物体の大きさや質感がわかる。人工的なソナーシステムは驚くほど精巧なレベルに達しているが、それでもイルカの反響定位能力の正確さには及ばない。驚くようなことではないが、アメリカ海軍は数十年にわたってイルカを研究し続けている。

イルカやクジラは、わたしたちと同じように空気を使って音を出すが、大きな違いがある。人間は全ての陸生哺乳類と同じく、咽頭で空気を振動させて音を出す。息を吐く時、空気が声帯を通り抜ける。声帯が開く大きさによって音が変わる。さらに喉、舌、唇の動きによって声が形成される。イルカも咽頭と声帯を持っているが、それらはイルカが音の生成に用いる主なメカニズムではない。その代わり、イルカを含む全てのハクジラ亜目は、噴気孔の下に「モンキー・リップス」と呼ばれる一対の構造を持っている。(4) イルカが噴気孔から空気を押し出す時、モンキー・リップスは開いたり閉じたりして、陸生哺乳類の声帯が作るのに似た振動を生み出す。しかし、その振動は口ではなく、「メロン」と呼ばれる頭部前方の脂肪の詰まった袋状の組織に伝えられる。メロンは音響レンズ〔訳注：スピーカー内の音を収束・発散させる構造〕のように機能し、音波ビームを集めて増幅させる。イルカが出す音の音域は、すばらしく幅広い。イルカは反響定位のために短い高周波のクリック音を使うが、ホイッスル音やバズ〔訳注：ブンブンとうなる音〕も使い、それらで互いとコミュニケーションをとっているらしい。

イルカのクリック音は人間には聞きとれない領域にある。一〇代の若者はおよそ二〇キロヘルツまでの周波数の音を聞きとれるが、イルカのクリック音は一〇〇キロヘルツを優に超える。イヌやネコが聞きとれるのは、およそ四〇キロヘルツまでだ。イルカが高周波の音を出すのは、水中で音を聞くにはそれが欠かせないからだ。空気中では音は秒速三四〇メートル（時速一二三六キロメートル）のスピードで伝わるが、海中では秒速一五〇〇メートル（時速五四〇〇キロメートル）にまで速くなる。陸生の哺乳類は、右の耳と左の耳に届く時間の差から音源の場所を察知するが、水中では音が速く伝わるせいでこの時間差はほとんどなくなり、低周波の音はほぼ同時に両耳に届く。プールに潜っていると、音があらゆる方向から聞こえるように感じるのはそのためだ。イルカが使う超高周波の音は、この問題を軽減する。

イルカにも耳はあるが、その外耳道は針穴ほどの大きさしかない。イルカは耳ではなく下顎による骨伝導によって音を聞く。これは思うほど不思議な能力ではない。人間も同じ方法で聞くことができる。何か振動するもの――例えば携帯電話など――を顎の下に当てれば、その音が聞こえるだろう。イルカの頭の形は、泳ぐのに適した流線型であるのに加えて、音波を下顎の骨で集めやすいようになっている。そのおかげでイルカは、前方から来る音をきわめて繊細に捉えることができる。

イルカの反響定位に関する研究のほとんどは、その識別能力の高さに言及している。ある研究では、イルカはアルミニウム球体の厚さの違いを〇・三ミリメートル以下まで識別できた[5]。その鋭敏さを支えているのは高周波音だが、イルカの脳の反応の速さも理由の一つだ。その速さは二つのクリック音で調べることができる。クリック音の間隔が短くなっていくと、やがて一つのクリック音として認識される。この変化は、神経系による情報処理時間の尺度となる。これは人間では間隔が三〇ミリ秒から五〇ミリ秒になった時に起こるが、イルカでは二六四マイクロ秒になるまで起こらない。つまりイルカが音を処理するスピードは人間の一〇〇倍以上速いのだ。

イルカがどれほど間隔の短い音を識別できるかは、まだ完全にはわかっていないが、その脳幹は、外からの信号が皮質はもとより視床にさえ届いていないうちから、相当量の処理を行っているようだ。例えば、オーケストラのチューニングでは中央八のすぐ上の「一点イ」を周波数四四〇ヘルツにする(このチューニングをA四四〇と呼ぶ)。しかし優れた音楽家でも、それとわずかに低い四三九ヘルツを聞き分けるのは難しい。このわずかに異なる周波数の音を同時に出すと、音が互いに干渉し合って「ビート(うなり)」が発生する(一つの音の強弱が変動するように聞こえる)。このビートの周波数を「ビート周波数」と呼び、四三九ヘルツと四四〇ヘルツの場合、ビートの回数は毎秒一回(四四〇－四三九＝一)である。イルカは毎秒四〇〇〇回のビートを検知できると見なされている。

イルカのこれらの聴覚要素は、かつては人間には無縁のものと見なされていたが、その後、それに対応する要素がわたしたちの脳にも存在することが判明した。ネーゲルの主張とは裏腹に、コウモリやイルカであるのはどんな感じかを知るのはそう難しくはなかった。

実のところ反響定位は、イルカを理解しがたいものにするというより、動物の脳からその主観的経験を知るのに最もふさわしい動物にしている。二〇世紀半ば以来、解剖学者はイルカの脳の聴覚路が大きいことを知っていた。しかし、イルカが音の反射によってその世界のイメージを形成する仕組みについては、わからないことが多かった――「イメージ」という表現が適切かどうかということも含めて。

まずは、聴覚情報が皮質のどこに運ばれるかを知る必要があるだろう。陸生哺乳類では、聴神経は全ての聴覚情報を脳幹へ運ぶ。そこから聴覚情報は二つの経路へ進む。一つは音が入ってきた方にとどまり、もう一つは脳幹の反対側へ送られる。その後、聴覚情報は視床へと送られる。

しかし聴覚情報は、視床に到達する直前に、いったん下丘と呼ばれる中脳にある聴覚神経核に集められる。哺乳類では、下丘の左右の丘が脳幹の後ろで一対の隆起を形作っている。視覚情報を受けとる上丘はそれらの真上にあり、下丘と上丘のサイズの比は、その動物にとっての聴覚情報と視覚情報の重要性の比のおおまかな指標になる。イルカの下丘はとても大きく、視床のすぐ近くにある。

視床は脳幹と皮質に挟まれた脳の中央にある。人間では小さなプラムほどのサイズだ。視床と皮質ははっきり分かれていて、視床の中には数十の核がある。それらの核は、皮質と神経系をつなぐ経路の中間駅の役目を果たしている。核のいくつかは脊髄からの入力を受けとり、体から得た感覚情報を脳へ送る。そのほかの核は皮質との間で再帰ループを作り、大脳基底核と小脳を介して情報を受けとる一方、その情報を皮質へフィードバックし、運動の協調がとれるようにしている。霊長類では、視床の後ろに視《し》床枕《しょうちん》と呼ばれる大きなかたまりがあり、視覚を担っている。聴覚情報は最終的に視床の内側膝状体《ないそくしつじょうたい》に到達する。

聴覚路は人間とラットではよくマッピングされているが、ピーターとわたしがイルカの研究に着手した頃、イルカのそれはほとんど研究されていなかった。連邦法である海洋哺乳類保護法は、科学者がイルカやクジラでできることを厳密に規定し、イルカの脳に対する侵襲的な研究を制限している。しかし、一九七〇年代初めのロシアの状況は異なり、研究者はイルカの脳に電極を差し込み、脳のどの部分が音に反応するのかを調べて、脳をマッピングしようとした。また彼らは、放射性物質を軸索に注入して、イルカの皮質と視床のつながりを見つけようとした。[6]

イルカの聴覚路に関するこれらの限られた研究は、奇妙な実態を描き出した。陸生哺乳類では、聴覚情報は内側膝状体から横方向へ向きを変え、側頭葉へ向かう。例えば人間では、側頭葉の頂上にヘッシェル回と呼ばれる領域があり、そこでこの情報を受けとる。ヘッシェル回は場所によって感受しやすい周波数が異なる。しかしロシアの研究により、イルカでは、聴覚情報は頭の頂上に近い皮質に送られることがわかった。そこは陸生哺乳類では視覚情報が到達する場所だった。イルカにとっては聴覚情報が重要なので、聴覚皮質が大きくなり、陸生哺乳類では視覚情報が使用する領域にまで広がったという説がある。[7]

ピーターとわたしはイルカの聴覚皮質がどこにあるのかを知らなかったが、下丘は簡単に識別できた。それは見逃しようがなかった。脳幹の最上部にある下丘は直径が一センチメートルを超す球状の構造で、はっきりそれとわかる。アシカの脳で行ったように、わたしたちはデジタルの種をまいた。アシカでは海馬にまいたが、イルカでは下丘にまき、そこから伸びていく経路をソフトウェアで再構築した。

経路は二つの方向へ走った。脳幹を通り、そのシミュレーションははっきりと聴覚神経へ戻った。

このアプローチが正しいという証拠だ。もう一つの方向は、太い繊維のパイプが下丘と視床をつないでおり、これも予想通りだった。しかしそこから繊維は向きを変え、横方向の側頭葉へと向かった。陸生哺乳類の脳と同じだ。

ピーターにその画像を見せられた時、わたしの最初の反応はこうだった。「すごい！　哺乳類の聴覚路にそっくりだ」

しかし、その画像をローリに送ると、彼女はすぐ電話をかけてきた。「これは教科書に書いていることと違うわ」と彼女は言った。

「どういう意味？」

「聴覚路は頭のてっぺんに向かうはずよ。側頭葉へは行かないわ」と彼女は答えた。

わたしは自分たちの結果に自信を持っていたので、「たぶん教科書が間違っているんだ」と返した。

これは単なる学問上の論争ではない。教科書には、イルカの聴覚系は皮質の視覚領域と強く結びついていると書かれており、その通りだとすれば、その配置は人間の脳とは大いに異なる。しかし、わたしたちが行ったＤＴＩの結果は、イルカと人間の脳がもっと似ていることを示唆していた。わたしたちはイルカの聴覚路が側頭葉へ向かうことを発見していたが、それが意味するのは、イルカが音を「見る」のではなく、人間と同様に「聞いている」ということだ。しかし反響定位は、ただ受動的に聞くだけのものではない。それは能動的かつ生産的なプロセスでもある。イルカは音で見るのではなく、音で「描く」のだ。

わたしたちがスキャンした脳はまだ一つだったが、かなり興味深い結果を得ることができた。それがまぐれ当たりでないことを証明しなければならない。それには脳がもう一つ必要だ。形が整っているように見える脳は、あと一つしか残っていなかった。グレープフルーツくらいの大きさのマダライルカの脳だ。マダライルカは赤道付近の暖かい海域に生息するが、アメリカ東部では、暖流のメキシコ湾流に乗ってはるか北のメイン州沿岸まで行くこともある。マイルカと並んで、クジラ目で最も数が多い。その集団は東太平洋で起きた大量殺害も生き延びた。一九五〇年代から八〇年代まで、数百万頭のイルカがマグロ漁の網にかかって殺された。網漁が行われる前、マダライルカは三〇〇万頭から四〇〇万頭いたと推定される。現在は五〇万頭だ。

アシカの脳で経験を積んだピーターは、脳のセットと夜通しのスキャンをきわめて効率よくこなせるようになっていた。数日以内にマダライルカの結果が得られた。その信号はマイルカの脳のものほど強くなく、それはDTIが熱運動の影響をかなり受けたことを意味していた。それでも、わたしたちがデジタルの種を下丘にまくと、視床と側頭葉につながる同じ経路が現れた。もし脳の両半球を別々に調べたとしても、側頭葉の聴覚路は四つの半球全てで観察されたはずだ。この発見は確かなように思えた。

このDTIでの発見は、イルカの聴覚の受容側のロードマップを明らかにした。わたしたちがスキャンした脳のどちらでも、視床からの主な経路が向かう先は側頭葉であって、脳のてっぺんではなかった。多くの点で、この経路は哺乳類の脳の経路によく似ていて、その終着点は聴覚皮質だった。

しかし、この情報はそこからどこへ行くのだろう?

それを知るために、もう一つのデジタルの種をこの聴覚皮質にまいて、そこから伸びる経路を追跡した。すると、その経路は後ろの上方へ向かった。

こうして出現したマップは、二つの聴覚領域を示していた。一つは陸生哺乳類と同様の側頭葉にある。もう一つは頭頂付近の、視覚皮質に隣接する場所にあった。哺乳類の中で同様の聴覚領域を持つのはコウモリだけだ。コウモリは陸上で反響定位を行っており、その反響定位の仕組みはよくわかっている。コウモリは、わたしたちがイルカで発見したのと同じように側頭葉に主要な聴覚領域を持つが、側頭葉の真上と後ろ側に、第二、第三の聴覚領域を持っている。いくつかのコウモリの種では、これらの補助的な聴覚領域のニューロンは反響の遅れに反応し、目標物との距離の把握を助ける。また、反響の変化に反応する補助的な聴覚領域を持つコウモリもいる。[8] これらのコウモリは、自分が出す超音波を目標物に応じて変えている。これは周波数変調（frequency modulation）と呼ばれ、ラジオのＦＭと同じ意味だ。

コウモリとイルカの脳の類似に関して最も驚くべき点は、コウモリとイルカは近縁ではないということだ。共通の祖先を見つけるには、少なくとも八〇〇〇万年遡らなければならない。イルカに最も近い陸生の親類は、ブタ、ウシ、ヤギ、ヒツジなどの偶蹄類だ。それらは反響定位をしているようには見えない（しかし、別の偶蹄類であるカバは、水中でクリック音を使って仲間とコミュニケーションをとっている）。コウモリとイルカの類似は収斂《しゅうれん》進化の典型である。反響定位はコウモリとイルカで別々に進化したが、目的が似ているために、同様の解決策を用いるようになった。一方は空中で、もう一方は水中で。それらのゲノム研究がこの考えを裏づける。コウモリとイルカの聴覚と視覚に関

連する遺伝子は、八〇〇〇万年前に分岐した動物とは思えないほどよく似ているのだ。(9)

イルカと陸生哺乳類をつなぐジクソーパズルのピースを一つ置くことができたことに、わたしは励まされた。この満足感のいくらかは知識の追求によってもたらされた。生命の樹は実に壮大で、その枝と枝のつながりを見つけることは、ヒト科の一員として自分がどこに属しているかについて新たな視座をもたらしてくれる。イルカの脳をDTIのような精巧なツールで調べてみると、彼らとわたしたちの違いよりも、共通点が見えてきた。反響定位のように人間とは無縁に思えるものでさえ、構成要素に分解してみれば、実はそれほど異質なものではなかった。ネーゲルは還元主義に反対したが、わたしたちが人間とイルカの共通性を知ったのは、白質路への還元によってである。

また別の満足感もあり、それはわたしたちの研究が哲学に当てた光からもたらされた。哲学者は「クオリア」という言葉を好んで使う。クオリアは、例えば「赤い色」に対する主観的経験を指す。ピンクや紫が入り混じった色合いのランの花について考えてみよう。その経験を正確に伝えることのできる言葉はない。色はもとより、香りにいたっては、到底、言葉では表現しきれない。もしクオリア説を信じるならば、わたしたち一人ひとりは自分自身の知覚世界に閉じ込められ、他人と同じように経験していることを検証するすべはないということになる。言葉だけで、どうやってわたしの「赤」があなたの「青」ではないとわかるだろうか。

クオリア主義者は、人は何かの物理的特徴についてどれほど知っていても、その経験を説明することは決してできないと主張する。「赤という色は七〇〇ナノメートルの波長の電磁場だ」と、完璧かつ正確に説明できることは、彼らにとっては重要ではない。「赤さ」は物理学では説明できない、と彼らは言う。

しかしわたしは、説明できると考えている。物理学と生物学は、言葉では説明できない物事を説明することができる。二〇一五年にネット上で起こった「ドレス」をめぐる騒動（縞柄が「白と金」に見える人と「青と黒」に見える人に分かれた）は、この見方を裏づけているようだ。口先だけの哲学者は、それをクオリアが実在する証拠と見なし、ドレスの見え方は人によって違うと主張した。しかし、そのドレスについての科学的説明は、もっとありふれたものだった。ウェブ漫画家のランドール・マンローは、自身のブログＸＫＣＤに載せた簡単なイラストで、背景の色がドレスの見え方にどう影響するかを示した。ほとんどの生体システムと同様に、色覚は絶対的なものではなく、差異に依存する。つまり、周囲のものと比べて相対的に青い、あるいは金色だから青や金色に見えるのである。このドレスについて最も正しいと思える説明は、人々がドレスの背景の異なる要素を見て、それと比べて色を知覚した、というものだ。これらの要素を消せば、色の違いは消える。実際、あなたがその画像の異なる部分に注目すれば、あなたが知覚しているドレスの色は変わる。

イルカの脳についても、それは同じだ。反響定位は、わたしたちには無縁の異質な能力ではなかった。それは人間も保持する能力を増幅したものにすぎなかったのだ。しかし、ここまでのところ、わたしたちが調べてきたのは知覚システムだけだ。もっと掘り下げたらどうだろう。わたしたちを一つにする認知プロセスについてはどうだろう。何か社会的なものについてはどうだろう。

第7章　ビュリダンのロバ

神経画像処理の初期の時代、すなわち一九九五年から二〇〇五年頃まで、ｆＭＲＩは認知神経科学者の間で爆発的に流行した。その前身であるポジトロン断層法（ＰＥＴ）と違って、ｆＭＲＩは放射性同位元素の投与を必要とせず、安全で、しかも速かった。主要な研究大学の全てに突如として画像センターが出現し、まずは医学部の放射線科に、続いて心理学部へと、次々にその機械が設置されていった。かつて画像ツールを扱うのは放射線科の医師だけだったが、ｆＭＲＩの登場により、初めて医学以外の研究者がそれを使うようになった。言うなれば、ｆＭＲＩは神経画像検査を民主化したのだ。全体として、これは良い変化だったとわたしは思う。ある技術を使える人が増えるほど、それに関する革新や発見は起きやすいからだ。

この新しいツールが浸透するにつれて、単発的な研究が次々に行われた。合わせて、何らかの精神現象に対応する脳のホットスポットを示すカラフルな脳画像を、論文やメディアでよく見かけるようになった。「これはあなたの脳の幸せな部分です」というように、感情の所在が説明された。それに関してはわたしにも覚えがあり、少なくとも共犯者ではあった。何しろ、意思決定に関わる脳領域についてのわたしの初期の研究は、「購入ボタンを探す」という扇情的な見出しで『フォーブス』の表紙を飾ったのだ。(1) スキャンの費用は高額だったため、初期の研究は被験者の数を減らしがちで、通常は一二人から二〇人で行われた。そのように被験者が少ないせいで、結果の多くが単なるノイズ（不要な情報）ということも多かった。また、結果が追試されることはめったになかったが、それは、脳について心躍るような新発見が次々になされる状況にあって、他人の実験を裏づけるために時間やお金を使いたいと思う人はいなかったからだ。

活性化を示す斑点（blob）のある脳画像は魅力的だったが、神経画像を批判する人はそれをblobo-logy（斑点学）と呼んだ。数百年前に頭蓋骨の隆起から性質を推測しようとした骨相学（phrenology）をもじった造語だ。批判的な人々から見れば、fMRIは二一世紀の観客向けにパッケージし直した骨相学にすぎなかった。

しかし、それを行っているわたしたちのような研究者にとって、黎明期の神経画像はスリリングだった。その分野には開拓者精神が浸透しており、前人未到の地に足を踏み入れることにわたしたちはわくわくした。実験を考案し、被験者として大勢の院生を集め、数日から数週間で多量のデータを集めるのは簡単だった。問題は、どうすればスキャナーを利用できるか、その資金をどう調達するか、であった。

しかし、二〇〇八年頃、無鉄砲な神経科学に終止符が打たれた。まず、当時ダートマス大学のポスドクだったクレイグ・ベネットが、死んだサケをMRIに突っ込んだ。ベネットは、適切な統計的補正をしなければ、サケに神経活動があるように見えることを発見した。このことは、この分野が結果をどう報告するかについて再考を促した。次に、当時マサチューセッツ工科大学の院生だったエド・ブルが『社会神経科学における魔術的相関』という挑発的なタイトルの論文を発表した[2]。ブルは、注目されたfMRIの論文の多くが、軽率にも自分たちが出した統計値を二度計上し、実質的にデータの二度漬けを行って、結果を実際よりよく見せていたことを暴いた。

しかし、科学は自己修正していくものだ。時間はかかるかもしれないが、やがて人々は初期の実験の誤りを認識し、優れた実践のための基準を形成していく。神経画像に関しても、十分とは言えないものの、サンプルの数が徐々に増えていった。ベネットやブルのような人々が果たした最大の貢献は、脳の研究では誤検出が起こりやすいことを明らかにしたことだった。誤検出とは、例えば認知タスクの最中に、ある領域が活性化したように見えても、実はランダムな変動の一つにすぎなかったというようなことだ。その違いを見分けるのは簡単ではないが、少なくとも検証の基準は厳しくなった。

いろいろな意味で、ドッグ・プロジェクトは開拓時代に戻っていた。マークとわたしが二〇一一年にプロジェクトを始めた時、神経画像をめぐる興奮は落ち着き、論文を掲載する雑誌は、より大きなサンプル数とより厳格な統計的補正を求めるようになっていた。そういうわけで、わたしたちがわずか二匹のイヌを相手にMRIの中でじっとしているよう訓練していた時、当然ながら同僚たちはその結果に疑いの目を向けた。

しかし、わたしたちはあきらめなかった。より多くのイヌを採用し、訓練した。時代の流れに合わせて、最初の実験の結果をより多くのサンプルで再現し、また、統計手法を改良した。だがそれでも、ある厄介な問題がつきまとった。

多くの科学者は、脳活動についてのわたしたちの解釈を疑った。批判の矛先はドッグ・プロジェクトだけに向けられたわけではなかった。テキサス大学オースティン校の神経画像の専門家であるラッセル・ポルドラックは、脳の活動から心理作用を推定することの難しさをテーマとする、影響力のある論文を書いた(3)。彼は、脳の各領域は互いと緊密につながっており、それぞれ複数の機能を持つ可能性がある、と主張した。各領域の活動は、常に独立した活動というわけではなく、つながっているほかの領域の活動とも関連している。したがって、一つの領域の活動だけから心理作用を推し量ることはできない、とポルドラックは言う。彼はその問題を「逆推論（reverse inference）」と呼んだ。

逆推論の問題を解決する方法が二つある。一つ目は、心理作用を解釈する際に、脳の多くの領域にまたがる活動の協調を視野に入れることだ。このアプローチからコネクトミクスという学問領域が生まれた。実際問題として、つながりを研究するには、数多くのデータと、スキャナーの中で長時間じっとしてくれる協力的な被験者が必要だ。ドッグ・プロジェクトの場合、MRIドッグはかなりの訓練を重ねたが、この種の研究は彼らの忍耐力の限界を超えていた。二つ目の解決策は、特定の認知プロセスに狙いを定めた優れた実験を設計することだ。このアプローチは時として複数の実験を必要とする。マークとピーターとわたしは、こちらの道を選ぶことにした。

ドッグ・プロジェクトに対する最も厳しい批判は、筋金入りの行動主義者らからもたらされた。スキナーの原理をいまだに信奉する科学者はほとんどいないが、それでも行動主義者らは、わたしたちの発見のいずれについても、古典的条件付けの方向から解釈しようとした。

例えば彼らはこう言った。「イヌはじっとしていることと報酬との関連を学習していただけではないのか？」結局のところわたしたちは、イヌをおやつで釣って、ヘッドコイルの中でじっとさせ、次に模擬MRIの中でじっとさせ、さらには騒音が聞こえてもそこでじっとさせ、最後に本物のMRIの中でじっとさせた。Go／NoGo課題でも、イヌは動かないことでごほうびをもらった。もしかすると、イヌにしてみれば、全ては食物という報酬を得るための行動だったのかもしれない。もしそうなら、わたしたちが観察したあらゆる脳活動は、単なる連合学習（二つの刺激の関連を学習するこ

と）として片づけられる可能性がある。となれば、思考も感情も、そして心さえも不要になる。(4)

公平を期して言えば、先に喧嘩を売ったのはわたしのほうだ。『ニューヨーク・タイムズ』紙上で「MRIはイヌの脳を直接観察し、行動主義の制約を回避することによって、イヌの心の状態を教えてくれる」と書いたのだ。(5)

挑発的な言葉だが、それを書いた時のわたしはそう信じていたし、この考えに基づいて行動主義者の批判に立ち向かった。当時、わたしたちが感情を測定しているという証拠は乏しく、実際、手元にある証拠は「数匹のイヌがスキャナーの中で手信号に反応した」というだけだった。基本的に最初の実験は古典的条件付けをベースとしていたので、行動主義者がわたしの解釈に反論するのも当然だった。しかし、これまでの人生をイヌとともに過ごしてきたわたしは、イヌは心のない自動機械《オートマトン》と大差ないという考えを、どうしても受け入れられなかった。彼らには個性があり、好き嫌いがあり、その行動には目的がある。そうしたことは、イヌが行動主義モデルが認める以上に高度な思考力を持っていることを示していた。

ドッグ・プロジェクトが進展し、より多くのイヌがより複雑な実験に参加するようになると、もはやイヌの動機に関する問題は避けられなくなった。裏づけのない説明では、逆推論という批判を回避できない。その問題に真っ向から取り組むべき時が来た。

イヌにとって報酬とは、いったい何なのだろう？

プロジェクトを始めてから四年たち、わたしはMRIドッグたちのことを、自分が飼っているイヌと同じくらい深く理解していた。みな、それぞれ個性があった。遊び好きもいた。恥ずかしがり屋もいた。リビーのように知らないイヌを見ると情緒不安定になるイヌもいれば、一向に気にしないイヌもいた。また、みな食べ物が好きだったが、中にはケイディのように、少なくとも飼い主がそばにいる時には、飼い主の気持ちに配慮するイヌもいた。多くのイヌは、物を取って来るゲームや綱引きをして遊ぶことを食べることより優先した。

当然ながら、スキャナーの中にいるイヌと遊ぶことはできないが、飼い主があふれんばかりの称賛をイヌに送ることはできる。褒めてやることは社会的報酬に相当する。それは一口のソーセージと同じ価値があるだろうか？　わたしたちはそれを調べることにした。題して、「食べ物か称賛か」実験である。

この実験では動きが問題になった。おやつを食べる時イヌは動くので、食べ物と称賛を直接比べることはできない。どうにかして、どちらの報酬に対してもイヌが動かないようにしなければならない。この難問を解こうとして、わたしたちは数週間、無駄な努力を重ねた。マシュマロテストの時のように、イヌの鼻先におやつを固定することも考えたが、それでは報酬にならない。また、言葉による称賛には匂いがないので、食べ物と称賛を比較したつもりが、食べ物の匂いがある時とない時を比較しただけになりかねない。

わたしたちが望んでいたのは、食べ物と称賛との感覚的な違いを全て除いて、純粋な報酬として両者を比べることのできる実験だった。それは不可能なように思えたが、数週間悩んだ後に、まるで稲妻に打たれたかのように解決策が浮かび上がった。それはドッグ・プロジェクトで最初からしていたことだった。

この実験では当初から手信号を使ってきた。片手を挙げることは「ソーセージをあげる」。両手の指先を合わせるのは「ソーセージをあげない」。腕をクロスさせると「犬笛を聞いても動いてはいけない」という意味だ。解釈可能なｆＭＲＩデータを得るための鍵は、手信号へのイヌの反応に注目することで、その後に起きることはイヌの動きの影響を受けるので重要ではかった。手信号を見ている時の脳の活動は、期待の程度を示した。人間では、尾状核と呼ばれる重要な脳構造が、食べ物、お金、音楽といったものへの期待に反応することがわかっている。そういうわけで、初期の実験でイヌの尾状核がやはりおやつへの期待から手信号に反応したのを発見した時、わたしたちは重要な発見に近づきつつあることを知った。

期待は心の動きなので、きわめて興味深い。期待を直接表現する行動はないので、それを測るのは、まさに脳画像がなすべき仕事だ。人間は、期待がどういう感じのものかを知っているが、それを言葉で表現するのは難しい。何か良いことを期待するのはワクワクすることであり、期待がそれ自体を上回ることもあるが、その一方で、悪いことへの予感はひどく不快で、それ自体より悪い場合も珍しくない。歯医者へ行く時の気分は、その好例だ。[6]

手信号は多くの実験でわたしたちの役に立ってきた。手信号では飼い主が視界に入るので、イヌは飼い主に注目する。イヌが手信号でスキャナーに入り、そこでじっとしていられたのは、飼い主の姿が見えていたからだ。しかし「食べ物か称賛か」実験では、手信号を使うことはできない。飼い主がずっと視界に入っていたら、イヌは社会的報酬を継続的に得ることになる。一方、食べ物の報酬は断続的なので、それでは公正な比較にならない。さらに、飼い主は普通おやつを持っているので、イヌは飼い主との交流の間、食べ物を期待しつつ、社会的報酬を得ることになる。

この実験では、飼い主はイヌから見えるところにずっといてはいけない。食べ物による（断続的な）報酬と比較するには、飼い主も断続的にイヌの視界に入り、イヌを褒めなければならないのだ。そのうえで、イヌがそれぞれの報酬を期待する、という状況を作らなければならない。

飼い主がイヌから見えないようにするのであれば、唯一の代替策は、代わりとなる視覚的合図をイヌに見せることだ。つまり、食べ物を示す合図と、称賛を示す合図だ。では、何がその合図になるだろうか。スキャナーの先にスクリーン――例えばコンピュータ画面――を設置して、画像を映す、という案もあったが、それでは飼い主が自分のイヌと直接的に関われなくなる。加えて、家でテレビやネットサーフィンに関心を示すイヌはいなかった（イヌ向けのコンテンツがなかったせいかもしれないが）。

ある晩、庭の何かがキャリーの興味を引いた。わたしがそれを知ったのは、カトーがひっきりなしに吠えたからだ。それ自体は珍しいことではなかった。カトーはいつも吠える。吠えるのは彼のコミュニケーションの方法なのだ。しかしその晩の吠え方は、普段よりエネルギッシュだった。ほかのイヌが何かに興味をもった時、カトーは激しく、熱狂的に吠える。

キャリーが何かいいものを手に入れたのだろう、とわたしは察した。おそらくモグラか何か、小動物を捕まえたのだ。

わたしがキャリーの獲物を見るために外へ出ようとしていると、キャリーを先頭に、イヌたちがキッチンへなだれ込んできた。キャリーが誇らしげにくわえているのは、モグラではなく汚いバービー人形だった――娘の子ども時代の遺物に違いない。バービーは古ぼけていたが、キャリーのトロフィーになって、「食べ物か称賛か」実験の解決策を示唆していた。

そうか、おもちゃを使えばいいのだ、とわたしは気づいた。

次の日、その詳細についてピーターと話し合った。

「どうやっておもちゃを出しましょうか」とピーターが尋ねた。

「棒にくっつけたらどうだろう。木の棒の先にカラフルなおもちゃをくっつけようか？」

「いいですね。おもちゃを一〇秒だけ見せて、その後で報酬を与えましょう」

わたしはこのアイデアが気に入った。「一方のおもちゃは後でソーセージがもらえて、もう一方のおもちゃは後で飼い主に褒めてもらえることにしよう」

ピーターは眉間にしわを寄せて考え込んだ。「おもちゃを見せている間、飼い主にはイヌから見えないところにいてもらう必要がありますね。少なくともイヌを褒めるまでは」

彼の言う通りだ。また、この実験を成功させるには、それぞれのおもちゃとそれに対応する報酬との関連を学ばせる必要があった。ともあれ、スキャナーの中のイヌは、眼の前に人形が現れても、じっとしていられるだろうか？　それを確かめる方法はただ一つだ。

ピーターとわたしは、子どものおもちゃ置き場でカラフルなおもちゃを探すという任務を負って、家に戻った。キャリーが見つけたバービーを使うことも考えたが、棒につけると、きっと不気味に見えるということにすぐ気づいた。その代わり、わたしは鋭い面持ちの、馬に乗った中世の騎士を見つけた。そのおもちゃは長さ約一五センチメートル、高さ約一〇センチメートル、鮮やかなコバルトブルーで、イヌの網膜が感知しやすい申し分のない色をしている。イヌたちはこれが馬に乗った騎士だとわからなくても、その色からほかのおもちゃとはっきり区別できるだろう。さらに物色していると、子どものへアブラシが見つかった。円筒形のロールブラシだ。騎士もブラシも見たところ金属は含まれておらず、磁石に吸い寄せられる恐れはなさそうだった。

ピーターのほうは、息子のおもちゃ箱から、こっそり車を持ち出した。それはフォルクスワーゲンで、車体は目の覚めるようなピンク、タイヤは黄色だ。それは、黄色に反応するイヌのもう一つの色覚の細胞に、強く働きかけるだろう。

ボール盤で少し作業し、全てのおもちゃに穴をあけ、それぞれを長さ一メートル弱の棒の先にとりつけた。

穏やかなラブラドールミックス犬のケイディが、最初の挑戦者になった。練習のための部屋に模擬MRIを据えつけ、上るための階段を設置した。ケイディの飼い主であるパトリシア・キングがチューブの中にヘッドコイルを置き、「ケイディ、コイル！」と言った。

ケイディは階段を勢いよく昇り、顎を台に乗せた。

わたしはカメラを三脚にセットし、チューブの中にねらいを定めた。ケイディを褒めるためにパトリシアが一瞬姿を見せることを除けば、ケイディの視界に人間が入ってはならない。ケイディの反応を見るには、カメラでの撮影が必要だった。

これは二人で操作することになる。わたしはMRIのチューブのそばの、ケイディからは見えない場所に座った。三つのトライアルの順序はコンピュータでランダムに決めた。青の騎士はソーセージがもらえることを意味し、ピンクの車は褒められることを意味する。そしてヘアブラシは報酬なしという意味だ。

この練習では、それぞれのおもちゃを約三秒、スキャナーの先に掲げた。そして青の騎士の後では、長い棒の端に刺したソーセージをケイディの口へと運んだ。娘はその棒を「おやつのケバブ」と呼んでおもしろがった。がつがつと食べる音が聞こえる。ピンクの車の後は、パトリシアが姿を見せて、こう叫ぶ。「ケイディ、何ていい子なの!」

これをそれぞれ一〇回繰り返した後、休憩をとり、ビデオを再生した。ビデオに映るケイディは終始じっと座っていて、何を考えているのか、その表情からは読み取れなかった。ある意味、それは良いことだった。そうでなければ、脳スキャンを行う意味がないからだ。ケイディがおもちゃと報酬との関係を覚えたことを確信するために、さらに二回繰り返した。二週間後に全セッションを繰り返し、全て問題ないことを確認した。こうして本番に臨む準備が整った。

本番でもケイディは訓練の時と同様にうまくやってのけた。このようにヘッドコイルの中でただじっとしているという受動的なタスクに、彼女は秀でていた。被験者第一号に彼女を選んだのは、そのためだ。ほかのMRIドッグにもこのタスクはこなせるという確信を得て、ほかのイヌにも、ケイディにしたのと同じように三つの物の意味を教えた。二、三か月でスキャンは終わった。

このfMRIデータの解析はそれほど複雑ではない。最初の実験の時と同様に、尾状核に注目した。尾状核はアルファベットのCを倒したような形をしていて、脳の前方から弧を描き、背側まで続いている。人間では、この弧の前方は、認知機能を担う前頭葉の一部とつながっている。計画を立案したり、Go／NoGo実験で見てきたように衝動をコントロールしたりする部分だ。その弧の先は側坐核とつながり、側坐核は報酬や動機づけに関連する系とつながっている。イヌに異なる物体を見せている間、尾状核のこの部分の活性化を調べた。青の騎士とピンクの車との比較が重要だった。一方がもたらす活性化がもう一方のそれより強いようなら、そちらの報酬に対する期待が強いと言える。

イヌが二つの物の意味を理解したことを確認するために、まず騎士と車による活性化をヘアブラシのそれと比較した。うれしいことに、騎士と車はどちらも尾状核の強い反応を引き起こし、ヘアブラシではそうはならなかった。

しかし、騎士と車で比較しても、明らかな違いはなさそうだった。騎士でも車でも尾状核は活性化した。この活性化は、騎士は食べ物、車は称賛を意味することをイヌが理解していたことを語っていたが、イヌはそのどちらも同じくらい好きで、期待の度合いも同じだった。

まずまず興味深い発見だったが、期待していたほどではなかった。最終的に、一五匹のイヌをスキャンした。プロジェクトにとって記録的な数であり、論文の査読者を満足させるにも十分な数だ。ピーターとわたしは毎日、脳活動のマップを凝視したが、食べ物と称賛への期待の違いは少しも見つけられなかった。

「もしかすると、食べ物が好きなイヌもいれば、褒められることのほうが好きなイヌもいるんじゃないのかな」と、わたしは言った。

ピーターがその先を言葉にした。「それなのに、全部のイヌを一まとめに扱ったら、どんな違いも平均化されてしまいますね」

Go／NoGo実験でわたしたちは、イヌの前頭葉の働き具合と衝動を抑える能力に強い相関があることを発見した。今回の「食べ物か称賛か」実験では、被験者にするイヌの数を増やすことで統計的信頼度を高めたが、イヌの個体差を計算に入れていなかった。イヌ用のマシュマロテストもそうだが、この実験もフリーサイズではなかった。

ピーターはそれぞれのイヌの尾状核の活性度を調べて、食べ物と称賛がもたらす違いの大きさでイヌをランク付けした。パール、ケイディ、ベルクロは称賛を好んだが、ビッグ・ジャック、トリュフ、オジーは食べ物寄りだった。ビッグ・ジャックがそう呼ばれるのには理由があったが、彼は生まれつき「ビッグ」だったわけではないとだけ言っておこう。オジーはかわいらしいヨークシャーテリアで、プロジェクトで一番の食いしん坊だった。飼い主のパティ・ルディはオジーを溺愛していたが、オジーの動機について幻想を抱いてはいなかった。「オジーにとっては食べ物が全てなの」と、前に彼女は言っていた。

スペクトラムのもう一方の端にいるのは、飼い主にべったりのイヌたちだった。パール、ケイディ、ベルクロは実に愛らしいイヌで、訓練を見ていると、人間の気持ちばかり気にかけているように思えた。彼らにとって食べ物はおまけのようなものだった。

尾状核の活性度のランキングは、こうした性質の順に並んでいるように見えたが、それを確かめるもっと客観的な方法が必要だった。

通常、嗜好は人間に特有のものと見なされがちだが、動物にも嗜好はある。イヌの嗜好はさまざま

図7.1　「食べ物か称賛か」実験後のパール（前）とオハナ（後ろ）（ヘレン・バーンズ撮影）

な方法で調べられてきた。相手が人間なら、ただ選択させればよい。「ペプシ・チャレンジ」はペプシコ社が一九七〇年代に始めた広告戦略で、消費者にペプシコーラとコカコーラ飲み比べをさせた。これは典型的な強制選択テストだ。わたしたちはイヌにとってのペプシ・チャレンジを必要としていた。「コカコーラかペプシか」の代わりに「食べ物か称賛か」を選ばせるのだ。

もちろん、イヌは自分

の嗜好を語ることができないので、行動からそれがわかるテストが必要だった。

選択テストは広範な動物実験で使われている。訓練によって、サルや類人猿などの霊長類は選択したものを指さしたり叩いたりする。ラットやハトにはバーを押して選択するよう教え込むことができる。わたしたちのプロジェクトでは目標物を鼻で突くようイヌを訓練することができたが、二つの報酬をイヌの選択に応じて与えるのは難しかった。食べ物は滑り台（シュート）などを使って与えることができるが、人間の称賛は、異なる供給システムを必要とする。人間がドアの後ろに隠れていて、ぱっと現れてイヌを褒めるという案も出たが、訓練施設はそんなふうにできていなかった。

結局、迷路を使うという単純な方法に行きついた。

トレーニングルームに、たくさんのベビーゲートをつなげてV字の通路を作った。V字の頂点はドアの前にあり、ドアの後ろでイヌは待機する。ドアが開くと、イヌはV字の道のどちらに行くかを選ぶ。一方の先では飼い主が椅子に座っている。表情でイヌを誘わないよう、イヌに背を向けている。もう一方の道の先には、おやつが入った容器がある。

これは、イヌにとっては普段経験しない状況だった。この迷路でイヌの嗜好を調べるには、イヌをそれに慣らしておく必要がある。

活発なゴールデンレトリバーのパールが、最初に行くことになった。最初の四回のトライアルで、マークはパールをドアのところから、それぞれの道の先まで連れていった。二回はおやつ、二回は飼い主のところまで。途中でおやつと飼い主は場所を交替した。その後は自由に選択させる。一回しか選べないペプシ・チャレンジとは違って、イヌは複数の機会を与えられた。その理由の一部は、イヌがこのタスクの意味を理解しているかどうかがわからないからだ。何をしているかをイヌが理解するまで、何回かトライアルが必要だろう。二〇回やれば十分だと、わたしたちは判断した。

最初のトライアルで、マークがドアを開けると、パールは右手にいる飼い主のヴィッキー・ダミーコを見た。その後、左を見て、もう一度、ヴィッキーを見た。しかし結局、うれしそうにおやつの容器へと走っていった。全プロセスで五秒かかった。

次に、ヴィッキーとおやつの場所を交替した。左右どちらかの道への嗜好が生じるイヌもいると予想されたので、おやつと飼い主の場所を変えることは重要だった。二度目のトライアルで、パールはまっすぐに左のヴィッキーのほうへ向かった。三度目も右のヴィッキーのいるほうへ行った。二〇回のトライアルで、パールには左に行く傾向があるが（七五パーセントの確率）、七〇パーセントの確率で飼い主のほうに行くことがわかった。トライアルのいくつかでは、パールはどちらへ行くかを決めることができず、ただ部屋をうろうろした。

二、三か月で、全てのイヌの嗜好を調べ終えた。結果はさまざまだった。一〇〇パーセント、おやつを選ぶイヌもいれば、八五パーセントの確率で飼い主を選ぶイヌもいた。ほとんどのイヌはその中間あたりだった。

しかし、この実験でわかったのは単なるパーセンテージだけではない。初期のトライアルでは、イヌの多くが一直線に飼い主を目指し、バリアのすぐ向こうにおやつがあることを忘れているかのようだった。飼い主のほうへ向かう途中で、ちらっと容器を見るイヌもいたが、どうすればそこへ行けるのかがわからず、再び飼い主のほうへ向かった。イヌがおやつより自分を選んだ時、飼い主が喜んだのは確かだ。

しかし最終的にほとんどのイヌは、すぐそこにおやつがあり、自分はそちらへ行ってもいいのだ、ということを理解した。時々、イヌがこう気づいたように見えることもある。「お、これはすごい。おやつももらえるし、ご主人の姿も見えるぞ！」（後から思えば、バリアは向こうが見えないようにすべきだった）。ビッグ・ジャックのように飲み込みが早いイヌもいた。ジャックは最初の三回のトライアルでは飼い主のシンディ・キーンのところへ行ったが、四回目でおやつを得る機会を失っていることを悟り、容器のほうへ行った。その後、行ったり来たりしていたが、三回おやつへ行き、一回シンディのところへ行くという割合に落ち着いた。対照的に、ベルクロはその名（マジックテープの商標）の通り、飼い主にべったりで、一六回目にしてようやくおやつに向かった。その時でさえ、自分の決断に後ろめたさを感じているように見えた。ケイディも同じだった。その慎重な性格の通り、おやつのほうへ行くまでに一七回を要した。

結局、食べ物か飼い主かという選択の結果を数えるだけでは、イヌの意思決定プロセスの複雑さを捉えることはできなかった。わたしたちの嗜好についての考え方は誤っていた。実験を計画した時、わたしたちは、選択の割合によってイヌが食べ物か称賛を好む度合いがわかると考えていた。一九六〇年代以来、科学者は動物の嗜好を、選択肢への反応の割合によって判断してきた。それはマッチング法と呼ばれるもので、最初はハトで証明された[7]。マッチング法では、動物の反応はその結果をどれほど好ましく思うかに比例する、と考える。ハトは、出てくる餌が少ないレバーよりも、多いレバーのほうをつつく。二つのレバーをつつく割合は、出てくる餌の割合とマッチする。ラットも同様に行動する。一見したところ、それはイヌも同じだった。

ハトやラットの認知能力をばかにするわけではないが、イヌの認知はもっと複雑だ。イヌは、食べ物ではないもの、例えば飼い主の称賛なども気にかける。そのせいでわたしたちは、うかつにも彼らをビュリダンのロバのような状況に置いてしまった。

ジャン・ビュリダンは一四世紀フランスの哲学者で、ロバを用いて自由意志のパラドックスを説明した。このたとえ話では、飢えていて喉も乾いているロバが、干し草の山と水の入ったバケツの間にいる。ロバはどちらかを選ぶことができず、飢えと渇きによって死ぬ。(8) 選択できないのは自由意志がないからだ、とビュリダンは説明する。しかし、この話は完全にフィクションであり、決定できないほど価値が等しい選択肢はあり得ない、と批判する人もいる。(9)

けれどもわたしは、ビュリダンのロバを単なるフィクションとは思わなかった。どのトライアルでも、程度の差こそあれ、イヌは食べ物と飼い主の両方を欲していたが、一つしか選ぶことができなかった。わたしたちは、それがどういう気持ちかよく知っている。人も、配偶者、進学先、キャリアなどの選択を前にして身動きがとれなくなることがある。わたし自身、多くの友人や同僚が人生における重要な決断を先延ばしにして、結局、選択の機会を失うのを見てきた。そうなるのは、等しく魅力的なものから選ぶのが難しいからではなく、その選択を後悔するのが怖いからだ。思うにビュリダンのロバとは、まさにそのような先延ばしの極端な例を指しているのだろう。

イヌも同様の経験をしているようだった。何しろ、数匹のイヌはいくつかのトライアルで選択することができず、代わりに部屋をうろつくことを選んだのだ。当初の計画では、食べ物と飼い主を選択する割合だけを見る予定だったが、その選択の順番に、イヌがどうやって葛藤を解決するかについての重要な情報が含まれていることが明らかになった。

ジャックの順番は「食べ物—飼い主—食べ物—飼い主」という感じだった。対照的にオハナとパールは、選択の割合は同じだったが、「食べ物—食べ物—飼い主—飼い主」という順だった。ジャックはあっちをとったりこっちをとったりを繰り返したが、パールとオハナはどちらか一方により長く執着した。

選択の順を分析する最も簡単な方法は、それを一対ずつに分けることだ。これは「状態遷移」と呼ばれ、わたしたちの実験では四つのタイプがあった。つまり、食べ物—食べ物、食べ物—飼い主、飼い主—食べ物、飼い主—飼い主だ。これらの遷移を数えることで、イヌが前の選択に基づいて食べ物あるいは飼い主を選ぶ確率を算出することができる。執着の度合いは、「食べ物—食べ物」あるいは「飼い主—飼い主」の頻度として現れる。その頻度の差は、そのイヌがどれほど食べ物あるいは称賛を好むかということと、葛藤を解決するためにイヌが使った戦略を教えてくれた。

執着の度合いは、イヌの性格と一致しているようだった。ベルクロは称賛に強く執着した（八二パーセント）が、食べ物に対する執着度はゼロだった。ジャックは違った。飼い主のシンディは、ジャックは自分を愛していると確信していたが、ジャックは食べ物も愛していた。ジャックの食べ物への執着度は六二パーセントだったが、シンディに対してはわずか四三パーセントだった。ジャックはシンディが思っているほど誠実ではなかったのだ。

Vテストの結果とfMRIのデータを突き合わせてみると、ある関係が浮かび上がった。飼い主に対する尾状核の反応が強いイヌほど、Vテストで飼い主に強く執着した。fMRIのデータは、イヌの食べ物と飼い主への愛情の相対的な強さを語っているように見えた。

驚くには当たらないが、脳の活動と行動とのつながりを示すことは、スキャナーの外では非常に難しかった。スキャナーの中では、イヌはじっとしたまま、動画の合図を見て、食べ物か称賛かを待った。尾状核の反応は、相対的な期待の度合いを語っているように見えた。しかし、スキャナーの外で行った自由選択テストでは、多くの要素が関与し、厳密な答えを出せなかった。最も厄介なのは、イヌが両方の選択肢を同時に享受できたことだ。

標準的な経済理論では、選択肢がいくつもあることは、選択した報酬から得る喜びの量に影響しないとされている。そして期待効用理論によると、人は将来の利益が最大になるような選択をするとされる。しかし、わたしがアイスクリームのバニラ、チョコレート、ピスタチオのどれもが好きで、そのどれかを選ばなければならないとしたら、何が決め手になるだろうか。たぶん、わたしが選ぶのは、その時に一番欲しいものだ。期待効用理論は近代経済分析の土台になっているが、しばしば意思決定の心理を見誤る。

もちろん、全ての決定が期待通りの結果につながるわけではない。落胆は、学習を推進する重要な動因になる。そして落胆は、後悔、つまり、こうだったらよかったのにという自覚をもたらす。アイスクリームについて言えば、どれを選んでも、ほかの味のほうがよかったかもしれない、と思うだろう。しかし一九八〇年代までに、数名の経済学者が、将来、後悔する可能性を組み入れた、別の意思決定理論を考案した。この「後悔理論」は、時として人は将来後悔する可能性を避けるために、それほど好ましくない選択肢を選ぶ、とした[10]。

後悔は、そうでなかったらという別の現実の認識から生じるものであり、複雑な想像力が求められる。後悔を意思決定の要因にするには、後悔するだけでなく、将来の後悔を予期することも必要だ。二〇〇四年に、人間の眼窩《がんか》前頭皮質は後悔するのに必要な領域であることが証明された。なぜなら、脳卒中でそこを傷めた人は後悔しなくなるからだ[11]。後悔は人間に特有のものと見なされがちだが、二〇一四年にミネソタ大学の神経科学者デヴィッド・レディッシュは、ラットにも後悔の神経基盤があるという、かなり衝撃的な発見を報告した[12]。

レディッシュはラットのための「レストラン通り」を開発した。それは円形の迷路から四本の道が外へ突き出たもので、それぞれの道の先には味の異なる食べ物が置かれた。バナナ味、チェリー味、チョコレート味、そして味のないものだ。ラットがある道（仮に道Aとする）に入ると、音が鳴ってカウントダウンが始まり、その音は次第に低くなっていく。カウントダウンが終わるまでそこにとどまっていれば、ラットは道Aの食べ物をもらうことができる。しかしラットが移動すると、道Aのカウントダウンは終わり、二度と始まることはない。その時点で、ラットは別の道の食べ物しか得られなくなる。レディッシュは、もしラットがある特定の味を好むのであれば、それがもらえる道でカウントダウンが終わるのを待つだろうと予測した。しかし、カウントダウンの長さはランダムだったので、ラットは好みの味をもらえるまで待つか、それほど好きでないもののほうへ移動するかを常に選択しなければならなかった。そういう意味で、この「レストラン通り」はマシュマロテストによく似ていた。

郵 便 は が き

料金受取人払郵便

京都中央局
承 認
1429

差出有効期限
2021年
9月30日
(切手不要)

600-8790

105

京都市下京区仏光寺通柳馬場西入ル

化 学 同 人
「愛読者カード」係 行

お名前 生年 (年)

送付先ご住所 〒□□□-□□□□

勤務先または学校名
および所属・専門

E-メールアドレス

ご職業(○で囲んでください)	ご専攻
会社役員 会 社 員 (研究職・技術職・事務職・営業職・販売/サービス) 学校教員 (大学・高校・高専・中学校・小学校・専門学校) 学　　生 (大学院生・大学生・高校生・高専生・専門学校生) そ の 他 ( )	有機化学・物理化学・分析化学 無機化学・高分子化学 工業化学・生物科学・生活科学 栄養学 その他 ( )

▩ 愛読者カード ▩

ご購入有難うございます。本書ならびに小社への忌憚のないご意見・ご希望をお寄せ下さい。

購入書籍

★ 本書の購入の動機は ………………………… ※該当箇所に☑をつけてください

□ 店頭で見て（書店名　　　　　　　　　　　　　）

□ 広告を見て（紙誌名　　　　　　　　　　　　　）

□ 人に薦められて　□ 書評を見て（紙誌名　　　　　　　　　　　　　）

□ DMや新刊案内を見て　□ その他（　　　　　　　　　　　　　）

★ 月刊『化学』について ……………………

（□ 毎号・□ 時々）購読している　□ 名前は知っている　□ 全然知らない

・メールでの新刊案内を　□ 希望する　□ 希望しない

・図書目録の送付を　□ 希望する　□ 希望しない

本書に関するご意見・ご感想

今後の企画などへのご意見・ご希望

● 個人情報の利用目的

ご登録いただいた個人情報は、次のような目的で利用いたします。

・ご注文いただいた商品やサービス、情報などの提供。

・お客様への事務連絡、新刊案内などの各種案内、弊社及びお客様に有益と思われる企業・団体からの情報提供。

強い後悔は、気短なラットが好みの味を待ちきれなかった時に見られた。そのラットは隣の道に移動して、そこではそれほど好きでない食べ物を、より長く待たなければならないことをカウントダウンの音で知った。そんな場合、ラットは待ちきれずに通り過ぎた道を振り返った。そのような時には、ラットの眼窩前頭皮質のニューロンと尾状核が強く活性化することをレディッシュは明らかにした（ラットの脳には、ニューロン活動を検知するための電極を埋め込んでいた）。そこから導き出される結論は、ラットも人間と同じように、もしああしていたらと、やり過ごした選択肢をシミュレートしているということだった。

ラットが後悔するのであれば、イヌも後悔する可能性がきわめて高い。わたしたちが集めたイヌのMRIデータは、期待に関して尾状核が重要な役割を持つことを示していた。わたしたちはスキャナーの中でイヌに選択させることはしなかったが、人間の脳と同じようにイヌの脳でも、眼窩前頭皮質とつながっている尾状核が「もしああしていたら」に関する情報を伝えているはずだ。

後悔がイヌやラットにとってどういうものかを想像するのは難しい。しかしデータは明らかに、イヌやラットが「もしああしていたら」を脳内でシミュレートできることを示しており、それは脳の四つ目の原理と一致する。その原理とは「脳は実行可能な行動と将来の結果をシミュレートして、最善の選択肢を選ぶことができる」というものだ。それを表す言葉が人間にはあって動物にはないからといって、動物が後悔しないということにはならない。それどころか、神経学的証拠は動物が後悔することを示している。しかしこの発見から、主観的経験にとって言語はどの程度必要なのか、という疑問が持ち上がる。

さらに、動物は言語を持たないというのは必ずしも正しくない。動物は話さないかもしれないが、人間の近くにいる動物は明らかに人間の言葉の一部を理解している。重要な疑問は、動物にとって言葉はどういう意味を持つか、である。

第8章　動物に話しかける

「キャリー、ハリネズミを捕まえるんだ！」と、わたしは命じた。

キャリーは興奮して背中を揺らし、わたしを見た。その表情は「このゲーム、楽しいわ！」と言っているように見えた。そしてクルクルと回転してから、部屋の向こうの床に並ぶ目標物へと駆けていった。いくつかのマグカップの前を通り過ぎ、「ハリネズミ」とわたしが呼んでいるトゲのある動物のぬいぐるみを鼻で突いた。

わたしがハンドクリッカーを鳴らして、その選択が正しいことを示すと、キャリーは大急ぎで戻ってきて、ごほうびのソーセージのかけらを一口で食べた。

次のトライアルは、長方形の青い石鹸を持ってこさせることだ。わたしは「キャリー、青を取れ！」と言った。

彼女は尻尾を振りながらわたしを見て、それから部屋の向こうに並ぶ物を見た。

「キャリー！　青を取っておいで」

彼女はハリネズミのところへ駆け寄って、数回、鼻で突く。クリッカーの音はせず、彼女はわたしを見る。

わたしはできるだけ無表情を保った。

数秒の後、キャリーはハリネズミをあきらめた。しかし、石鹸のところへ行く代わりに、幅木にとりつけてあるドアストッパーへと向かった。

「残念。それは違うよ」。わたしは戻って来るよう合図した。

わたしたちは、さらに三回挑戦した。石鹸に関連する言葉を何度も訓練してきたにもかかわらず、キャリーはやはりハリネズミのところへ行きたがった。単にハリネズミのほうが遊ぶのに楽しかっただけかもしれないが、キャリーの間違え方は、彼女の言語処理の仕方について重要なことを語っているように思えた。

キャリーはドッグ・プロジェクトから半ば引退していたが、わたしにとっては相変わらず、新たな実験を組み立てるための相棒だった。わたしは彼女にいくつかの簡単な言葉と物の関係を教えようとした。だが、それはあまりうまくいっていなかった。

この特別な実験は、多くの単語を理解するイヌについての報告が増えてきたことに触発されたものだ。二〇〇四年、リコという名のボーダー・コリーが二〇〇超の名詞を覚えたと報告された。(1) 二〇一一年には心理学教授のジョン・ピレーが、自分が飼っているボーダー・コリーのチェイサーを訓練して、一〇〇〇以上の単語を覚えさせた。(2) チェイサーの快挙は科学界で大きな評判となった。彼女がそれほど多くの単語を覚えられるのであれば、全てのイヌにその能力があるのだろうか。さらに根本的な疑問として、チェイサーは音と物を結びつけただけなのか、それとも例えば「ウサギちゃん」と聞こえる音が、ある物の名前だとわかっていたのだろうか。

この疑問は意味論的知識に関するものだ。

イヌの脳には言葉の意味を理解するシステムがあるのだろうか。チェイサーが言葉には意味があることを理解していたのだとすれば驚きであり、状況に応じてその意味が変わることを理解していたとすれば、さらにすごいことだ。近年まで、それを本格的に調べた人はいなかった。動物言語への取組みの大半は、霊長類、それもチンパンジーとボノボだけを対象とした。しかし、数匹の個体は別にして、わたしたちに最も近いそれらの種でさえ、言語能力や意味論的知識を持っているという証拠はあまり多くなかった。問題の一部は、動物が何を知っているかを知るのが難しいことにあった。

しかしわたしが望んでいたのは、キャリーが知っていることを知ることだけではなかった。彼女が理解できる方法で話しかけたかったのだ。動物と話をするには、三つのことが必要になる。第一は、動物が人間の言語から何を知るかを明らかにすること。第二は、わたしたちが動物のコミュニケーションを解釈できるようになること。そして第三は、双方向のコミュニケーションを可能にするシステムを作り上げることだ。それは、わたしたちの考えを動物が理解できる形に変え、その一方で、動物のコミュニケーションをわたしたちが理解できる形に変えることを意味する。

以上のことは一見不可能に思えるが、実はそうではない。

フランスの画家ルネ・マグリットの最も有名な作品に、パイプを描いたものがある。彼はその絵画の下にフランス語で“Ceci n'est pas une pipe.”と書いた。「これはパイプではない」という意味だ。マグリットが明確に主張したのは、それはパイプを描いた絵であってパイプそのものではない、ということだ。それはわたしたちの脳についても同様で、頭の中に浮かぶ何かのイメージ（心的表象）は、脳が感覚から得た情報を頼りに組み立てたものであり、そのイメージを現実のものと混同してはならない。

わかりにくく思えるかもしれないが、動物と話をするには、この表象の問題を解決する必要がある。キャリーがぬいぐるみのハリネズミを見た時、彼女の心に浮かぶイメージはわたしのものとは異なっていた――見ていたものは同じだったが。彼女はそのおもちゃをイヌの目と脳で見て、わたしはそれを人間の目で見た。「ハリネズミ」と言った時、わたしには、その単語がその物体を指すことがわかっていた。しかしキャリーの行動、特に青い石鹸に関する行動は、これらの単語が物体を指すことを彼女が理解していないことを示していた。ｆＭＲＩを使えば、彼女の脳の中で単語と物体がどのように表されているかを理解できるのではないかとわたしは考えた。そうやって彼女が何を知っているかを知ることができれば、コミュケーションの第一歩になるだろう。

このアイデアは、カリフォルニア大学バークレー校の神経科学者ジャック・ギャラントの先駆的な研究に基づくものだ。ギャラントはｆＭＲＩを用いて人間の脳を解読しようとした。最初、彼が関心を寄せていたのは、脳が目に見える場面をどのようにしてコード化するかということだった。すでに科学者は、視覚プロセスの初期段階ではコントラスト、輪郭、色、動きなどといった低レベルの特徴が抽出されることを知っていた。しかし、その先のプロセス、すなわち、人間の脳が視覚イメージをどのように組み立てて物体の姿にするのかは、わかっていなかった。

ギャラントは総当たりの方法を用いた。まず被験者に映画を見せながら、数時間にわたってＭＲＩで脳をスキャンし続けた。その後、映画の場面ごとの内容（被験者が見たもの）を手作業でコード化した。次に、映画の一秒ごとに脳の各領域の活動をコンピュータアルゴリズムに入力した。アルゴリズムはこの膨大なデータを元に、被験者がある画像を見ている時に確実に現れる脳活動のパターンを検出した。チームは脳活動から逆に、被験者が一瞬一瞬見ていたものを再構築することさえできた。(3)

もっと最近では、ギャラントの研究室は同様のアプローチで言語について研究した。(4) 今回、スキャナーの中の被験者は、映画を見る代わりに数時間ポッドキャストを聴いた。研究者らは根気強く、ポッドキャストに含まれる一万語をそれぞれ意味表現に換えた。それは本質的には単語の意味を数字で表すことだ。彼らは再びコンピュータアルゴリズムを利用し、fMRIで捉えた脳内の血流から、その単語の意味がどのように脳に分布しているかを明らかにした。大きな発見は、脳内に意味のまとまりがあったことだ。行動に関連する単語はある場所に位置し、量に関する単語は別の場所に、社会概念に関する単語はまた別の場所にあった。同じ単語でも、状況によって意味が異なると、別のまとまりに含まれた。

イヌがそのように豊かな意味的表象を持つことはあり得なかったが、それでも彼らなりの何かがあるのではとわたしたちは考えた。そこで、非常に少ない単語数でギャラントのアプローチを再現することにした。実を言えば、単語はわずか二つだった。

最初、おもちゃが一個だけの時は、全てのイヌはタスクをうまくこなした。どのイヌも、そのおもちゃの名前を聞くと、それを選び出した。しかし、二つ目のおもちゃを導入すると、ほとんどのイヌが混乱した。キャリーと同じく、多くのイヌは最初のおもちゃを取り続けた。期待した称賛やおやつをもらえなかった彼らは、正しい答えを探り出そうとした。わたしたちはそれを「おやつのための探索」と名づけた。チェイサーは一〇〇〇語以上の単語を覚えたそうだが、なぜMRIドッグはたった二つで苦戦しているのだろう。

もしかすると、チェイサーは特別なのかもしれない。彼女はボーダー・コリーで、ボーダー・コリーがこの種のタスクに秀でていることはよく知られていた。事実、MRIドッグの中で、このゲームのルールを理解しているように見えたのは、やはりボーダー・コリーのケイリンだけだった。しかし、わたしたちがイヌに覚えさせようとしたのは、一〇〇語どころかわずか二語だったので、この訓練がいかに難しいかということに、わたしたちは驚いた。

どこかに食い違いがあった。イヌたちは、名前のついた一つの物が雑多なものの中にある時には、うまくそれを見つけ出したが、名前のついた物が二つになると、正しいものを選べなくなった。一つの可能性は、イヌは単語と物とのつながりを理解できず、単によく知っているものを選んでいるということだ。そういうわけで、二つのなじみ深い物を目の前にすると、考え込むか、最初に学んだ物のほうへ行く。あるいは、イヌから見れば、それらの二つにはあまり違いがなかったという可能性もある。もしかすると、毛がふわふわしたおもちゃは、どちらも同じに見えたのかもしれない。この可能性を減らすために、わたしたちは二番目のおもちゃを質感が異なるものや音が出るものに替えた。これが功を奏したかどうかはわかりにくかった。パフォーマンスが向上したイヌもいれば、そうでないイヌもいたからだ。いずれにせよイヌは手間取っていた。

もう一つの可能性は、イヌは単語の違いを理解していたが、それを確認する方法に問題があった、というものだ。選択を間違えても、悪い結果が待ち受けているわけではない。再チャレンジできることをイヌたちは知っていた。そういうわけで、イヌにしてみれば、注意して正しい選択をしなければという動機はそれほど強くなかったのかもしれない。

また別の可能性として、イヌも人間と同様に考える、という予想が間違っていたのかもしれない。わたしはキャリーの間違え方に興味を引かれた。ハリネズミを好む傾向があるほかに、石鹸のブロックを探す時、キャリーはそのブロックの角に注意を向けているように見えた。彼女が部屋の中の尖っている物を探しているように見えたことが何度もあった。探索モードに入った時、彼女は時々ドアストッパーのところへ行った。また、コーヒーテーブルの角へ行くことも数回あった。もしかすると、キャリーの心の中では、「青」は「尖った物」を意味するのかもしれない。

わたしたち人間は、名前が、ある物体の全体を意味することを当たり前だと思っている。しかし、言語に関してほかの動物が人間と同じように考えると想定する根拠はない。わたしたちは全体を見るが、イヌは特徴に注目するのかもしれない。その証拠は乏しかったが、イヌが言葉と物をつなげる方法は人間とは根本的に異なるというわたしの考えを、いくつかの研究が支持している。

二〇一二年、イヌ科の認知について多くの論文を書いているイギリス・リンカーン大学の心理学者ダニエル・ミルズは、あるイヌが習得した単語を一般化する様を描写した。(5) 被験者になったのは、またもやボーダー・コリーだった。そのイヌは意味のない単語（dax）を太いU字型のふわふわした物と関連づけることを教えられた。次に、研究者はそのイヌに少々異なる物をいくつか見せて、一番似ている物としてイヌがどれを選ぶかを調べた。これらの物の大きさ、形、質感は異なっていたが、それ以外の特徴は似ていた。人間がこのタスクを行う場合、通常は形の類似に注目する。それは二歳くらいから見られる傾向だ。(6) しかしミルズが研究したイヌは、まず大きさ、次に質感に注目し、形にはこだわらなかった。大きさと形は、物の全体的な特徴である。一方、質感は局所的特徴で、近づいて初めて認識できる。

全体的か局所的かという問題とは別に、わたしがキャリーと「ハリネズミ」の実験を始めた時、単語が物を表すことをイヌが理解しているかどうかは不明だった。ほとんどの言語テストでは、単語は名詞で、人間はそれが物を表すことを難なく理解する。二歳の子どもでもわかることだ。しかし、「ハリネズミ」と聞いたキャリーがそれを名詞として解釈せず、「ハリネズミを取れ」という動詞＋目的語として解釈した可能性があった。わずかな違いのように思えるかもしれないが、動物とコミュニケーションをとろうとする時には、彼らがある単語を行動と解釈するか、それとも物と解釈するかを知る必要がある。

イヌに芸を教えるのは簡単だ。しかし、芸は行動である。単語は物を表していることをイヌに教えるのは、命令して何らかの芸をさせるよりはるかに難しい。もしかするとほとんどのイヌは、単語が物を表すことを理解できないかもしれない。[7]イヌにとって、単語の意味がわかっていることを示す唯一の方法は、何らかの形で物と触れ合うことだ。イヌの心の中では、単語は何かをしろという命令として解釈されるのかもしれない。

これは驚くようなことではない。結局、動物が脳を持っているのは行動するためだ。イヌは人間と暮らした最初の動物であり、人間の言語を最も理解していそうだが、彼らも行動するために進化した。イヌは話をしないし、本を読んだりもしない。

チェイサーは、名詞と動詞の違いを理解していることが証明された唯一のイヌだ。しかし、膨大な数の単語を知ってはいても、単純な動詞＋目的語の組合せ以上のものを理解していた可能性は低い。彼女はそれを超える理解を示さなかった。結局のところ、チェイサーが習得していたのは原始的なピジン言語なのだ。

ピジン言語は世界各地に見られる。それは貿易商人と現地人のように、コミュニケーションをとる必要があるのに同じ言語を話さない人々の間で生まれる。ピジン言語は文法が簡単、あるいは乱れがちだ。両方の親言語の単語や、それらが融合した単語を含む。成熟した言語とは違って、ピジン言語では往々にして語順は重要ではない。言語学者のレイ・ジャッケンドフは、人類の言語はピジン言語を基盤として進化してきたと論じている。イヌも人間に飼われるようになってから同様の応用力を進化させた可能性がある。(8)

ピジン言語レベルでの理解ができるのは、チェイサーなどのイヌに限ったことではない。ロン・シュスターマンは、アシカのロッキーに行動と名詞の組合せを数百組、教え込み、大きさと色に関する修飾語さえ覚えさせた。(9)カンジという名のボノボも大量の名詞と動詞を覚えたが、構文を理解したという証拠は示さなかった。

これまでのところ、ピジン言語レベルを超える理解能力を示すのは、イルカだけだ。ジョン・リリーがイルカとのコミュニケーションを試みたのを始めとして、クジラ目には洗練された言語能力があることを示す証拠が続々と発見されてきた。(10)一九八〇年代にフェニックスとアケアカマイという二頭のハンドウイルカは、動詞と目的語のつながり以上のことを理解した。トレーナーは、その二頭が語順と物体の属性（性質や特徴）を理解したことを示し、イルカが単語を象徴として扱ったことを示唆した。後の研究では、アケアカマイは簡単な文法規則も理解し、少なくとも構文規則の違反があった時にはそれに気づいた。(11)

しかし、どれほど多くの意味を、わたしたちは動物の脳に押し込むことができるだろうか。成熟した言語は脳に、大量の語彙《ごい》の記憶だけでなく、単語を並べるルールの習得を求める。おそらく最も重要なのは、言語は思考を交換するために存在する、ということだ。思考を交換するには、単語は行動、物、あるいはその両方を表すことを理解しなくてはならない。チェイサー、ロッキー、アケアカマイの存在は、動物の中には多くの単語といくつかの文法さえ習得できるものがいることを示したが、習得には多くの時間と労力を要した。動物と話をするには、わたしたちは相手の限界を理解しなくてはならない。

名前を例にとってみよう。

名前は固有名詞で、特定の個人、組織、場所を指す。わたしたち人間は、誰のことを言っているのかをはっきりさせるために名前を使う。また、自分の名前が個人としての自分を指し、自意識のラベルになっていることも知っている。もちろん通常、人前で自分を名前で呼んだりはしないが、ほかの誰かが自分の名前を口にすると、すぐ自分のことだとわかる。

しかし、動物は名前をどう扱っているのだろうか。単語が事物の象徴であることを理解できない動物の場合、自分の名前が自分のことだとわかっているとは考えにくい。それよりあり得そうなのは、これまでの経験から、それを何かおもしろいことが始まる合図と捉え、注意を払うということだ。誰かが「キャリー」と言うと、キャリーはそう言った人に注意を向ける。彼女が「キャリー」とは「自分」のことだとわかっていた気配は、わたしには感じられなかった。

動物のトレーナーたちの経験も、名前には注意を引く働きがあることを裏づけている。「キャリー、座れ」は「座れ、キャリー」より効果的だとされる。人間から見れば、どちらも同じ意味だ（最初のほうが二番目よりも命令的で、緊急性が高いようには思えるが）。しかし、キャリーは最初のほうにより反応した。なぜなら名前が彼女の注意を引きつけ、次の行動への準備を整えさせたからだ。順番が逆だと、名前が呼ばれる前に命じられたことを思い出さなければならない。

　これらのことは当たり前に思えるかもしれない。しかし、動物とのコミュニケーションの基礎を築こうとするのであれば、彼らが理解できる方法で話す必要がある。ここまで、人間とほかの動物の脳には多くの類似点があることを書いてきたが、言語に関しては根本的な違いがあることを理解しなくてはならない。

　わたしは動物とのコミュニケーションは可能だという結論にいたっているが、それは低レベルのものに限られる。言語でのコミュニケーションについて言えば、おそらく最も通じる見込みが高いのは、単純な動詞＋目的語の組合せだろう。人間以外のほとんどの動物は、主語と目的語の違いを理解する脳を持たない。自意識を持つ動物は多いが、それはおそらく肉体の領域に根差したものだ。イヌは自分の体を認識し、どこからどこまでが自分の体かを知っている。自分とほかのイヌの体を混同することはない。しかし、自分の名前と体、あるいは自意識を結びつけている可能性は低い。

人間の意味空間［訳注：語句とそれに対応する概念のつながりが登録される領域］は果てしなく広い。fMRI研究の一部として、ギャラントのチームは膨大なテキストを分析し、単語とそれに対応する概念を調べ、意味空間を視覚化したマップを作成した。(12) ギャラントのマップは単純化したものだっ

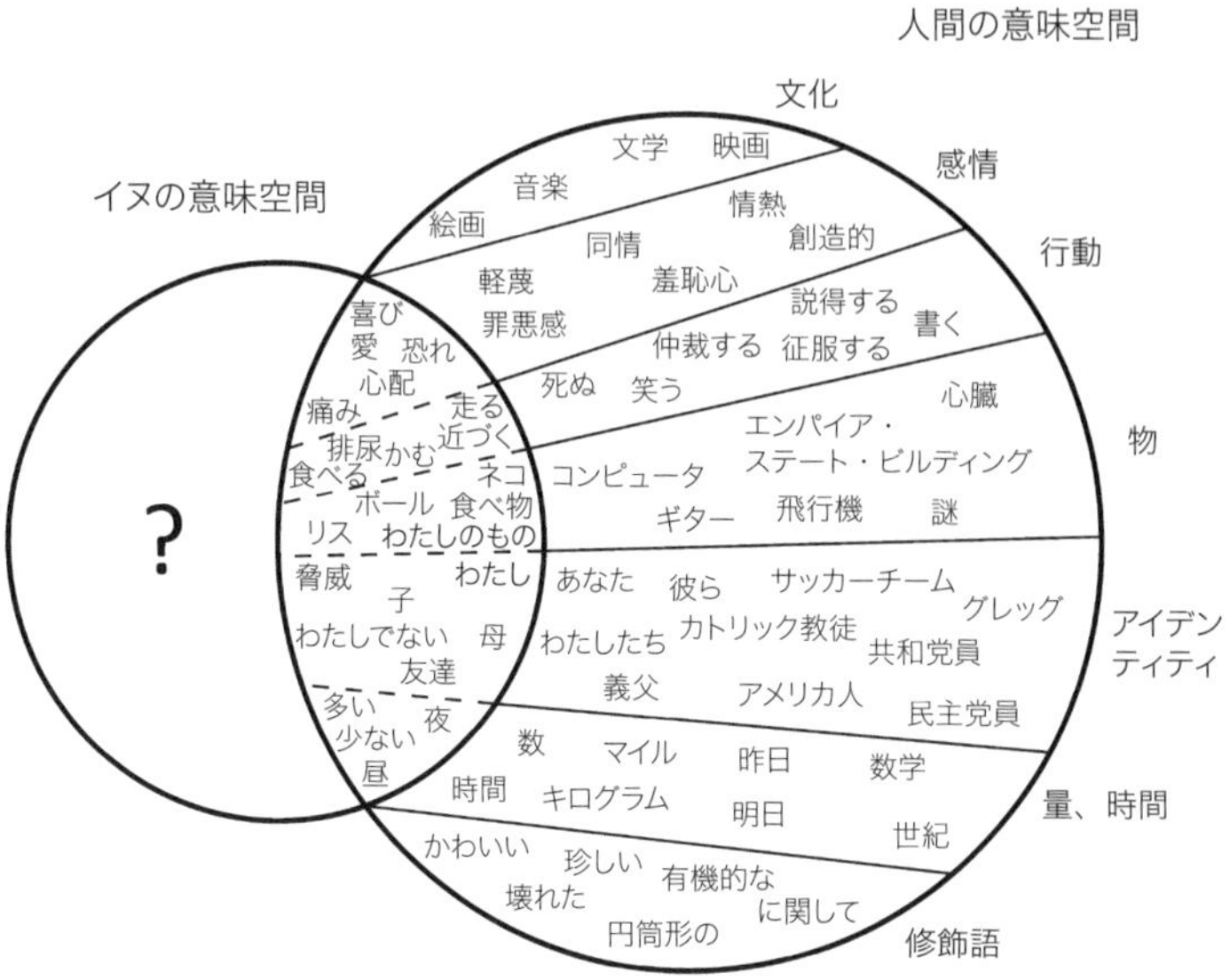

図８.１　イヌと人間の意味空間を図示したもの。人間の意味空間には、はるかに多くの概念が含まれる。イヌの意味空間は人間のものに比べると小さいが、わたしたちの言葉にないものに対応する表現が含まれるだろう。これら二つの空間が交わる部分でのみ、コミュニケーションが可能となる。「わたし」と「わたしのもの」は両者の中心にある。イヌの意味カテゴリーは区別がはっきりせず——たぶん、物質と行動との境界などはぼやけている。それでもわたしがイヌの意味区間を表すために言葉を使ったのは、読者にとってわかりやすくするためだ。イヌは、それらの概念を持っていても、それに対応する言葉を持たない可能性がある。イヌから見れば、それは非言語的意味空間である。（グレゴリー・バーンズ作成）

たが、どの動物の意味空間も、ギャラントらのマップが表現した豊かさを持つことはないだろう。動物について同等のマップを作るには、動物が気にかけていることは何か、それらが脳内でどう表現されているかを知る必要がある。動物の概念とわたしたちの概念が重なり合う空間でのみ、コミュニケーションは可能になる。例えば、「今日は仕事がたいへんだった」とイヌに話しかけるのは無意味だ。なぜなら、イヌは「仕事」に対応する概念を持たないからだ。しかし、セントラルパーク周辺で馬車をひいている馬なら、そのような概念を持っているのではないだろうか。この種の疑問に答えるにはマップが必要だが、それは言語のマップではないだろう。イヌは、図8・1に示すような意味マップを持つと考えられる。このマップはかなり単純化したものだが、人間の概念空間とイヌの概念空間の重なりを表したものであり、イヌは、わたしたちは持たない、少なくともラベル付けしない概念を持つことを示している。

ここで、わたしの「意味論（semantics)」の定義が寛容であることを断っておく必要がある。多くの人は「意味論」は言語の意味を研究する分野だと主張する。しかし、わたしはより広い見方を採用し、それを知識表現を研究する分野と捉えている。わたしたちは事実（知識）を表現するために言葉を使う。「人類は一九六九年に月に着陸した」というように。しかし、知識は違う形でも表現できる。同じ知識を、例えば月面で旗の横に立つ人を描いたイラストで表現することもできるだろう。重要な点は、動物は言語によらない方法で知識を表現したりコミュニケーションをとったりできるということだ。

イヌが表現可能な知識の一つに、ほかのイヌや人間の感情に関するものがある。二〇一五年、ウィーン大学のクレバー・ドッグ・ラボを運営するルドウィック・ヒューバーは、タッチスクリーンを鼻で突く訓練を施された一八匹のイヌをテストした。イヌは、笑っているか怒っている人の画像にタッチすると報酬をもらえた。その後、ヒューバーはイヌが見たことのない画像にどう反応するかをテストした[13]。その画像では顔の半分しか見せなかった——目のある上半分か、口のある下半分のどちらかだ。それでもイヌは喜びと怒りの表情を選び出した。イヌは口か目のどちらかが含まれた部分的な特徴から「喜び」と「怒り」の概念を一般化することができ、さらにその知識を見たことのない表情にも応用できる、とヒューバーは結論づけた。

つまり、イヌはわたしたちの顔の情報を処理しているわけだが、その脳内で人間の顔はどのように表現されているのだろうか。ほとんどの動物は、自分を見つめる顔を脅威として表現するようだ。だが、イヌは違う。イヌは、恐れや敵意なしに人間を見つめ返し、人間の表情から感情を理解する能力さえ発達させた、数少ない動物に含まれる。

一つの可能性として、人間の表情に繰り返し触れることによって、イヌは脳内に「ルックアップテーブル」［訳注：複雑な計算処理を効率化するためのデータ構造］を作ったのかもしれない。例えばイヌは、人間が口角を上げて目を細めている時は、何か良いことが起きていることを学ぶことができる。しかし、それでは「喜び」を示す表情の意味を理解していることにはならない。そうではなく、イヌはわたしたちと同様に表情を理解するための神経のハードウェアを持っているのかもしれない。もしそうなら、イヌは人間の幼児と同じように、表情を処理できる段階に入っているのだろう。程度は異なるとしても。

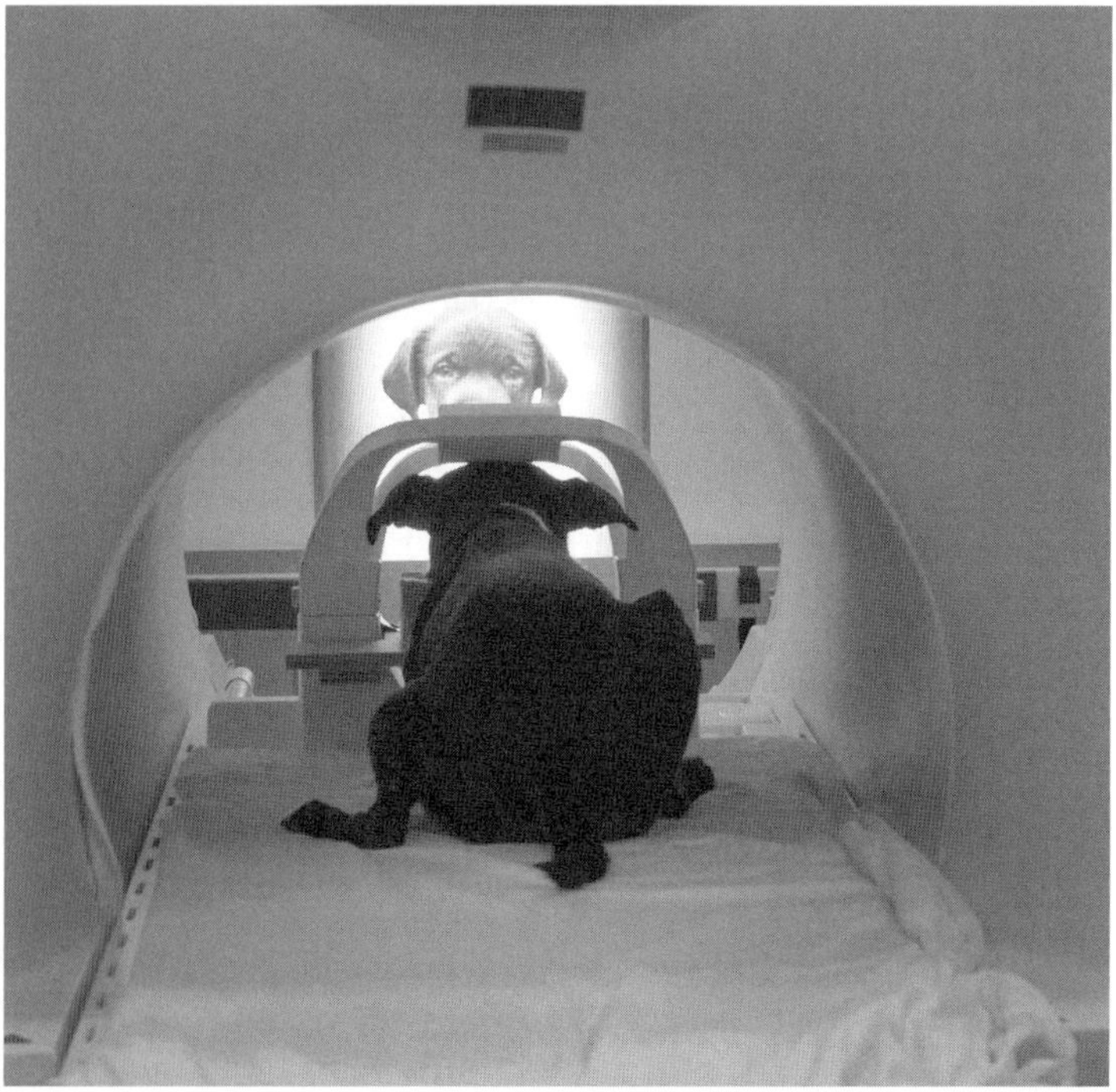

図8.2　顔の画像を見ているキャリーの脳をスキャンする。（グレゴリー・バーンズ撮影）

イヌによる表情処理に関する謎の解明へとわたしを駆り立てたのは、娘のヘレンだった。ドッグ・プロジェクトに最初から参加していた彼女は、7年生（中学1年生）の科学発表会向けの実験を思いついた。

「イヌは飼い主の顔がわかると思う？」と、彼女はわたしに尋ねた。

「パパにはわからないね。それを調べる実験を考えてみたらどうだい？」

彼女が考案したのはシンプルな実験だった。飼い主の写真を撮って、それを見せながらイヌの脳をスキャンするのだ。全てのｆＭＲＩ実験と同じく、対照条件が必要とされる。ヘレンと話し合って、イヌが会ったことのない人の写真を使うことにした。そして単なる興味から、そのイヌがよく知っているイヌと、そうでないイヌの顔写真も加え、イヌが同種の仲間を認識できるかどうかも確かめることにした。

半透明のスクリーンをＭＲＩの先に設置し、イヌに写真が見えるようにした。イヌたちはスキャナーに慣れていたので、この実験は楽にこなせるだろうと、わたしたちは考えていた。もっとも、どのイヌも家ではスクリーンに興味を示さなかった。

しかし残念ながら、思うほどにはうまくいかなかった。イヌの多くは退屈するか、本物の飼い主が見えないことで不安になった。半数だけが、分析に必要なデータを収集できるほど長くスキャナーの中でじっとしていた。ヘレンのレポートは結論を出すにいたらず、発表会での評価は次点だった。しかし、全ての良い実験がそうであるように、彼女の計画は探究の新しい地平を開いた。

わたしはあきらめず、同僚のダニー・ディルクスに相談した。ダニーは人間の脳がどのように顔の情報を処理するかをｆＭＲＩを使って探究していた。人間の脳のかなりの部分は、その仕事に当てられている。事実、人間でもサルでも、側頭葉の一部は無生物の画像より顔の画像に反応しやすい[14]。その領域は顔の情報処理に特化されているため、「紡錘状回顔領域（fusiform face area: FFA）」と呼ばれる。ダニーはＦＦＡと、そのほかの顔情報処理領域に精通していた。わたしたちはダニーの助けを借りて、ヘレンが考案した実験を、人間の脳ですでに確認されている機能に合わせて変更した。ヘレンの実験は顔の認知に焦点を合わせたが、それは非常に複雑なプロセスで、顔情報処理以上のものが関わっていることがわかった。ダニーは、一歩退いてイヌにFFAに相当するものがあるかを調べることを提案した。

前回の実験では、イヌに飼い主の写真と知らない人の写真を見せたが、今回は一般的な人間の顔、イヌの顔、日用品、自然の風景、色々なものが入り混じった写真を見せた。脳の顔情報処理領域は顔の写真に反応し、そのほかの種類のものには反応しないはずだ。この実験はやはり難しかった。イヌが見るのは本物ではなく二次元の画像であり、セッションを最後までやり遂げることができたのは、ほんの一部のイヌだけだった。

それでも結果は明らかだった。イヌの側頭葉は顔に対して特徴的な反応を示したのだ。念のために静止画像と短い動画の両方でテストしたが、結果は同様だった。わたしたちはそれを「イヌの顔領域(dog face area)」、すなわちDFAと名づけた。[15] 翌年、別の研究グループがこの発見を裏づけた。[16]

顔に関する疑問はコミュニケーションの核心とつながっている。イヌの脳は何を語っているのだろう。明らかに、イヌは顔情報を処理するための脳領域を持っている。また近年の研究により、イヌには表情を読み取る能力があることもわかってきた。顔と表情は、人間とイヌの意味空間が交わる部分に含まれるようだ。どうやらイヌも人間も、他者の顔と表情を気にしているらしい。

しかし、顔を気にするのはイヌと霊長類だけではないことがわかっている。ヒツジも、[17] ヤギもそうだ。[18] そして驚いたことに、ある種のトリも顔を気にする。[19] 二〇一二年に発表された注目すべき論文は、シアトル近くで捕獲された一二羽の野生のカラスについて報告している。この実験の鍵は、カラスを捕獲した人々が同じマスクを着けていたことにある。捕獲した後は、別のマスクを着けた人々が飼育した。これが一か月続いた。その後、カラスを放射性トレーサー（追跡子）で管理しながら、捕獲者のマスクを着けた人か飼育者のマスクを着けた人と接触させた。トレーサーは、接触の間に活性化した脳領域に一時的に蓄積する。その後、カラスに麻酔をかけ、脳をポジトロン断層法（ＰＥＴ）でスキャンすると、脳のどこが活性化したかがわかる。捕獲者のマスクは扁桃体と脳幹の一部を活性化させた。それは捕獲者の顔が恐怖および回避と関連づけられていることを示していた。一方、飼育者のマスクは尾状核に相当する部分を活性化させた。そこはイヌでは、ポジティブな感情、やる気、接近したいという意欲に関わる領域である。

これらの動物に顔情報を処理する能力があることは、驚くほどのことではないだろう。実際、社会的な動物の多くは、その能力を持っているようだ。ウシは見慣れたウシとそうでないウシを区別することができる。[20] ゾウもイルカと同じように、鏡に映った自分の顔を認識できるようだ。[21] しかし、ネコが顔を認識できるかどうかはわからない。もしかすると、ネコにとってそれはどうでもいいことなのかもしれない。[22]

単語と物の実験は、わたしたちの予想より、はるかに長い時間を要した。その実験をできるだけ簡単にしたところ、ようやくイヌは、偶然できる以上のことをできるようになった。二つの物とそれぞれの名前を正しく合致させるには、六か月の訓練が必要だった。飼い主は家でイヌを訓練し、二週間ごとにイヌは一〇回のテストを受けた。二つの物を壁に立てかけ、飼い主がどちらかの名前を言って、それに合致する物を選ばせるのだ。一〇回のうち八回成功すれば、スキャンの準備ができたことになる。

キャリーは、このテストに合格しなかった。

わたしが実験の修正に時間をとられ、キャリーに十分な訓練を施せなかったことも一因だろう。しかし、そうした修正は、ほかのイヌにそのハードルを越えさせるためには欠かせなかった。

もっとも、八〇パーセントの基準に達したイヌについてさえ、何を理解しているのかを見分けるのは難しかった。テストでは、それぞれの個性が発揮された。トライアルごとに物の位置を替えても、一方向にばかり行くイヌもいた。また、物のどちらかを好むものもいた。しかも、その偏りはセッションが変わると変わった。それでも、スキャンへと進まなければならなかった。そうしなければ暴動が起きそうだった。飼い主はこの訓練に飽きており、進歩の遅さに誰もがモチベーションを下げていたのだ。そこで、最初となるMRIテストの予定を組んだ。

どうすればうまくいくか確信がなかったので、いくつもの可能性を考えて設計した。主な目的は、イヌが二つの言葉をどう処理するかをfMRIで確かめることだ。これは難しい注文だ。たとえイヌが二つの言葉の違いを理解していたとしても、脳スキャンでそれを区別するのは難しいだろう。それは人間でも難しい。しかもギャラントの実験と違って、わたしたちが教えた二つの言葉はどちらも物の名前で、意味的に似ていた。その言葉が指す物が大きさや質感などいくつかの特徴においてかなり違っていたら、それらの特徴を処理する脳領域の活動の違いを検出できるかもしれない。しかし、その可能性はきわめて低かった。

そこで人間の言語実験で対照実験としてよく使われる無意味な単語（疑似語）を追加することにし

た。飼い主がイヌを訓練する際に使った物の名前を全てコンピュータプログラムに入力し、シラブル（音節）とバイグラムの数が一致する擬似語を作らせた（バイグラムとは、例えばshやngなどの、語中の連続した二文字）。できあがった疑似語には、bobbu、prang、cloft、zelveなどがあった。

もちろんイヌには、どれが本物の単語でどれが疑似語かはわからない。両者に対する脳の反応が違っていれば、それは少なくとも、イヌは頻繁に聞いた単語と初めて聞く単語を区別できることを意味する。

最後に、もう一つの対照条件を追加した。名前を言った後、イヌに物を見せる。ほとんどの場合、名前と合致する物を見せるが、およそ三回に一回は新しいものを見せることにしたのだ。もしイヌがその名前が何を指すかを知っていれば、違う物が出てきたことに驚くだろう。そしてイヌが驚いたら、脳内での変化を検出できるはずだ。さらなる対照条件として、疑似語の後で新しい物を出すことにした。

ＭＲＩスキャンは、ほとんどのイヌでうまくいった。疑似語に関しては、どちらかといえば、それを話す人間のほうが、それを聞くイヌよりおもしろがっていた。数匹のイヌはよく知っている単語を聞くと興奮し、スキャナーから飛び出して、それを探しに行った。残念ながらこれらのイヌは、明らかに単語の意味を理解していたにもかかわらず、そうやって動いたせいで脳データをとることができなかった。しかし、ほとんどのイヌはじっとしていたので、最終的に十数匹のデータが得られた。

疑似語を入れたのは正解だった。疑似語は人間の言語研究では数十年にわたって使われてきたが、人間の被験者の反応は、疑似語にどう対処するよう命じられているかによって変わる。本物の単語と比べて、疑似語は側頭葉後方の言語領域をそれほど活性化させない。その領域は言葉の意味の処理に関わっているようだが、疑似語には意味がないため、意味の処理が起きないのだ。一方、上側頭葉は、擬似語を聞いた時のほうが活性化する。上側頭葉は主に聴覚の領域であり、音量や音の高さといった音の基本的な特徴の処理を担う。イルカの脳では、聴覚からの入力を受信する部分だ。上側頭葉が無意味な単語を聞いて活性化するのは、その単語になじみがないせいだと考えられる。なじみのない単語は人間の注意を引き、その処理にはより多くの脳の活動が必要となるのだ。(23)

注目すべきことに、わたしたちは同じ現象をイヌの脳で確認した。無意味な単語はなじみ深い単語よりもイヌの側頭葉上部をより強く活性化させた。このことは、イヌが学んだ単語と聞いたことのない単語を区別できることを裏づけている。

しかし結果は、イヌと人間との根本的な違いもはっきり示していた。イヌは意味のある単語と無意味な単語を区別する初歩的な能力を持っているが、なじみのある単語を物の名前として理解しているという証拠は見つからなかった。もしイヌがそれを理解していれば、認知に関連する脳領域のどこか、おそらくは視覚野か聴覚系の別の部分が活性化するはずだった。しかし実際には、なじみのある単語は、それらの活性度を減らした。まるで、イヌは知っている単語には徐々に反応しなくなり(「馴化《じゅんか》」と呼ぶ)、知らない単語により多くの注意を払うかのようだった。

目新しさは、生き延びるために欠かせない認知プロセスを作動させる。動物にとって目新しさは、新たな食物資源や新たな捕食者の出現を意味する。新しい出来事は即時の行動を求め、加えて、動物がその経験から学べるよう神経経路を変更させる。人間では、目新しさがきっかけとなって同じプロセスが作動するが、表象と意味を処理するシステムも稼働し始める。人間は新しいものに遭遇すると、それを分類せずにはいられないのだ。わたしたちが得たイヌのｆＭＲＩの結果は、人間の言語処理と同様のことは何も起きていないことを示していた。

目新しさに加えて、イヌは言葉を行動という観点から処理しているようだった。わたしたちの実験で使った物（目標物）は、どちらも鼻で突くか口で拾うことができた。そのため、イヌに二つの言葉を教えても、関連する行動が常に同じだったので、イヌにはその違いがわからなかったのかもしれない。行動に基づく意味システムは、動物にとっては理にかなっているだろう。言語能力を持たない動物にとって、物の名前を表現する必要はない。しかし、ある物を拾うべきか、かむべきか、あるいは食べるべきかを知ることは、非常に重要なのだ。

もしかすると、イヌの意味空間では行動と物は非常に近く、それがイヌに物の名前を教えるのが難しい理由なのかもしれない。「リス」という言葉の意味は「追いかけて殺す」と同じかもしれず、「ボール」は「追いかけて取って来い」と同じかもしれない。わたしたちはどうにかイヌに二つの物の名前を教え、イヌに二つの言葉の違いを教えるのは不可能ではないことを示したが、脳画像は、イヌが意味をコード化するのに使うメカニズムは人間のものとは異なることを語っていた。

人間は名詞で世界を表現する。わたしたちはあらゆるものに名前をつける。英語では、名詞は動詞のおよそ一〇倍もある。[24] 幼児は行動の名称より物の名前を先に覚えるが、その理由はまだ不明だ。[25] 言語処理の違いが、イヌと人間の主観的経験の違いをもたらしていることは否定できないが、だからといって、イヌであるのはどんな感じかを理解できないわけではない。

実際はその逆だ。

わたしたちがこれらの違いを発見し解釈できるということは、イヌであるのはどんな感じかを理解できることを示している。ここまで動物の脳の研究を通して見てきたように、必要なのは見方を変えることであり、この場合は、名詞に基づく世界観を行動に基づくものへと変えることなのだ。

イヌの意味空間が物よりも行動によって体系づけられていると仮定すれば、イヌが一般的な自己認識テスト、特にミラーテストで失敗する理由がわかる。人間は鏡に映る姿が、何かあるいは誰かの視覚的表象であることを知っている。鏡に映る姿が、その物自体ではないことを当たり前だと思っている。しかしこの認知操作は、物を象徴的に処理するための脳のハードウェアを必要とする。もしイヌの脳にそのようなハードウェアがなければ、イヌには鏡に映る自分と自我を結びつけることはできない。

だからといってイヌが自意識を持たないわけではない。そうではなく、単にイヌは名前や視覚的イメージによって自分を抽象的に表現することができない、というだけのことなのだ。わたしの最愛のキャリーは、おそらくわたしや妻や子どもたちについての抽象的表現を持っていなかった。そう、わたしは単に「うるさいチューブの中でソーセージをくれて、ある種の方法で関わり合っている男」であり、妻は「食べ物をくれて、可愛がってくれるけれど、遊んではくれない、違う方法で関わり合っている別の人」だったのだ。キャリーの心の中では、あらゆることが自分との関わり方だけで定義されているのかもしれない。その表現は行動と不可分だと言えるだろう。

行動に基づく世界観では、あらゆるものが行動と不可分である。感情さえも行動によって表現される。恐れは「何かから逃げなくてはならないという気持ち」だ。孤独は「ドアのそばで待つ時に感じ、ドアが開くと消えていく感情」になるだろう。

わたしはイヌを擬人化しているのではない。ここで使った言葉は、文章で考えを伝えるのに必要な要素だ。イヌはわたしが書いたように考えることはできない。なぜなら、イヌの脳は言葉で考えるようになっていないからだ。しかし、だからといって行動に基づく意味システムでは、恐れが不快なものから逃げるための単なる行動プログラムになるわけではない。行動という側面は重要だが、起こっていることに対する主観的意識もまた重要である。そこにこそイヌと人間の共通点があるからだ。

おそらく類人猿やイルカといったいくつかの例外はあるものの、意味を理解するうえで行動を重視する傾向は、人間以外のすべての動物に共通するのではないだろうか。もしそうであれば、彼らとのコミュニケーションのとり方を再考しなければならないだろう。動物にはわたしたちのような見方はできないが、わたしたちには動物のような見方ができる。もし、わたしたちのコミュニケーションの重点を人や物から行動へと移したらどうなるだろう？　そうすればおそらく、イヌであるのはどんな感じか、あるいはコウモリ、イルカであるのはどんな感じかが、もっとよく理解できるようになるだろう。

もしかすると、彼らが言いたかったこともわかるかもしれない。

残念ながら地球上の多くの動物は、コミュニケーションのとり方がわかる前に、その姿を消してしまいそうだ。彼らのために誰かが死者と話をしなければならない。

第9章　タスマニアでの死

タイガーは檻の中を行ったり来たりしていた。なじみの飼育員の姿が見えなくなってから数か月たっていた。タイガーにその月日の長さはわからなかったが、時が過ぎたことはわかっていた。その女性飼育員が最後に餌をくれて、眠るための部屋へ続くドアを開けてくれたのは真冬のことだった。その後、飼育員は次々に替わった。それに、だんだんと日が長くなってきていた[1]。

ねぐらへのドアは閉ざされ、タイガーはほかの肉食動物と同じく、外で観客の目にさらされ続けた。太陽はまぶしく、安らげる場所を探して歩き続けるしかない。かつて檻の隅を覆っていたユーカリの木陰も今はない。もし人間がいれば、不憫《ふびん》に思ってねぐらへのドアを開けてくれただろう。しかし、人間はほとんど来なくなっていた。動物園の向こう側の一角には、ネコ科の大型動物を目当てに訪れる人がわずかにいたが、このタイガーのように薄汚れた臭い動物を見にくる人はいなかった。

というのも、このタイガーは本物のトラではなかったからだ。少なくとも、科学者はそう考えていた。彼はフクロオオカミ（タスマニアタイガー）、有袋類である。タイガーという呼び名は、一世紀ほど前にイギリスからこの地に移住した人々が、背に縞模様のある動物は全てトラだと誤解してつけたものだ。

動物園のこのさびれた一角をあえて訪れた人は、フクロオオカミの檻の向かいにある遊牧場を、みすぼらしいカンガルーの群れや数頭のシカがうろついているのを見たことだろう。しかし、ここタスマニアでは、カンガルーやシカは動物園の目玉ではない。それらは低木地帯でよく見る動物だったし、フクロオオカミも一般の人々にとって特に珍しいわけではなかった。これらのタスマニアの動物を見にくる人はいないまま、時が過ぎていった。フクロオオカミの毛皮は汚れ、絡みつき、ところどころ地肌が見えていた。尾を力なく引きずっている。檻の前を通る人がいたとしても、名前の由来になった縞はもはや見えなかっただろう。

空には雲一つなく、太陽が容赦なく照りつけ、檻の地面は歩くことができないほど熱くなった。フクロオオカミにできることは、体を横たえ、下の地面を冷やすことだけだ。しかし、日向ぼっこは彼の本能に逆らう行為だった。本来フクロオオカミは薄明薄暮性で、スノーガムの木が黒々とした影を落とす夜明けと夕暮れに活動する。そうした薄暗い時間に縞模様は最も効果を発揮し、不運なワラビーやウォンバットからフクロオオカミを見えないようにした。

彼が最後にワラビーを殺してから、三年が過ぎた。自分の仲間を見たのも三年前が最後だった。

――

一九三六年六月のその日、町の向こう側ではアリソン・レイドが母親の昼食を用意していた。透き通った白い肌と栗色の髪を持つこの三一歳の女性は、今日は暖かくなると感じていた。アリソンは日が昇る前に起きていたが、母親はベッドから出たばかりだった。数か月前にホバート動物園の職員宿舎から追い出されたアリソンと母親は、親戚の家に身を寄せていた。父親は二年前に亡くなり、母親も以前とは違って、ベッドで寝ていることが多くなった。昼食の支度をしながら、アリソンは楽しかった日々を思い出した。

動物園の初代園長の娘であるアリソンは、動物に囲まれて育った。父親は動物の死骸を保存する方法も教えてくれた。皮をしなやかにして数十年保存するためのミョウバン液の秘伝のレシピを彼女はまだ覚えていた。皮にひだを寄せてあたかも生きているかのようにする芸術的手腕も父から教わった。

ペットが死んで悲嘆にくれる人々のために、そのイヌやネコを剥製にしてあげたこともある。アリソンは剥製作りの腕前を買われて、一七歳でタスマニア博物館に剥製師として雇われた。

しかし、アリソンが真に愛していたのは生きている動物で、余暇のほとんどを動物園で過ごした。父を手伝ってライオンの子、サンディとスージーを育てたこともあったし、お気に入りのヒョウ、マイクと写した写真が新聞を飾ったこともあった。アリソンはまだその切り抜きを持っていた[2]。タイトルは「ホバート動物園の美女と野獣――少女の一番の親友はおとなのヒョウ」である。しかし彼女は、この写真をあまり気に入っていなかった。嫌がるマイクを膝に乗せようとしながら、懸命に作り笑いをしていたからだ。体重が四五キログラムもあるこの若いヒョウは、その日は反抗的で、体が半分、彼女の膝からずり落ちていた。それでも、この記事のおかげで彼女は有名になった。記事は、マイクがまだ子どもだった頃、彼女がマイクを連れてダーウェント川沿いを散歩していたことを伝えた。しかし今、その記事を読んでも、過ぎ去った日々への郷愁に胸が痛むだけだ。夕日がウェリントン山に沈む頃にマイクと一緒に湾沿いの道を散歩できたらどれほど幸せだろう、と彼女は思った。

アリソンも薄明薄暮性のようなもので、夕暮れと夜明けの時間が好きだった。以前、動物たちに餌をやったり世話をしたりしたのは、そうした薄暗い時間帯だった。

彼女はフクロオオカミのことを考えた。猟師が動物園にいきなりフクロオオカミを持ってくることがよくあった。その脚はわなでズタズタになっているのが常だった。アリソンと父はいつもそれらを引き取り、健康な状態に戻れるよう、できる限りの手当てをしてやった。

フクロオオカミは神経質な動物で、動揺すると不快な臭いを放った。彼女に慣れるまでに数か月かかった。やがて彼らは動物園の日常の流れを学んだ。朝、外に出て、昼に餌を食べ、夜はねぐらへ戻るのだ。また彼らは食べることが大好きだった。内気な性格にもかかわらず、昼の餌であるウサギや子ウシの死骸を持っていくのが遅れたら、飢えていることを知らせた。咳込むように吠え、肺病患者が痰を切るような音をたてるのだ。

確かにフクロオオカミは変わった動物で、好きになるのは難しかった。しかし、だからといって多くの人々がそれに対して抱く嫌悪感や、愚かな有袋類だという決めつけが正当化されるわけではない。アリソンはフクロオオカミに同情した。というのも、彼女自身、地位が高く心が狭い男たちからひどい扱いを受けたからだ。彼女は、ホバート動物園を運営するのに最も適した人物だった。それなのにここにいて、動物に餌をやる代わりにお茶をいれているのだ。

フクロオオカミに餌をやることを誰かが覚えていてくれるかしら、とアリソンは案じた。

昼間の暖かさは長くは続かなかった。九月初めのその時期、四時までに太陽はウェリントン山の向こうに沈み始める。ホバートの住民は、人間も獣もじきに闇に包まれる。

八分前に太陽で生まれた光子《フォトン》は、インド洋上空を猛スピードで進み、サンディ・ベイに向かった。フクロオオカミのねぐらのドアに反射し、最後の軌道がフクロオオカミのまぶたの薄膜を突き抜けて、網膜に達した。そこで光子は小さな化学爆発を起こし、残っていたエネルギーでその動物の脳へ信号を送った。

「起きろ」

フクロオオカミは目を開けた。ありがたいことに、もはやまぶしさは消え、彼の瞳孔はそれに応じて広がった。周囲を見回し、動く物を探す。一億年の進化は、水平に動く物を捉えるのに最適な視覚システムを彼に与えた。しかし、見えたのは跳び回るカンガルーだけだ。その匂いが空腹を呼び覚ます。フクロオオカミは長くカンガルーを見つめ、その匂いをかいだ。捕まえようとしても無駄なのはわかっていた。

手の届く範囲に獲物の姿はなく、彼は咳をした。以前は、そうすれば人間の女性が現れ、死んだ動物を投げてくれた。運が良ければそれは新鮮で、胸や腹部を裂くと血がしたたり落ちた。しかしたいていは、数日前に死んだ動物の切れ端だった。

腹が減っているのはよくない。昨日は食べただろうか？　思い出せなかった。食べなかったというわけではない。ただ思い出せなかった。檻の中に糞はない。たぶん、食べていないのだろう。

さらに何度か咳をした。遠くに人の声が聞こえるが、肉の匂いは漂ってこない。さらに何度か人間の気を引こうとした後に、彼は横たわった。

気温は急速に下がった。フクロオオカミは眠りについた。

彼は帰ってきた。

ここは母親の袋を出てからずっと暮らしていた場所だ。フロレンタイン谷の夜明け前の霧はまだ残っていた。薄明は冷え込むが、寒いほどではない。

尾根の見晴らしのよいところから、彼はその鋭い目で、霧の中から突き出ている巨大なユーカリの木々の梢《こずえ》を見た。若い活力が全身にみなぎる。大きな口を開いて深く息を吸い、谷間から漂ってくる匂いをかぐ。みな、そこにいる。ワラビーも、ウォンバットも、デビルも。

彼は静かに斜面を下り、足音をたてずに森へ入っていった。薄明かりの中、ほかの動物は目を覚ましたところか、夜の旅から戻ってきたところだろう。彼は急いでいなかった。フクロオオカミは慎重に狩りをする。縞模様のおかげで獲物に忍び寄ることができるので、追いかける必要はなかった。下生えの中を滑るように進んでいくと、シダの中にちらっと動くものが見えた。風はないので、きっと動物だ。別のフクロオオカミだろうか？　そうではなさそうだ。この数週間、一匹も見ていない。

彼はそのシダの場所に狙いを定めつつ、元の方向へ歩み続けた。一足ごとに、少しずつシダのほうへ寄っていく。まっすぐだった進路は次第に弧を描いていった。その弧が渦巻へと変わった。今、彼は、ギンバイカの下で低草を食べている小さなワラビーのすぐ後ろに迫り、様子をうかがっている。

フクロオオカミはワラビーに跳びかかり、ワラビーが倒れる前に首をくわえ込んだ。争いはなかった。フクロオオカミはワラビーの腹を開いて内臓を食べた。

自信にあふれ、彼は堂々と大またで立ち去る。食べきれなかった死骸をデビルのために残して。

最後のタスマニアタイガー、すなわちフクロオオカミ（学名 *Thylacinus cynocephalus*）は一九三六年九月七日に死んだ。その死は一週間後にホバート市議会で簡単に記録された。「動物園の管理者の報告によると、タスマニアタイガーは先月七日月曜の夜に死亡し、遺体は博物館へ送られた」[3]。数年後、人々はそのフクロオオカミをベンジャミンと呼ぶようになったが、生きている間、それに名前はなかった。

ベンジャミンが死んだ当時、彼が目撃された最後のフクロオオカミであることを知る人はいなかった。動物保護の国際的基準によれば、ある動物が野生で五〇年間目撃されなければ、それは絶滅したと見なされる。そのため、一九八六年にフクロオオカミは絶滅危惧種から絶滅種へと分類し直された。しかし、タスマニアには世界最後の広大な手つかずの自然が残っているため、多くの人々は遠方の低木の中にまだフクロオオカミがいると信じている。

現在、フクロオオカミを見たいという人には、捕獲されたフクロオオカミを撮影した粒子の粗いモノクロフィルムがある。[4] わずか三分ほどの、この音のないフィルムは、ほぼ一〇〇年前のものだったが、わたしに語りかけてきた。見かけはトラよりイヌに似ていた。しかし、それは有袋目なので、イヌの系統とは一億年以上前に分岐した。その姿は明らかに収斂進化の実例だったが、わたしの心にある疑問が浮かんだ。もしフクロオオカミがイヌに似ているのであれば、彼らはイヌと同じように考え、行動したのだろうか？

わたしはこの疑問に心を奪われた。これはイバラの道かもしれない。幻獣――ビッグフットやネッシーのような未確認動物や、フクロオオカミのように絶滅したと思われるもの――を追い求めることは、通常、学問的に価値のあることとは見なされない。しかしそれでも、フクロオオカミがわたしを呼んでいた。

もちろん、遠縁であれ何であれわたしはイヌが大好きだったし、わたしから見ればフクロオオカミはまさにイヌだった。その学名は「イヌの顔をした有袋類」という意味だ。だが残念ながら、フクロオオカミは悲劇の象徴になっていた。その起源についてはあまり知られていないが、絶滅の理由は明らかだ。

クラウン哺乳類がおよそ二億五〇〇〇万年前に現れた時、それらはまだ恐竜と同じように卵を生んでいた。産卵する哺乳類の子孫は今でもわずかに残っていて、単孔類と呼ばれる。よく知られるのはカモノハシで、ほかにはハリモグラがいる。ハリネズミに似た動物で、長い嘴《くちばし》で昆虫を食べる。単孔類はオーストラリアとニューギニアでしか見つかっていない。

ゴンドワナ大陸が分かれた時、クラウン哺乳類はそれぞれの亜大陸に分かれ、以後、独自に進化していった。一億二〇〇〇万年前までに、これらの哺乳類のいくつかは、体内で卵を温めるメカニズムを進化させた。しかし卵を体内で長期間、育てることはできず、子どもはまだ小さいうちに生まれた。この哺乳類は、体の外部に複数の乳首をもつ袋を進化させ、後獣《こうじゅう》下《か》綱《こう》になった。今日、その子孫は一般に有袋類と呼ばれ、フクロオオカミはその一種である。哺乳類進化の最後の分岐は、一億年前に胎盤をもつ哺乳類が登場した時に起こった。この有胎盤類は有袋類よりはるかに長く子を体内で育てることができたので、やがて資源をめぐるダーウィン的競争で有袋類に勝った。有袋類が優位性を保つことができた場所は、オーストラリアとニューギニアだけだった。

オーストラリアが孤立していたことは有袋類にとってありがたかったが、呪わしくもあった。ほかの世界の動植物と競争することなく進化できたのは幸運だったが、そのせいで有袋類は、やがて訪れる外来種の脅威に対して脆弱《ぜいじゃく》だった(5)。

かつてフクロオオカミはオーストラリア全土に生息していた。頂点捕食者だったので、長年、食物をめぐる争いとは無縁だった。しかしそれは人間が来るまでの話だ。二万年前に最初のアボリジナルの人々がやってきた。彼らが残した岩絵にはフクロオオカミが何匹も描かれている。オーストラリア本土でフクロオオカミと人間はしばらく共存していた。一九六六年にオーストラリア南西部の僻地で、乾燥してミイラ化したフクロオオカミが発見されたが、放射線炭素による年代測定でそれは四六五〇年前のものだとわかった。[6] 少なくともその頃まで、フクロオオカミはオーストラリア本土にいたのだ。その後、人間、あるいは人間が連れてきたイヌとの戦いに敗れて、本土の集団は消えた。もっとも、タスマニア島にはまだ数千匹が残っていた。タスマニアは、最近の氷河後退の後に本土から切り離された島だ。

しかし、その数千匹が消えるのも時間の問題だった。

わたしがフクロオオカミのことを知った頃には、彼らの心は永遠に失われてしまったように思えた。科学者が動物の行動を真剣に調べ始めた頃、彼らはすでに野生では見られなくなっていた。最後に残った少数の捕獲されたフクロオオカミは、大半が一匹だけで飼われていた。捕獲者はフクロオオカミを夜行性と見ていたが、飼育員は、フクロオオカミはよく日光浴をすると書いている。その社会的生活については何もわかっていなかった。

わたしは、フクロオオカミのことがますます頭から離れなくなり、この悲しげな動物についてわかっていることを掘り下げていった。しかしすぐ、それはわたしだけではないことを知った。規模は小さいが熱心な国際的コミュニティがフクロオオカミの周囲にはすでに存在した。ある人々は、その動物についてもっとよく知りたいという動機からであり、またある人々は、無数の動物が絶滅に向かっている今、フクロオオカミの話から何か学べることがあるのではという思いからだった。一方、タスマニアの奥地にまだフクロオオカミが生きていると考える人も大勢いた。実際、その目撃報告は後を絶たず、ユーチューブにはフクロオオカミらしき姿がちらっと映っている映像もいくつか投稿されている。しかし、説得力のある証拠は見つかっておらず、まともな科学者はそうした報告を真に受けていない。一九八四年、アメリカの実業家テッド・ターナーがフクロオオカミ生存の証拠を見つけた人には一〇万ドルの賞金を授与すると公言したが、結局その賞金をもらった人はいなかった。

フクロオオカミの研究に真剣に携わっている数少ない科学者の一人がマイケル・アーチャーだ。高名な古生物学者であるアーチャーは、シドニーのニューサウスウェールズ大学の教授で、以前はクイーンズランド博物館で哺乳類部門のキュレーターをしていた。哺乳類進化の研究で、いくつも賞を受けている。そのような立派な学者である彼が、フクロオオカミのクローンを作ろうとした。

これは真面目な話だ。アーチャーは時代に先駆けて、博物館の標本から絶滅したフクロオオカミを復活させようとした。一九九九年のことだった。結局、このプロジェクトは上質なＤＮＡが得られなかったせいで中止になったが、わたしの計画を助けられる人がいるとしたら、それはアーチャーをおいてほかにいない。

わたしは、自分が知っている唯一の方法で死者を代弁しようとしていた。つまり、フクロオオカミの脳を使うのだ。

イルカ・プロジェクトの成功は、動物の脳を調べれば、その感覚世界に関する有益な何かを学べることを証明した。イルカの脳は死後、一〇年以上経過したものであり、それらから十分な信号を取り出すのはきわめて難しい作業だった。しかし、わたしたちはやり遂げた。フクロオオカミの脳は、もしまだ存在するのであれば、最善でもほぼ一〇〇年経っているだろう。それでも、もしかしたらフクロオオカミでも同じことができるかもしれない。

わたしの問いかけにアーチャーは即座に応えてくれた。彼は、フクロオオカミの脳の状態については知らなかったが、それを知っている人を知っていた。

ステファン・スレイトホルムは二〇〇五年からフクロオオカミの標本のデータベースの統合に取り組んできた。彼はそれを「国際フクロオオカミ標本データベース」(ITSD)と呼んでいる。二〇一三年までにそのデータベースは膨大になり、かろうじて一枚のDVDに収まるほどになった。これまでわたしは、そのようなものを見たことがなかった。アーチャーと同じく、スレイトホルムもわたしの提案にすぐ反応した。

スレイトホルムによれば、フクロオオカミの完全な脳は四つ存在し、それぞれオーストラリア、ドイツ、イギリス、アメリカにあった。うち二つは一部がダメージを受けているらしい。アメリカのものはスミソニアン博物館が所有していた。

ワシントンDCのスミソニアン博物館に展示されている標本は、その標本コレクションのごく一部にすぎない。哺乳類部門のダリン・ランドとエスター・ランガンは、フクロオオカミの脳についてわかっていることの全てを知っていた。世界にわずか四つしかないうちの一つである脳は国の宝であり、一般公開されていなかった。それに、未確認生物を追っている学者以外に、いったい誰が、そんなものに関心を持つだろう。

　しかし、わたしはかなり強い関心を持っていた。スミソニアンの貯蔵室でホルマリン漬けになっている脳には、フクロオオカミの心につながる重要な何かが含まれているかもしれない。

　その脳が本物であることを証明するために、ランドはホルマリン漬けになった脳の写真とオリジナル目録のコピーを送ってくれた。

　そのカード目録は自然人類学部門のもので、動物を記録するためのものでないのは明らかだったが、そこには重要な情報が含まれていた。標本は一九〇五年一月一一日に受領され、それはその個体が死んだ日でもあった。性別はオス、年齢は成獣、所属はｍＮ.Ｚ.Ｐ.これはおそらく国立動物園（National Zoological Park）の「メンバー（member）」の略だろう。

　スレイトホルムのデータベースによれば、この脳の持ち主は、まだ子どもだった一九〇二年に、母親と姉妹、そのほかの兄弟とともに捕えられた。一家はタスマニアのローンセストン・シティ・パーク動物園に売られ、そこからさらにアメリカ・ワシントンＤＣの国立動物園に売られた。この最初のフクロオオカミの一家の話については、多くのことが知られている。[7] あまり楽しくない話だ。

　実際に捕獲されたのは母親だけだった。彼女は太平洋を渡る三週間の過酷な航海と、アメリカを横断する列車の旅の後にワシントンＤＣに到着したが、その時になって初めて飼育員たちが彼女の袋の中に子がいることに気づいた。奇跡的にどの子も生きていた。しかし一匹は、動物園に到着した九日後に死んだ。

　哀れなことに、母親は長旅で弱り切っていたうえに、「腸管の強い炎症」と全身に巣食う多量のサ

図 9.1　国立動物園で生き残った二匹のフクロオオカミ。初出は *Sumithsonian Institution Annual Report*, 1903, p. 66 (Sumithsonian Institution Archives Image #NZP 139)

ナダムシのせいで四か月後に死んだ。二匹の子（オスとメス）が後に残された。

　オスは一九〇五年一月一一日まで生きたが、やはり出血性腸炎で死んだ。解剖学者のアレス・フルドリチュカはその頭部を手に入れ、脳を取り出した。現在、スミソニアンの貯蔵室にあるのはそれだ。メスはその後の数年間を孤独に過ごした。

　フクロオオカミを観察するこの絶好の機会から、当時の人々は何を得ただろう。どうやら、何も得なかったらしい[8]。二匹が生きている間、この動物について科学的研究はまったくなされなかった。そういうわけでわたしは、フクロオオカミの心を、唯一の遺物であるその脳から法医学的に復元するという、とんでもない野望を抱いたのだった。

スミソニアンでランドとランガンから聞いたところによると、フクロオオカミの脳は何年も前にMRIにかけられたことがあったが、結果があまりにもお粗末だったので、彼らはそれを公表しなかったそうだ。成功する見込みは薄かったが、もっと強力なスキャナーと死後の脳に特化した新たなシーケンスでもう一度試してもいいだろうか、と二人に尋ねた。

彼らは快諾してくれた。しかし、その脳はきわめて稀少なので、その扱いと保護は厳正な手続きに従わなければならなかった。

わたしが知る限り、これほど古い脳のスキャンを試みた人はかつていなかった。わたしたちがスキャンしようとしているフクロオオカミは一九〇五年に死亡したので、脳が標本になってから一一〇年たっている。以来ずっとホルマリン漬けになっており、それがどのような影響を及ぼしているかは知るよしもなかった。イルカの脳で学んだように、一〇年保存されていると組織の性質は変化する。しかし、一〇年の変化から一〇〇年の変化を推定するのは危険だ。さらに劣化しているかもしれないが、劣化はどこかで止まったかもしれない。フクロオオカミの脳からできる限り多くの信号を引き出すには、時間をかけて異なるシーケンス・パラメータで測定する必要があった。もっとも、信号を放つものが残っていたとしての話だ。

一方で、時間は限られていた。標本の貸出について、スミソニアンはどこまでも寛大なわけではなかった。脳は安全な場所に保管する必要があり、それを持っていることは秘密にしなければならなかった。理想的なシナリオは、それをスキャンし、すぐ返すことだ。責任を負う時間は短いほどよい。脳を入手する前に、フクロオオカミについてより多くの準備ができれば、それだけスキャンは順調にいくだろう。スキャンの詳細を決めるための実験台として、ランドは同時代のアライグマの脳を提供してくれた。スミソニアンが前世紀のアライグマの脳を保存しているのは、完全に歴史的関心によるものであり、科学的興味からではなかった。一方、わたしにとって重要なのは、それらの脳を取り出し保存したのが、フクロオオカミの脳を扱ったのと同じ解剖学者だったことだ。そうであれば、どちらも同じ方法で保存された可能性が高かった。

一週間後、靴箱ほどの大きさの木箱がラボに届いた。ホルマリンは引火性の液体なので航空輸送できない。そのため、標本はホルマリンから取り出され、湿ったガーゼに包まれて、二重のビニール袋に密封されていた。思っていたより小さく、クルミほどの大きさだった。考えてみれば、わたしが見慣れていたのは大きな肉食動物の脳だった。

その脳を二つのスポンジの間に挟み、円筒形のプラスチック製の密閉容器に入れた。そして磁気共鳴信号を放たない不活性液体で、その容器を満たした。

その脳は、ヘッドコイルに入れるにはあまりにも小さかった。そうしたのでは、撮像センサーが標本から遠すぎて、十分な信号を拾えないだろう。かといって、ミニチュアのコイルを作る時間や資金はなかった。次善策はフレックスコイルだ。それはMRIスキャナーに標準装備されている。フレックスコイルは、ポリエチレンフォームを本体とするフレックスタイプのコイルで、体のどの部分も包むことができる。通常は、円筒形のコイルではうまく撮影できない部位や届かない部位、例えば肩などの撮影で使われる。

　理想的な方法ではなかったが、脳の入った容器をフレックスコイルで包み、MRIの中央に送った。このMRIの勾配からすると、解像度はおよそ一ミリメートルが限度だろう。この低い解像度が意味するのは、小さな脳の一ボクセルには、大きな脳の一ボクセルよりはるかに多くの構造が含まれるということだ。アライグマの脳の解像度が、その内部構造を見るのに十分なものであることを願った。

　ピーターとわたしは、その脳の構造スキャンにとりかかった。MRIは準備段階のカチッという音やブーンとうなる音をさせた後、潜水しようとする潜水艦のような音とともにスキャンを開始した。標本があまりにも小さかったので、全工程は二分で終わった。

　画像がスクリーン上に現れた。いい感じだ。とてもいい。勾配を限界まで近づけると解像度は〇・三ミリメートルに達し、わたしの予想を上回った。尾状核、脳梁、小脳、海馬、あらゆるものを見ることができた。重要なこととして、灰白質と白質のコントラストがはっきりしていた。これは、一世紀の間ホルマリン漬けになっていても、組織が均一のどろどろ状態になっていないことを意味した。

　一方、DTI撮影は思うように進まなかった。アシカとイルカで使用したパラメータでは、意味不明のノイズから成るぼんやりした画像しか得られなかった。わたしはオックスフォードのMRI物理学者、カーラ・ミラーに相談した。彼女は、保存された脳が磁場に反応する速さを計算し、信号が消える前にそれを捕まえるようスキャン時間を調整すればよいと教えてくれた。

　磁場における物の振舞いを示す二つの数値がある。T1は、磁場に置かれた組織が十分に磁気を帯びるまでにかかる時間だ。T2は、共鳴電波がかかった陽子が同調（核磁気共鳴）から戻るのにかかる時間だ。T1とT2はともに緩和時間と呼ばれ、組織によってその値は異なる。これらの違いによって画像にコントラストが生まれる。三テスラの磁場に置かれた健康な脳のT1は、灰白質で一三〇〇ミリ秒、白質で八三〇ミリ秒だ。T2はもっと短く、およそ八〇ミリ秒だが、これらの数字が意味するのは、健康な脳でさえMRI信号は非常に速く減衰するということだ。一〇年から一五年ホルマリン漬けになっていたイルカの脳では、T1は三五〇ミリ秒に減っていた。アライグマでは、T1は二〇〇ミリ秒にまで落ち、T2にいたっては三〇ミリ秒という短さだった。

緩和時間が短くなったことは、MRI信号がすぐ消えることを意味した。これらのはかない放射物を捕まえるには、もっと速くスキャンする必要がある。しかし、MRIの中では全てがトレードオフで、何かを追求すればほかの何かが犠牲になる。スキャンを速めることは、磁場勾配をきつくすることを意味した。どちらかを選ばなければならない。つまり、スキャンを速くするか、より強力な磁場でスキャンするか、だ。両方を選ぶことはできない。

わたしはMRIコンソールの前で何時間も過ごした。試行錯誤しながらスキャン速度（TR: time of repetition、繰返し時間）を調整し、それからシステムが許容する最大の勾配を見つけ出そうとした。スキャンは時々、勾配過剰の警告を発して処理を中断した。また、スタートしたものの、一時間か二時間スキャンした後に中断することもあった。わたしは苛立った。

一週間苦戦した後に、スキャナーにあまり負担をかけずに脳から信号を取り出すのに最適なポイントを突き止めた。画像にはまだノイズがあったが、スキャンを複数回繰り返せば、その平均をとってノイズの影響を消すことができるだろう。

わたしはランドとランガンにメールを送って、フクロオオカミへの準備が整ったことを知らせた。

フクロオオカミに関する文献は多いが、専門家と見なせる人はわずかだ。古生物学者のアーチャーと、標本データベースのキュレーターであるスレイトホルム。そして三人目はキャメロン・キャンベルで、フクロオオカミに関するあらゆる情報を収めた「フクロオオカミ博物館（Thylacine Museum）」というすばらしいウェブサイトを運営している。(9) その歴史から解剖学的構造、まだ存在するかどうかについての進行中の議論にいたるまで、あらゆる情報をキャンベルのサイトでは見つけることができる。

ストレイホルムとキャンベルのデータベースを見ると、情報の大半は数名の個人から得たもので、その多くがすでに亡くなっていることがわかった。フクロオオカミ研究の真の父はエリック・ギラーで、一九四七年にタスマニアに移住したアイルランドの海洋生物学者だ。ギラーは、フクロオオカミはまだ絶滅していないと考えていた。彼は調査旅行に出かけて、実際にフクロオオカミを知っている猟師の話を聞き、この驚くべき動物の詳細な歴史を明らかにした。彼はフクロオオカミの調査旅行中に脳卒中を起こし、六年後の二〇〇八年に亡くなった。

ギラーは、オーストラリア本土のフクロオオカミが絶滅したのは、人間によって加速されたものの、気候変動によるところが大きいと考えていた。六〇〇〇年前まで本土はより湿潤な気候で、植物がよく成長し、それを食べるワラビーなどの動物が多くいた。フクロオオカミはこれらの草食動物を獲物とし、また森は、狩りをするフクロオオカミに身を隠す場所を提供した。しかし五〇〇〇年前までに、オーストラリア本土ははるかに乾燥した気候になり、現代に近い環境になった。フクロオオカミの生息地は狭まり、まもなく彼らは姿を消した。

タスマニアへの陸橋は最終氷期の終わりに海中に没し、その島の動物は本土から切り離された。本土よりはるか南の南極大陸寄りにあったものの、タスマニアの気候はかなり温暖で、本土より変化に富んでいた。タスマニアの動物の生息地は、熱帯雨林から低木の高地と、その中間のあらゆる範囲に及んだ。フクロオオカミにとっては申し分のない環境だった。

誰もが知る通り、タスマニアのフクロオオカミは、イギリスから移住者がやって来るまで、問題なく暮らしていた。一六四二年にこの島を発見したオランダの探検家アベル・タスマンに因んで名づけられたタスマニアは、南太平洋を旅する者にとって中継地になった。一七七三年のキャプテン・ジェームズ・クックの探検の一環で、イギリス軍艦アドベンチャー号はこの島の南東沿岸の波の静かな湾に停泊し、そこはアドベンチャー湾として知られるようになった。バウンティ号の反乱で知られる艦長ウィリアム・ブライは、一七八九年、バウンティ号でタヒチへ行く途中で立ち寄った。

探検家たちはフクロオオカミを目撃したという記録を残していない。おそらく、目撃できるほど奥地まで入り込まなかったのだろう。それでも、アドベンチャー湾は淡水と動植物が豊かなことで知られるようになった。フクロオオカミが初めて記録されたのは一八〇五年で、その時には「タイガー」と呼ばれた。(10)

初期の移住者は、食料と羊毛を得るためにヒツジを連れてきた。この哀れなヒツジたちがいなかったら、フクロオオカミは生き延びただろう。しかし、ヒツジは島にいる捕食者、つまりイヌ、デビル、フクロオオカミにとって格好の獲物になった。捕食の被害がひどいため、この三種全てに報奨金が賭けられた。フクロオオカミは――移住者はそれをハイエナと呼んでいたが――報奨金が最も多額で、デビルと野生のイヌの二倍だった。さらに悪いことに、報奨金はフクロオオカミを二〇匹殺すごとに増えていった。それは島からフクロオオカミを駆逐する動機として十分だった。[11]

一八〇〇年代の終わり頃、農場主たちは「フクロオオカミがヒツジを殺している」と文句を言った。殺されたヒツジの数は誇張され、また、その虐殺者の大半はおそらく野生のイヌだった。それでも、フクロオオカミが罪を着せられた。フクロオオカミがヒツジを崖から追い落としたというデマまで出回り始めた。

苦難の道へ追いやられた在来動物はフクロオオカミだけではなかった。ほかの捕食者も急速に減少し、特に在来種の「ネコ」がそうだった。フクロオオカミと同じく、実際は有袋類だ（現在ではクオル（フクロネコ）と呼ばれている）。在来種を追い詰めるうえで報奨金は重要な役割を果たしたが、同じく重要だったのは生息環境の喪失である。森林の多くが切り開かれ、ヤギやヒツジの放牧地になった。

一九三〇年代までにフクロオオカミはどんどん稀少になり、自然保護活動家はその絶滅を危惧するようになった。一九三六年にベンジャミンが死んだ時には、もはや手遅れになっていた。保護区を作ってほしいという訴えは無視された。[12]問題は無知と、フクロオオカミは絶滅しないという思い込みだ。タスマニアの原野は依然として広大で、多くの人はフクロオオカミがまだそこにいると思い込んでいた。何より、目撃したという報告が続いていた。

一九三七年、新設されたタスマニア動物保護委員会は、狩猟経験が豊富な警察官、アーサー・フレミング率いる部隊を森林地帯に送り、フクロオオカミを探させた。最初の遠征で、部隊は西部の山岳地帯に向かった。とりわけ起伏の激しい地域だ。フクロオオカミの姿はなかったが、足跡が見つかった。この発見に勇気づけられ、彼は一九三八年により大きなチームを組んで、その地域に向かった。再び足跡が見つかったが、生きている姿は確認できなかった。

フレミングは一九四五年に再挑戦した。六か月間、チームはジェーン川とセント・クレア湖の間を行ったり来たりした。生きたヒツジをおとりにしたり、茂みの中で動物の内臓を引きずったり、あらゆることをしてフクロオオカミをおびき寄せようとした。しかし、ほかの在来種の動物は全て捕まえることができたが、フクロオオカミは見つからなかった。一九四六年四月には、彼らはすっかりあきらめていた。[13]

次の一〇年間、フクロオオカミの痕跡は途絶えた。しかし一九五七年九月になって、ホバートのすぐ北にある町で、数匹のヒツジがばらばらに食いちぎられた状態で発見された。ギラーは数年前からその町に住んでいたが、直ちに動いた。彼の記述によれば、「ヒツジたちは全て、きわめて手際よく喉を食いちぎられて絶命していた。死骸の近くに血はなく、おそらく殺害者がなめ尽くしたのだろう。鼻骨も食べられていたが、羊毛は引きちぎられていなかった[14]」。

ギラーから見て、死骸にイヌに殺された形跡はなかった。特に、脚にかみ跡がないことからそう言えた。さらにギラーは、フクロオオカミのものと思われる足跡を発見した。より広い地域を調べたところ、過去数か月の間に、ほかにも数人の農夫が同じようにヒツジを殺されていた。年老いた猟師はギラーに、これらはフクロオオカミの仕業だと告げた。中には、自分はフクロオオカミがパンを盗むのを見た、と報告した農夫もいた。

ギラーは罠を作ってフクロオオカミが目撃された場所に置いた。しかし、一年たっても何も捕まらなかった。

一九五七年から二〇〇二年に脳卒中を起こすまで、ギラーはフクロオオカミがまだ生きているという証拠を見つけるための調査隊を、十数回、組織した。特にヒツジが殺されていたウールノース地区にしばしば遠征したが、決定的な証拠は出てこなかった。もっと多くの地域をカバーするために、持ち運びがたいへんな大型の仕掛け罠をやめて、脚を捕える簡易な罠を使うようになり、最終的にはカメラを使った。

ギラーは、ベンジャミンは最後のフクロオオカミではないと主張し続けた。しばらく前には確かに数匹、存在していた。しかし、どのくらい前なのかはわからなかった。数十年が過ぎるうちに、探索の技術はどんどん改良されていった。しかし、遠征はより困難になり、成果は少なくなっていった。結局、決定的な証拠は挙がらず、フクロオオカミは永遠に消えた可能性が高いことをギラーは受け入れた。

フクロオオカミの脳は木箱に入って届いた。その木箱は、アライグマの脳が入っていた箱よりもずっと大きく、人間の脳でも十分入りそうだった。スミソニアンのカード目録によると、取り出された時の脳の重さは四三グラムだった。人間の脳はおよそ一三〇〇グラムだ。

ピーターは木箱をじっと見て、わたしも疑問に思っていたことを口にした。「どうしてこんなに大きな箱なのだろう?」

それをはっきりさせる方法はただ一つだ。

わたしたちはドライバーを見つけてきて、蓋を固定している十数個のねじを外した。蓋を開けたが、発泡材しか見えない。奥を手で探ると、密封されたビニール袋が見つかった。その国宝級の包みを引き出す時、わたしの手は震えていた。アライグマの脳と同じように、袋の中の物はガーゼに包まれていた。

わたしたちは厳密な指示に従って、標本が常にホルマリンとエタノール溶液に浸っているようにした。ピーターはタッパーウェアを用意していた。わたしは深く息を吸って、手の震えを抑えながら袋を切り開いた。ホルマリンとアルコールの匂いに気持ちが高ぶる。きわめて注意深くガーゼを開いた。

それは予想より小さかった。そのフクロオオカミは中型犬ほどの大きさで、イヌの脳は大きなレモンくらいの大きさだ。しかし、わたしの手にあるものはクルミくらいの大きさだった。そして、やはりクルミと同じくらい硬い。ホルマリン漬けになった脳でも、通常は弾力があるものだ。しかし、これは違った。

ピーターも同じことを考えていたようだが、ただ「おやおや」と言っただけだった。

「重さを量ってみよう」とわたし。

ピーターは標本をデジタルの量りに載せ、数値を読んだ。「一六グラム」

「元の重さの三分の一だ。どうしてだろう?」とわたし。

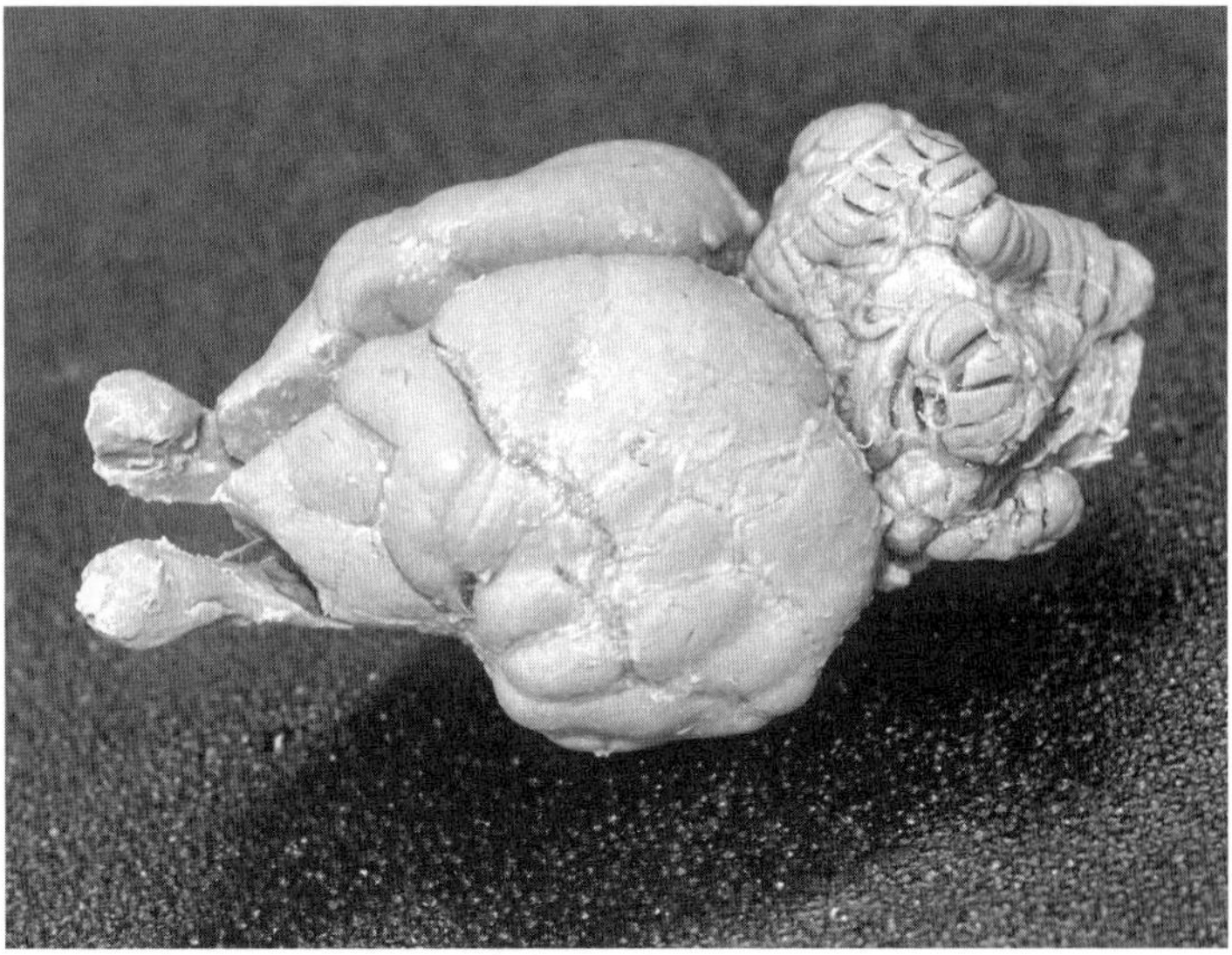

図9.2　フクロオオカミの脳（Smithsonian Institution, specimen USNM 125345. グレゴリー・バーンズ撮影）

「縮んだのでしょう」とピーター。

その通りだ。わたしはすばやく計算した。脳が仮に年一パーセントの割合で縮むとしたら、一一〇年後には元の重さの三三パーセントになる。これは予想外のことだった。それに、この脳が均等に縮んだのか、それとも不均等に縮んでいびつな形になったのかはわからなかった。

この脳は、これまでに見たどんな脳とも違っていた。小脳は、うねがたくさんあって、まるでカリフラワーのようだ。皮質は完全になめらかではなく、折り畳み構造が認められた。これはいい兆候で、フクロオオカミの脳が折り畳みが必要なほど複雑に進化していたことを示している。さらに大きな嗅球があり、一対のアンテナのように突き出ていた。脳の大きさとの比較で言えば、イヌの嗅球より大きかった。嗅球は、脳のほかの部分とは違って見える皮質に付着していた。それは梨状《りじょう》皮質で、嗅覚処理を担う領域だ。

しかし、この脳からフクロオオカミについてほかに何がわかるだろう。大きさが全てではない。脳内のつながりをマッピングし、フクロオオカミの精神生活についていくらかでも解明することをわたしは望んでいた。フクロオオカミは社会性だったのか？　問題解決のための大きな前頭葉を持っていたのだろうか？

DTIスキャンでつながりをマップ化するには、まず、脳の内部配置について詳細な画像を手に入れる必要があった。いつものプロトコルに従って、脳の構造スキャンの準備を整えた。

ピーターは「イヌの脳とはまったく違うようです」と言った。

嗅球は大きく、脳の前方に突き出ていた。視床や奇妙な小脳など、いくつか主要な領域を見分けることができた。しかし、脳梁はなかった。判別できたのは、二つの海馬をつなぐ、つる状の細い繊維だけだ。

わたしはストレイホルムにメールを送った。彼は、脳梁がないのは有袋類の脳の特徴だと教えてくれた。脳梁があるのは胎盤をもつ哺乳類だけだ。有袋類の脳の半球は、脳梁の代わりに、前交連と呼ばれる繊維の束を通して情報伝達を行っている。これらは脳の前方の、わたしのお気に入りの構造、尾状核の下にある。

フクロオオカミの半球同士がどのように情報伝達しているかについては、学問上の複数の疑問があった。イルカの脳で見てきたように、脳の物理的配置は、情報がどう流れるかについてロードマップを提供する。そのロードマップを調べれば、脳の機能が見えてくるだろう。さらに深く切り込んでいくにはDTIデータが必要だ。

わたしたちはアライグマの脳で得たパラメータを用いてDTIスキャンを始めた。しかし、最初のDTI画像はかろうじて見える程度だった。ぼんやりと判別できたが、あまりにもかすかで、役に立つとは思えなかった。T1の減衰のスピードはアライグマよりもさらに速かった。フクロオオカミのT1はわずか一五〇ミリ秒で、健康な脳のおよそ一〇分の一だ。これらのかすかな信号をそれが消える前に捉えるには、勾配を上げて、しかも速くスキャンする必要があった。

一日試行錯誤してようやく、速くスキャンすることと、強力な勾配磁場を供給することの程よい妥協点を見つけることができた。それでも信号は弱いと予想されたので、スキャナーのプログラムを改変して、各画像につき一二回、データを収集するようにした。五二の方向で拡散情報を収集したので、合計で六〇〇枚を超す画像を収集したことになる。稀少な標本を放置することはできず、わたしは終日、赤ん坊を見守るように付き添った。午後九時までに一連の処理は完了した。

続く数か月間、そのスキャンの謎を解こうと苦戦した。これほど古い脳をスキャンした前例はなく、また、DTIデータから結合マップを描こうとしているのも、わたしたちが最初なのは確かだった。フクロオオカミの脳は、わたしがなじみのある脳とはあまりにも違っていた。それが、フクロオオカミだからなのか、それとも有袋類だからなのか、わからなかった。有袋類の脳を知る人の助けが必要だった。

有袋類の脳を研究している人はほとんどいない。シドニーにあるニューサウスウェールズ大学の神経解剖学者ケン・アッシュウェルは例外だ。彼はそのテーマについて信頼のおける教本を編集していた[15]。彼に手紙を書き、プロジェクトへの協力を呼びかけた。

ケンは興味を持った。これまでに彼は、ハリモグラやカモノハシなどの単孔類で、同様のMRIによるアプローチを行っていた。彼はスキャンを調べ、主要な部位、特に視床核を探すことに同意した。世界的権威であるケンにとっても、これは容易な仕事ではなかった。有袋類の脳の解剖学的知識に基づいて、彼は内側膝状体などの位置を推定した。内側膝状体は聴覚情報の終着点で、ピーターとわたしがイルカの脳で指標にしたものだ。

数か月にわたってケンとやりとりした。わたしはフクロオオカミの脳構造の画像を送り、彼は視床核の位置を探し出した。その情報からわたしは、確率的神経線維連絡解析法を用いて、それらがどのように皮質とつながっているかを究明した。進捗《しんちょく》は遅く、断続的にしか作業できなかった。そして新しい結果が出るたびに、基本的な問いかけをしなくてはならなかった。これはフクロオオカミ特有のものか、それとも有袋類全般の脳の特徴なのか、あるいはもっと具体的に、肉食性の有袋類の特徴なのか、と。

フクロオオカミについて調べ始めた時、世界には四つの完全な脳があることをストレイホルムが教えてくれた。ベルリンとオックスフォードのものは損傷がひどいらしく、論外だった。スミソニアンの標本は縮んではいたが、形は良かった。残る一つはオーストラリアにあった。

オーストラリア人はフクロオオカミの資料をよく保存していた。フクロオオカミの毛皮と称するものが時々オークションに出ることがあったが、たいていは偽物だった。ほとんどのフクロオオカミの資料はまだオーストラリアにあり[16]、博物館の標本が国外に出ることはなさそうだった。そういうわけでわたしは、オーストラリアの脳をスキャンすることは考えたこともなかった。

しかし、ケンの考えは違った。彼はシドニーにあるオーストラリア博物館と協力して働いたことがあり、その博物館の哺乳類コレクションの脳をいくつかスキャンしていた。ケンは単孔類に関心を持っていたが、博物館を訪れた時に、フクロオオカミの脳がホルマリンの瓶に浮いているのを見たことがあった。

彼はメールで、「保存状態は良さそうだ」と書いてきた。

アメリカにいるわたしに博物館が脳を送ってくれるはずはないので、こちらがシドニーに行ってスキャンするしかない。幸い、ケンの大学には動物をスキャンするための九・四テスラのＭＲＩがある。アトランタのマシンの三倍の強さだ。より強力な磁場はより強力な信号を意味し、それはより高い解像度をもたらしてくれるだろう。

オーストラリア博物館はケンに脳を貸し出すことを快諾したが、厳しい条件付きだった。理想を言えば、何日か借りたいところだった。不活性液体の容器の中で標本を準備し、スキャナーの設定をいじるのにはいくらか時間がかかる。脳はそれぞれ違っていて、特にこれらの古いものはそうだ。しかし博物館は、一日以上脳を借りたいのであれば、警備員を雇う必要があると言った。そのコストは甚大だった。加えて、一日以上となると脳に保険をかけなければならず、脳の価値が計り知れないため、保険料は安くなかった。『モナ・リザ』に値段をつけるようなものだ。結局わたしたちは、脳を一日だけ借りるという妥協案に同意した。全工程を八時間でやり遂げなければならない。

こうしてわたしはオーストラリアへ行くことになった。そこからタスマニアへは飛行機ですぐだ。

第10章　孤独なトラ

——五キロ南東にある携帯電話基地局が最寄りの位置情報として記録された後、幹線道路を外れ、未舗装の林道へ入った。三〇分ほど人影を見ないまま走ると、二本のタイヤの跡に行き着いた。ただ「No.5」とだけ書かれた標識があり、そこで道は二つに分かれ、一方は森の中へ向かう。わたしは水平に傾いている木々をかわしながら、慎重にレンタカーを走らせ、タイヤの跡を追った。森のあらゆるものから侵入を拒まれているように感じたが、気にせずさらに一キロメートル突き進むと、門にたどり着いた。門は閉ざされていた。

この先は歩くしかない。道はわかりにくく、なかば茂みに覆われている。雑木林の枝に結びつけられた小さなテープだけが、そこが確かに道であることを語っていた。

わたしはハイキングに来たわけではない。デイパックには水のボトルが一本、グラノーラバーが二本、それとフクロオオカミが最後に発見された場所への行き方が書かれた紙が入っていた。この原始時代からある密林に入ってからわずか一〇〇メートルで、ブーツはずぶ濡れになった。三〇年前には、いずれ自分がタスマニアの辺境の小道を一人で歩くことになるとは、想像もしなかった。そして今、この探検がどれほどばかげているかを痛感している。もっとも、ばかげているのは、一人でそれをしていることだけだ。それ以外は完全に理にかなっていた。

ピーターとともにほかの動物を調べていた時、脳構造を解釈するために、それらのニッチや行動を調べた。イルカの脳では、イルカの生理学やその海洋環境についてこれまでに積み上げられてきた知識を用いて、彼らの脳の聴覚経路が、通常の聴力と反響定位の両方をどのように担っているかを理解した。アシカの脳では、フランセス・ガランドのドウモイ酸の研究から、海馬の損傷と脳卒中や記憶障害を結びつけた。

しかしフクロオオカミはすでに絶滅しており、また、それらがまだ生きていた時代に、その行動を研究した人はいなかった。その脳の構造と、フクロオオカミであるのはどんな感じかを解明するには、まず彼らが暮らした環境を理解しなければならない。それも、身をもって経験する必要があった。そういうわけで、わたしは今、タスマニアの密林にいるのだ。

茂みが深い、と警告されてはいたが、実際に行ってみなければ、その意味はわからないだろう。オーストラリア人は「ブッシュ」という言葉でさまざまな自然を表現する。本土では、ブッシュと呼ばれるのは大半が砂漠だ。しかしタスマニア南西部では、わたしがすぐに悟ったように、ブッシュとは熱帯雨林や密林を指す。

林立するパンダニ・ヤシの間を抜けていこうとすると、そのぎざぎざした葉の端が服に引っかかる。まるで森が秘密を暴こうとする侵入者を阻んでいるかのようだ。その葉を押しのけると、前夜の雨水が首を濡らした。道は見えていたが、通る人は限られており、茂みはたちまち地面を取り戻そうとする。

ヤシの木が茂る密林は、やがてボタングラスの原野に変わった。一メートル近いボタングラスの群生が、起伏のある景観を作っていた。パンダニ・ヤシほどには背が高くないものの、ボタングラスも同じくわたしの進路を妨害した。その尖った草は、白亜紀からずっとこのタスマニアの湿った土壌で繁茂してきた。かきわけて進むのもたいへんなうえに、一歩踏み出すたびに足が湿地にずぶずぶと沈む。後になってわかったことだが、ブーツの中にヒルが何匹も入り込んでいた。

ほんの一週間前、わたしはシドニーのニューサウスウェールズ大学で、ケン・アッシュウェルとともに、もう一つのフクロオオカミの脳をスキャンした。

スキャンの当日は、ケンが車でホテルまで迎えに来てくれて、二人で博物館へ向かった。哺乳類部門のキュレーターであるサンディ・イングレビィが外で待っていた。シャンパンの箱を持っている。ケンが「もう祝杯をあげるの？」と冗談を言った。

サンディは笑って、「標本を入れる箱がこれしかなかったのよ」と返した。

MRI室でサンディは、その箱から、脳を収めた容器を慎重に取り出した。強いアルコール臭がする。

「何に浸かっているのですか？」と、わたしは尋ねた。

ケンもサンディも知らなかった。

サンディが「ケン、この先はお願いするわ」と言った。

ケンは手袋をはめて、注意深く脳を容器から持ち上げた。脳を量りに載せる。三〇グラムだった。

「スミソニアンの標本の二倍の重さだね」と、わたしは二人に伝えた。「つまり、それほど縮んでいないということだ。きっと、よりはっきりした信号が得られるでしょう」

脳は決して完璧ではなかった。重さを測った時に、てっぺんが大きくへこんでいることに気づいた。それは問題になる可能性があった。どれほど深刻な問題なのかは、スキャンしてみるまでわからない。また、嗅球は切り落とされてなくなっていた。

そうするうちにも時は刻々と過ぎていった。脳を不活性液体に漬ける余裕はなかったので、ビニール袋に密閉しただけで、スキャナーに載せた。九・四テスラの磁石は、ピーターとわたしたちがアメリカで使っていた三テスラのものよりかなり小さかった。そのような強い磁場は、人間が入れる大きさの磁石では均一に出力するのが難しい。このMRIのトンネルは直径が約三〇センチメートルで、人間用のMRIのトンネルの半分ほどだ。ラットやサルの脳にとっては、それで十分だ。そしてフクロオオカミにとっても。

最初のスキャンは見込みがありそうだった。画像のコントラストがはっきりしていて、灰白質と白質が混ざり合っていなかった。また、より強力な磁場は、より高い解像度でのスキャンを可能にした。わたしたちは解像度を二〇〇ミクロン（五〇分の一ミリメートル）に設定した。この解像度なら、肉眼では見えない細部をはっきり見ることができるだろう。顕微鏡で脳を見るようなものだが、脳をスライスする必要はなく、二次元画像に限定されることもない。スキャンには三時間かかる。拡散画像を得るにはさらに三時間かかるだろう。

脳が磁石の中に無事収まったことにほっとして、サンディは博物館へ戻った。もっともわたしたちは、脳を常に見守っているように、と厳しく命じられた。

フクロオオカミの採餌習慣は、ほぼ知られていない。全ての有袋類と同じく夜行性だったので、その狩りを目撃した人はほとんどいなかった。タスマニアの頂点捕食者として、おそらくワラビーやポッサム、ヤブワラビーなどの小型動物を狩っていたと思われる。しかし、ヒツジを殺したかどうかは、わかっていない。

確かに、フクロオオカミがヒツジを狩る可能性はある。体格はコヨーテと同じくらいで、コヨーテ

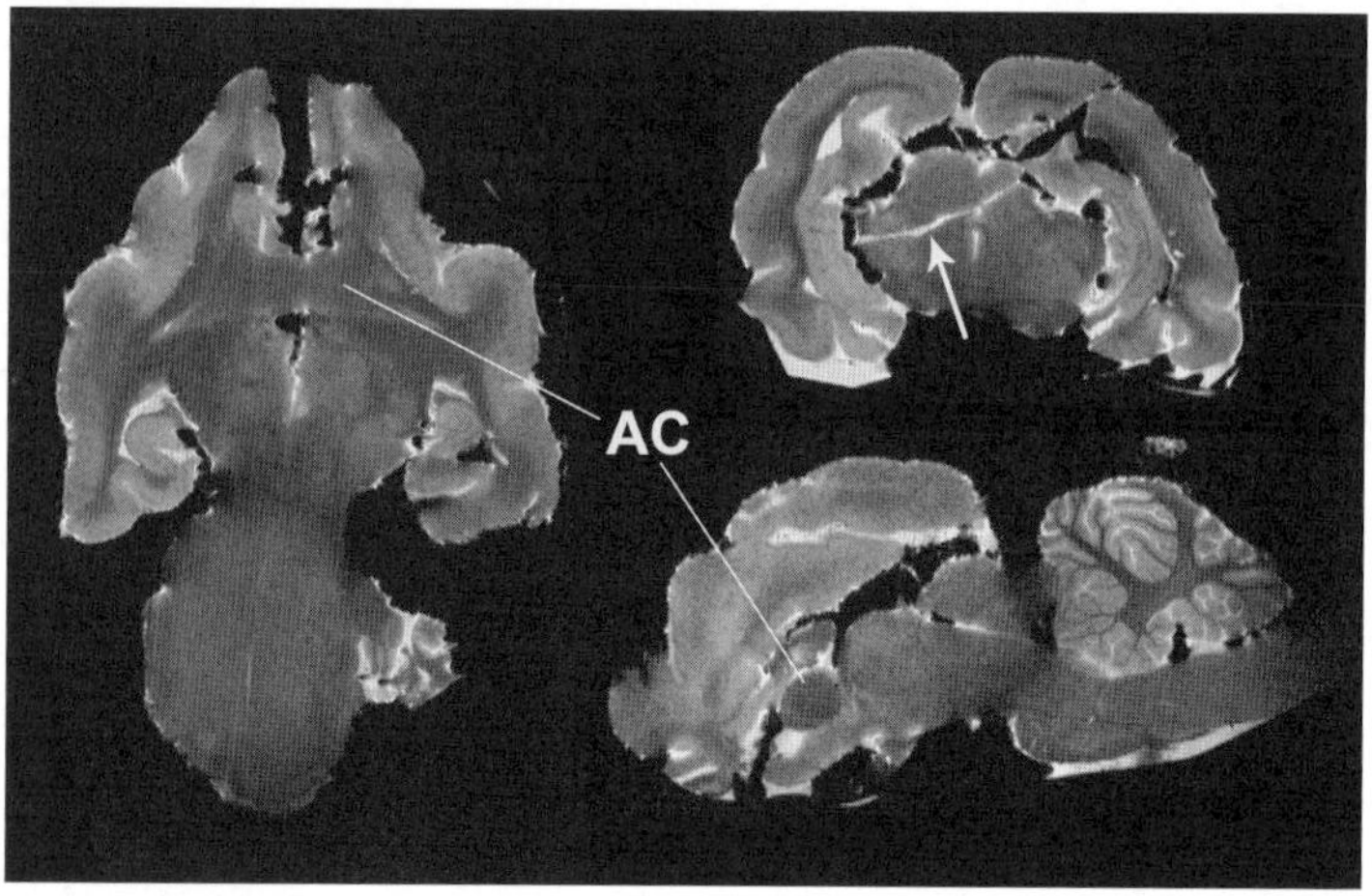

図 10.1　シドニーのフクロオオカミの画像3点。9.4テスラでのスキャンは200ミクロンもの詳細な解像度を可能にしたが、深い溝が脳の一部を切断している（矢印）。前交連（AC）は左右の半球をつなぐ主な繊維の束である。（グレゴリー・バーンズ撮影）

は牧羊業者の間では嫌われ者だ。二〇一四年、アメリカではヒツジと子ヒツジ合わせて六万一七一二頭が肉食獣の餌食になり、その五四パーセントはコヨーテによるものだった[1]。しかし、フクロオオカミの脚の構造はコヨーテとは異なるので、狩猟戦略も違っていたはずだ。フクロオオカミの肘関節の分析から、その体が獲物を追うようにはできていなかったことがわかっている[2]。彼らは速く走ることができなかった。その代わり、獲物を待ち伏せするよう進化した。

　歯の比較からも同様の結論が導かれた[3]。歯、特に犬歯の形から、ある肉食動物がどのように獲物を殺したかが推測できる。イヌの犬歯は断面が平たい。そのような歯は、切り裂いたり深く切ったりするのに適している。一方、ネコ科の犬歯は断面が丸く、穴を開けたりかみつぶしたりして殺すのに適している。フクロオオカミの犬歯は断面が卵型で、ネコとイヌの中間だが、キツネやハイエナの犬歯に似ている。

旧来の知識と現代の復元が一致する点は、フクロオオカミは速く走れなかった、ということだ。初期の移住者や先住民族はフクロオオカミをうすのろと見なしていた。これはヒツジ殺しの評判とは矛盾するようだ。だがもちろん、動きが緩慢だからといって、愚かだということにはならない。わたしはフクロオオカミの脳がこの論争を解決する手がかりをもたらすことを期待した。

わたしたちの忍耐は少なくとも、フクロオオカミの脳構造の美しい画像によって報われた。シドニーの標本はスミソニアンのものより状態が良く、また九・四テスラでスキャンを行ったため、解像度は驚くべきものだった。スミソニアンの標本では見えなかった白質路を確認することができた。しかし、スキャナーに標本を置いた時にわたしが気づいた溝は、予想していたよりはるかに深かった。その原因となったナイフがどのようなものであれ、それは右の皮質から左の視床までを斜めに切断しており、白質路の追跡を困難にした。なぜなら、どちらの半球も傷ついていたからだ。

存在が知られるフクロオオカミの四つの脳のうちの二つからデータを得たことで、画像を解釈するうえで、一つの標本だけを扱っていた時より、はるかに有利になった。脳が二つあれば、どちらかの損傷によるギャップを埋めて、両者に共通する特徴を判別できる。しかし、脳内の経路を理解するには、比較するものが必要だ。可能なら、ほかの肉食有袋類が望ましい。実のところ、わたしはこの流れを予想して、オーストラリアへ来る前からすでにその準備を始めていた。

肉食の有袋類は多くなく、そのほとんどがフクロネコ目（*Dasyuromorphia*）に分類される。その学名は「ふさふさした尾」という意味だ。フクロネコ目には、フクロオオカミ、クオル（フクロネコ）、スミントプシス、ナンバット（フクロアリクイ）、タスマニアデビルが含まれる。ミトコンドリアDNAから再構築した系統樹によると、ナンバットはフクロオオカミに最も近い現生の親類である(4)。しかしナンバットは小型の食虫動物で、生態学的ニッチはフクロオオカミとはかなり異なるので、脳も異なっている可能性が高い。スミントプシスも食虫動物で、大きさはマウスほどだ。クオルはトカゲ、トリ、そのほかの小型哺乳類を食べるので生態的により近いが、最大の種（タイガークオル）の成体でも三キログラムほどにしかならない。以上を全て除外すると、残るのはタスマニアデビルだけだ。

デビルの評判はあまり芳しくない。主に腐肉を食べるので、多くの人からハゲタカ並みに嫌われている。体重比で言えば、世界中のどの陸生哺乳類よりかむ力が強く、骨まで全てたいらげる。遠くまで届く鋭い声で鳴き、それは一晩中聞こえる。単独で暮らすのを好み、ほかの個体と出会うと闘うことも多い。この喧嘩っぱやさも、人気がない理由の一つだ。おまけに喧嘩のせいで、絶滅の危機に瀕している。

一九九〇年代末から現在までに、顔にできる腫瘍が原因で、記録的な数のデビルが死んだ。この腫瘍は成長し、やがてデビルは食べられなくなって餓死する。この病気はデビル顔面腫瘍性疾患（DFTD）と呼ばれ、デビル同士の喧嘩を通して広がる。DFTDは、種全体を脅かしていることのほかに、珍しい伝染性のがんであることから、大きな関心事となっている。パピローマウイルスが発生させる子宮頸がんとは違って、ＤＦＴＤはウイルスが原因ではない。そうではなく、がん細胞が直接に伝染するらしく、具体的には、ニューロンの軸索を取り巻く細胞の一種であるシュワン細胞に由来するがん細胞が伝染する。(5) ＤＦＴＤは直接伝染することが知られるわずか四つのがんのうちの一つである。ほかの伝染性がんの宿主《しゅくしゅ》になるのはイヌ、二枚貝、ゴールデンハムスターだ。イヌの場合、そのがんは交尾によって伝染し、可移植性性器腫瘍（ＣＴＶＴ）と呼ばれるが、デビルのがんのように致命的ではない。(6)

二〇〇八年までに状況はきわめて悪化し、多くの自然保護活動家がタスマニアデビルはまもなく絶滅すると考えたほどだった。タスマニアのいくつかの地域では野生の個体数が九〇パーセントも減少した。状況の深刻さから、その年、国際自然保護連合（ＩＵＣＮ）はデビルを絶滅危惧種に指定した。(7)

科学者、自然保護活動家、政府官僚から成るコンソーシアムは、このシンボル的な動物を救うために必要な資源を投じることに同意した。シドニーの動物園を運営するタロンガ自然保護協会は、タスマニア第一次産業・公園・水・環境省、および野生生物保全繁殖専門家グループ（ＩＵＣＮの一部）と連携し、デビルの個体数を安全なレベルに戻すための計画を立てた。複雑なロジスティクスに基づく壮大な計画だ。捕獲した状態で繁殖させて数を増やし、野生群が消えたら、それらを放すのである。これまでいくつかの動物で同様の計画が導入されてきた。代表的なのはカリフォルニアコンドルとノースカロライナ州のアメリカアカオオカミで、ある程度、成功を収めている。(8)

野生のデビルが絶滅したとして、再びその数を増やすために捕獲し繁殖させておくべき個体数は五〇〇だと研究グループは見積もった。それらのデビルはオーストラリア全土の動物園や野生動物公園で飼育された。また、タスマニアのいくつかの場所では、広い囲いの中でデビルを放し飼いにした。デビルに自然のままの行動を維持させるのが目的だったので、そこでは意図的な管理はほとんど行わなかった。

シドニー大学の遺伝学者で保全生態学者のキャロライン・ホッグは、この飼育プログラムの大半を管理した。わたしはピーターとともにスミソニアンのフクロオオカミをスキャンした後、キャロラインに手紙を書いて、比較のためにタスマニアデビルの脳を入手できるだろうか、と尋ねた(9)。

これは慎重に扱うべき問題だった。デビルは絶滅危惧種であり、その保護には多分に国家の威信がかかっている。フクロオオカミが消えてから、デビルはタスマニアの新しいシンボルになっていた。オーストラリア当局はデビルの資料をわたしに渡すことを渋っているように感じられた。しかしキャロラインは、デビルの脳をマッピングすることには価値があると考え、煩雑な手続きを省略して、最近安楽死させたデビルの脳を見つけてくれた。もっとも、その脳をわたしたちが得るために必要な許可の数は、気が遠くなるほど多かった。また、動物の輸出入を監督する合衆国魚類野生生物局は、デビルの脳をアメリカに持ち込んだ例を知らなかった。それを無傷のまま確実に入手する唯一の方法は、ロサンゼルス国際空港で仲介者にその荷物を受け取らせ、税関を通過し、アトランタ行きの国内便に載せてもらうことだった。

デビルの脳は二〇一五年一〇月にわたしたちのもとに届いた。ただちにスキャンの準備にとりかかった。フクロオオカミやイルカの脳と違って、デビルの脳は比較的新鮮だった。小さかったが、良好な信号を容易に得ることができた。構造の画像は見事だった。拡散画像も同じくらい良かった。フクロオオカミと同じくデビルには脳梁がなかった。しかし、前交連は半球同士をつなぐ分厚い繊維の帯のように見えた。このデビルの脳は、フクロオオカミのデータの解釈を大いに助けてくれるだろう、とわたしは期待した。

両者はともに肉食有袋類だが、フクロオオカミとデビルの食べ方は異なった。生態学者によれば、その違いは両者の脳に現れるはずだった。採餌《さいじ》の戦略が複雑な動物は、それが単純な動物より大きい脳を必要とする、という説がある。確かに、これはフクロオオカミには当てはまった。少なくとも先住民が証言したように、ヒツジ殺しの犯人がフクロオオカミだったのであれば。

しかし、どこを調べればよいのだろう？　脳に「狩り」の領域はない。その代わり、知的な洗練の度合いを示す指標として、「前頭」――運動野より前の部分――が脳に占める割合を調べることはできそうだ。もし有袋類の脳と有胎盤類の脳が同じような作りだとすれば、有袋類の前頭は、計画の策定、衝動の抑制（わたしたちがイヌで調べた能力）、社会的処理に関わっているはずだ。

有胎盤類の脳については、有袋類の脳よりもはるかに多くのことがわかっている。両者の相違には驚かされる。なぜなら、有袋類、特にオーストラリアの有袋類の脳は、一億五〇〇〇万年前の最初期のクラウン哺乳類の脳に似ていると考えられていたからだ。有袋類の脳は、哺乳類の脳がどのように進化したかを知る窓を開いてくれるだろう。

まず、最も基本的なレベルで、感覚情報と運動情報がどのように処理されるかを知っておいたほうがよいだろう。有胎盤類の脳はモジュラー構造になっており、複数の身体地図《ボディマップ》が存在し、脳溝が主な感覚野と運動野を分けている。一方、有袋類は進化の歴史上、有胎盤類より古いので、その脳はもっと単純だと予想される。有袋類の脳に関する最初期の研究は、運動情報の領域と感覚情報の領域が分かれていないことを示唆していた。[10] しかし最近の研究では、より微妙な全体像が明らかにされた。カリフォルニア大学デービス校の神経科学者リア・クルービッツァーは、キタオポッサムやアカカンガルーなどのような「原始的」な有袋類は運動野と感覚野が重なり合っているが、ウォンバット、ヤブワラビー、デビルなどの「進歩的」な有袋類ではそれらが分かれている、と示唆している。

もちろん、「原始的」と「進歩的」の定義は難しい。それよりも動物の社会性と採餌習慣に着目したほうがよい。一般に採集戦略が柔軟であればあるほど、脳は複雑になるはずだ。

スミソニアン、オーストラリア博物館、デビル救済プロジェクトから、わたしたちは四つの標本のデータ、つまり二匹のフクロオオカミと二匹のデビルのデータを得た。最近安楽死させられたデビルの脳だけが状態が良かった。ほかのものは全て、前世紀を経過したことによる劣化や外傷があった。わたしたちの挑戦はまさに、異なる種の断片《ピース》からの法医学的復元だった。しかし、それぞれの種からどうにか二匹の脳を入手していたことがずいぶんと役に立ち、最終的に、二つの種に共通する特徴と異なる特徴を見極めることができた。

ケンは視床と皮質とのつながりに注目しようとした。視床には数十の異なる神経クラスター(「核」と呼ばれる)があるが、MRI画像で認識できたのは最も大きいものだけだった。彼はその場所を推定したが、それらはより大きな構造に埋もれていたので、白質路の追跡には不確実性が伴い、特に視床に入る部分はよくわからなかった。

よりはっきりしたことを知るために、わたしは大脳基底核に注目した。大脳基底核については多くのことがわかっている。実際のところ、ドッグ・プロジェクトでも、その中の尾状核について調べた。大脳基底核は大きく、見分けやすかったので、未知の有袋類の脳でも、その一部を追跡するのは簡単だった。これは重要なことだった。異なる種の脳の違いは主にサイズと皮質の配置にあり、大脳基底核や視床のような皮質下の構造はそれほど変わらないらしい。

わたしたちは、それらの構造が皮質とどのようにつながっているかを調べることにした。そうすれば、デビルとフクロオオカミの両方の脳について詳しいマップをつくり出すことができるだろう。大脳基底核に注目することの長所は、少なくとも有胎盤類では、その一部が運動機能と結びついており、ほかの部分が感覚や認知と結びついていることがわかっていることだ。イヌや人間などの有胎盤類では、大脳基底核の前方が、計画策定や衝動の抑制といった認知機能を担う前頭皮質の部分とつながっている。そして大脳基底核の後方（尾状核尾）は、感覚入力処理を行う皮質の一部と接触している。尾状核から横に移動すると、被殻と呼ばれる大脳基底核の別の部分があり、それは運動系とつながっている。

視床に関してケンは、わたしたちがイルカの脳で行ったように、視覚情報と聴覚情報の伝達に関わる核の位置を特定した。また、触覚入力と運動出力に関わる核の位置も探し出した。皮質への全ての経路を再現し、それらを大脳基底核と統合すると、首尾一貫した画像が浮かび上がってきた。

デビルとフクロオオカミの脳の全体的な配置は似ているようだった。皮質の最後部は感覚が優勢で、これは視覚野と聴覚野に相当した。前方に移動すると、運動機能を支える皮質の大きな塊があった。

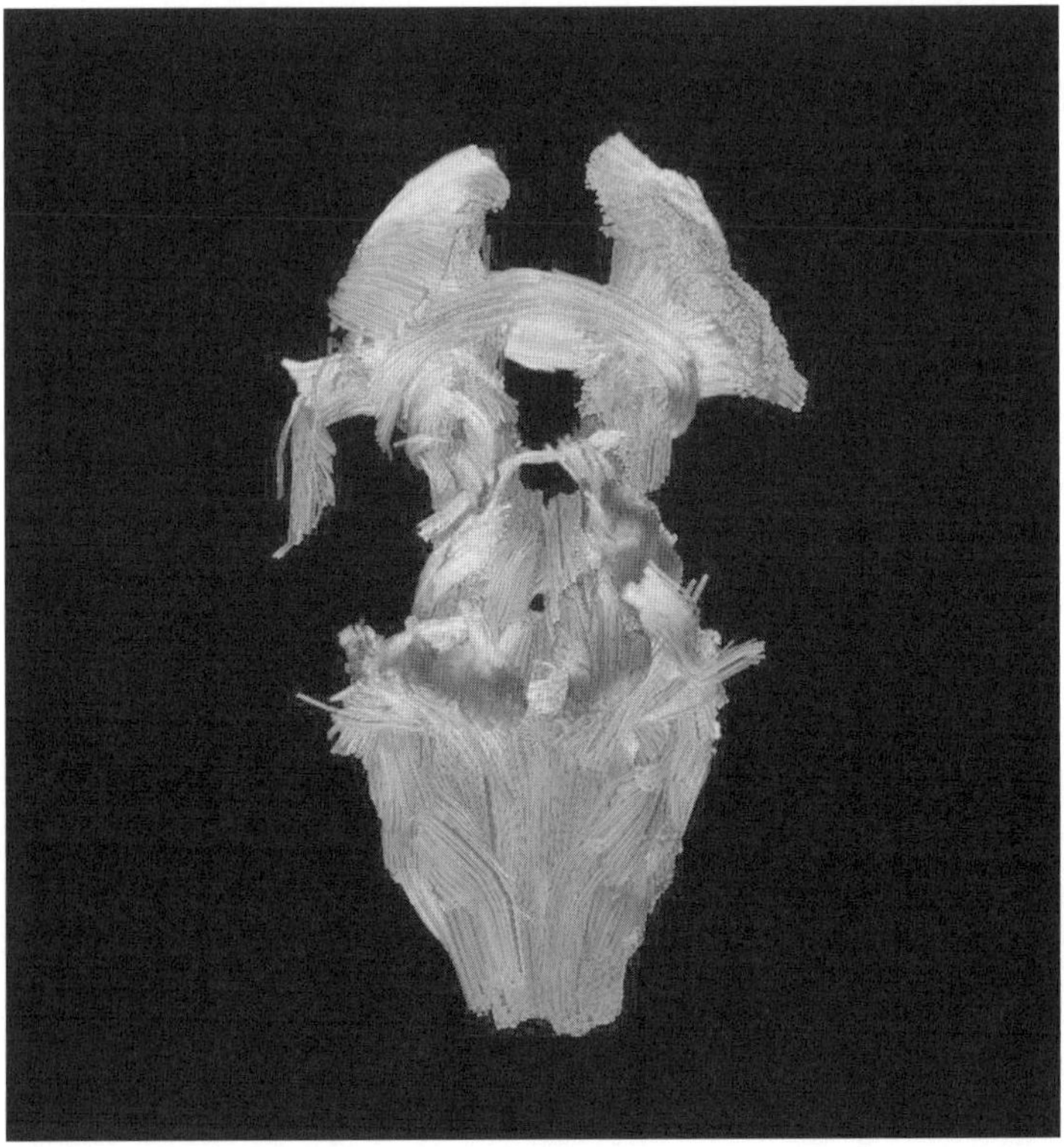

図 10.2　タスマニアデビルの脳の繊維の視覚化。縦に皮質繊維の束が見える。（グレゴリー・バーンズ撮影）

感覚領域の前方に運動領域があるという この配置は、哺乳類の脳に共通するらしく、ラット、イヌ、人間の脳にも見られる。そして運動領域の前方には認知領域らしきものがあり、さらに最前部にはおそらく感情や動機に関わると思われる領域があった⑪。

しかしフクロオオカミの運動野は、前方のほうが比較的「中身が多い」ように見えた。それはまさに、わたしが探していた堅牢《けんろう》な証拠だった。あらゆる哺乳類に見られる特徴として、より複雑な環境に生きる種ほど前頭前皮質が大きい。この傾向は特に捕食動物に見られ、複雑な社会を持つ種ではいっそう顕著である。ピーターとわたしが研究したアシカの脳は、ゼニガタアザラシの脳よりも前頭前皮質が大きかった。どちらも魚を食べるが、アシカのほうがより複雑な採餌戦略をとり、より深く潜り、より遠くまで遠征する。

フクロオオカミの前頭前皮質が大きいことから、その精神生活は、最も近い現生の種であるタスマニアデビルより複雑だったと、わたしたちは結論づけた。では、フクロオオカミの前頭前皮質は、感情を持つほど大きかったのだろうか？　自己認識のために必要とされる脳の大きさがわかっていないことを思うと、それは難しい問題だ。しかし、前頭皮質の大きさとほかの領域とのつながり具合から、フクロオオカミが知性と感情を備えていたことをわたしは確信した。

有袋類は、得てしかるべき名声を得ていない。彼らは有胎盤類より進化上「古い」と考えられているため、しばしば進化のレベルが低く、知性も低いと見なされがちだ。しかし、それはとんでもない誤解だ。有袋類は、人間を含むあらゆる哺乳類と同じくらい長い進化の歴史を持ち、ごく最近までオーストラリア大陸を支配していた。その種は現在見られるよりはるかに多様で、かつては巨大な有袋類もいた。ディプロトドンはカバくらいの大きさのウォンバットで、四万年前まで生息していた。現在のウォンバットやコアラと同じく草食性だった。一方、肉食の有袋類の王は「有袋ライオン」のティラコレオ（学名 *Thylacoleo carnifex*）で、言うなれば重量級のフクロオオカミだ。現代のライオンやトラとほぼ同じサイズのティラコレオは、狩りがしやすいように進化した。大きな犬歯のあるがっしりとした顎は、ひとかみで獲物を仕留めただろう。ティラコレオは、これまで存在した哺乳類の中で体重比のかむ力が最大だったと推測される。(12)

およそ一億二〇〇〇万年前まで、タスマニアはオーストラリアと陸続きだった。最終氷期の終わりに氷河が後退すると、海水面は上昇し、タスマニアは島になった。そこを住みかにしていた植物、動物、人間は取り残され、孤立した環境で共存していくことになった。およそ四〇〇〇年前までにオーストラリアのフクロオオカミは絶滅していたが、それはおそらく気候変動と、先住民（アボリジナル）と彼らが連れてきたイヌとの競争の結果だったのだろう。結果として、フクロオオカミはタスマニアに数千頭を残すだけとなった。

タスマニアにイギリス人がやってきた時、その島には一〇〇〇人ほどの先住民が暮らしていた。イギリス人はフクロオオカミに宣戦布告し、先住民に対しても同様だった。フクロオオカミは反旗を翻《ひるがえ》すことができなかったが、先住民はそうした。一八二〇年代半ばに始まったブラック・ウォーは、オーストラリアの外ではほとんど知られていない。(13)その戦いの結果、先住民は全滅した。同じ入植者がフクロオオカミも絶滅に追いやったため、ブラック・ウォーにいたるまでの経緯はフクロオオカミの絶滅と関係がある。

入植者の大多数はタスマニアに住みたいと思ってさえいなかった。当初彼らは先住民にあまり関心がなかったが、女性の入植者が少なかったせいで、アボリジナルの少女や女性に対する誘拐やレイプが絶えなかった。(14)このような入植者の態度は、過酷な開拓地で生き延びようとする気持ちと、イギリス人に浸透していた「自分たちがここにいるのは天与の権利だ」という思い込みを反映していた。

もしレイプがそれほど頻発していなければ、平和的共存は可能だったかもしれない。当然ながらアボリジナルは反撃に出た。入植者の数が増えていることに彼らが気づいた時には、すでに戦争は避けられなくなっていた。

最初、多くの入植者、特に主要な港があるホバートにいた人々は、平和的共存か、先住民のほかの島への移住、という人道的解決を求めた。しかし、開拓の最前線にいる人々の考えは違った。一八二八年五月、イギリスの新聞『コロニアル・アドボケート』は「アボリジナル撲滅の手を緩めるのは愚行の極みだ」と論じた。[15] 一八三〇年頃になると、先住民を捉えようとする集団が辺境の地を荒らした。これらの集団のいくつかは軍隊や地元の警察だったが、減刑を約束されて先住民を狩る流刑囚もいた。

タスマニア大学の歴史家ニコラス・クレメンツは、先住民に対する態度の変化を鋭く見極め、こう記している。「先住民への無関心は、最初の戦争の頃には不信に変わり、その後、憎しみや恐怖になった」[16]

アボリジナルは反撃した。入植者と違ってライフルを持たない彼らは、特に二つの戦術を用いた。放火と家畜の殺害である。[17] 重要なこととして、アボリジナルは決してそれらの家畜の死骸を盗まなかった。入植者のウマは大切に見張られていたので、アボリジナルはヒツジやヤギを攻撃した。ブラック・ウォーの間に数千頭が殺された。[18]

この先の物語は、フクロオオカミの運命と大いに関係がある。

フクロオオカミによるヒツジ殺しが最初に報告されたのは一八二四年で、アボリジナルとの戦闘が激化している頃だった。注目すべきことに、フクロオオカミはヒツジを殺してその血を飲んだが死骸は残した、と報告された。血液には頂点捕食者が求める栄養的価値はほとんどないことや、主な捕食者は獲物を残してほかの動物に食べさせたりしないことは、無視された。ヒツジを殺したのはフクロオオカミだということが常識として世間に浸透した。

ヴァン・ディーメンズ・ランド会社は、島の北西部全体を含む広大な土地を所有しており、これらの家畜の死によって莫大な被害をこうむった。犯人がフクロオオカミ、アボリジナル、野犬のいずれであれ、ヒツジが次々に殺されていくのを受けて、同社は一八三〇年に報奨制度を導入した。フクロオオカミのオス一頭につき五シリング、メスには七シリングが支払われたが[19]、それはロンドンのソーホー地区で一週間、一人部屋を借りられるほどの金額だった[20]。タスマニアでは、さらにその価値は高かっただろう。一方、デビルとイヌにかけられた報奨金はフクロオオカミの半額だった。

フクロオオカミ研究の祖、エリック・ギラーは、フクロオオカミについて誰よりもよく知っていたが、ヒツジ殺しのうちのどれだけが実際にフクロオオカミによるのかを確認できなかった。彼が在職中にインタビューした未開地の住民のうち数名は、フクロオオカミが一晩のうちに数頭のヒツジを殺すところを見たと証言した。しかし、ほかの住民は、ほとんどのフクロオオカミはヒツジには関心がなく、ヒツジを騒がすことなく群れの中を通り過ぎていったと言った。報奨金を出すようになった頃でさえ、ヴァン・ディーメンズ・ランド会社で働く人々は、ヒツジの死の大半は野犬のしわざだと知っていた。狩りのスタイルが、コヨーテなどイヌ科の動物のものと一致していたからだ。それでも、その死はフクロオオカミのせいにされ続けた。

クレメンツもイヌのしわざという見方を支持し、イギリス人が持ち込んだイヌが主犯だと考えている。彼は、アボリジナルに飼われて狩りに適応したイヌがいたことを指摘した。eメールに彼はこう書いている。「戦争の間、アボリジナルにとって、焚き火をすることは危険だった。入植者は主に火をたよりにアボリジナルを見つけて殺していたからだ。だから彼らは暖をとるためにイヌを抱いて寝た」(21)。イヌは部族の狩りに同行し、多くのヒツジを殺したと考えられている。

一八三二年までに、少なくともタスマニア東部ではブラック・ウォーは終結した。生き残ったアボリジナルは降伏し、フリンダース島に移住したが、その数は一〇〇人に満たなかった。しかし、タスマニアの北西部では一八四二年まで戦闘が続いた。ホバート周辺の戦いと違って、北西部でアボリジナルと戦っていたのは農民とヒツジ飼いだった。しかし原因は同じで、入植者の男性がアボリジナルの女性を誘拐したので、アボリジナルが報復したのだ。

フクロオオカミがヒツジの群れを崖から追い落とした、という噂がこの時期に出回り始めたのは偶然ではない。タスマニア人から見ても、北西部は僻地だった。最果ての地は今もグリム岬［訳注：「恐ろしい岬」という意味］と呼ばれている。入植者のヒツジ飼いとヴァン・ディーメンズ・ランド会社の代表は、法に縛られることなく、利益を第一として動いた。アボリジナルとフクロオオカミがヒツジを殺したという見方が最終的にアボリジナルとフクロオオカミに破滅をもたらしたことは、容易に理解できる。

タスマニアの入植者の歴史とアボリジナルとフクロオオカミの運命を一つにまとめることで、状況がよく見えてきた。しかしフクロオオカミの行動については、多くの人が考えていたようなヒツジ殺しではなかったという以外、わからなかった。そして、実際にフクロオオカミを見たことがある人は、もう誰も生きていない。いや、一人だけ残っていた。最後のフクロオオカミのハンターで、今もその生存を信じているコル・ベイリーだ。

コルは、「一九九五年にタスマニア南西部の僻地を流れるスネーク・リバー沿いのウェルド・バレーでフクロオオカミと遭遇した」という記事を書いたことで知られる。(22) 二〇一六年でさえ、そこはタスマニアで最も到達しがたい地域だった。もしフクロオオカミが生き残っているとすれば、おそらくこの地域だろう。そこはまだ人間がほとんど手をつけていない未開の地だった。

わたしは、ホバートから車で一時間ほどの郊外にあるコルの自宅で彼に会った。

コルと妻のレクサは、以前は南西部の原野に近い場所で暮らしていたが、それはフクロオオカミを見つけたいというコルの情熱ゆえだった。しかし七〇代になった今、夫妻は便利さを求めて、町の小さな家に住むようになった。コルは居間をオフィスに改装していた。そこにはフクロオオカミの思い出の品が溢れていた。

彼は数え切れないほどあるノートのうちの一つを開き、足の写真を見せてくれた。「これはフクロオオカミの足だ。この写真は一九九〇年にそれを仕留めた男の家で撮ったものだ」

どう考えればよいのか、わからなかった。それはイヌの足のように見えた。しかし、イヌ科と肉食有袋類の足がどう違うのか、知らなかった。

わたしが疑っているのがわかったらしく、コルはステファン・スレイトホルムが撮影した同様の足の写真を引っ張り出した。それはオックスフォード大学の博物館の標本の足だった。

「ほら、同じだろう」とコルは言った。

「このフクロオオカミはどこで殺されたのですか?」

「アダムズフィールドの近くだ」

一九世紀末から二〇世紀初頭まで、アダムズフィールドは鉱業の町だった。そこに集まった坑夫たちは、ゴールドよりはるかに稀少で価値のあるオスミリジウム——オスミウムとイリジウムの天然合金——を探した。しかし第二次世界大戦後、アダムズフィールドは打ち捨てられ、密林が長い年月をかけて一帯を覆った。

アダムズフィールドは、一九三三年にエリアス・チャーチルがベンジャミンを捕えた場所でもある。

「タスマニアタイガーの国を見たいなら、アダムズフィールドへ行くといい」とコルは言った。

それを知りたくて、わたしはここへやってきたのだ。フクロオオカミを見つけられるとは思っていなかったが、彼らが生きていた場所を見たかった。彼らの生息地と、その脳が特定のニッチに応じてどう進化したかを理解するには、思考の基準が必要だった。

「どう思う」とコルが尋ねた。

「何についてですか」とわたしは尋ねた。

「フクロオオカミはまだそこにいるだろうか」

「わかりません。見込みは薄いでしょうね」と、わたしは言った。

コルは肩をすくめた。彼にとっては、疑り深い科学者から何度となく聞かされた台詞だ。

わたしは言った。「技術は進歩しているのだから、もしいるのなら、誰かがカメラでその姿を捕えていそうなものですが」

「フクロオオカミは恥ずかしがり屋だからね」とコルは答えた。「嗅覚は驚くほど優れているし、人間の匂いがするものには近寄らないだろう」

それでもわたしには、フクロオオカミが生きているとは思えなかった。コルの家へ向かって車を走らせている時、たくさんのワラビーが路上で跳ねているのを見た。フクロオオカミの獲物はいくらでもいる。それでも目撃されないのは、いないからだ。少なくともこの一帯にはいないのだろう。

「もし、まだ生きているという証拠を見つけたら、あなたはどうしたでしょう」と、わたしは尋ねた。

「ああ、いいことを聞いてくれたね。自分の手元に置いておいただろう。そして絶滅種のクローンを作ろうとしているマイク・アーチャーに、毛を少々送ったかもしれない」

コルの考えはいたって普通だ。この国のこの地域の人々は、政府を信用しておらず、当局は何事も台無しにする、と考えている。

わたしは少なくとも、アダムズフィールドに行かなければならないということを学んだ。しかし、そこへ行くには、また別の問題があった。自然のままのその地域へ行く道路はなく、コルも行き方を教えることはできなかった。わたしは翌日、マウント・フィールド国立公園で出会った森林保護官にそれを尋ねてみた。何となく、この人なら知っていそうな気がしたからだ。

マウント・フィールドは、世界遺産であるタスマニア原生地域への入口だ。タスマニア原生地域は地球に残る最後のすばらしい自然の一つで、アフリカのセレンゲティやカリフォルニアのレッドウッド国立公園と並び称せられる。この地域の動植物は非常に珍しく、保護する価値がある。フクロオオカミの熱烈なファンたちは、もしフクロオオカミが生き残っているのなら、この地域にいるはずだと考えている。

わたしはビジターセンターで、たくましい体つきの女性の森林保護官に声をかけた。

「ところで、チャーチル小屋へはどう行けばいいのでしょう？」

森林保護官は別に驚いた様子はなく、ただ、わたしの様子をざっと見た。そして、そこまで行けるほど元気そうだと見てとると、地図をプリントアウトしてくれた。(23)

彼女は言った。「二か月前にそこへ行ったわ。道に目印になるテープをいくつか貼ってきたけれど、まだ残っているかどうかわからないわね」

わたしは地図の礼を言って、日誌にサインした。

もう一人の森林保護官が口を挟んだ。「あなたが行方不明だと誰かが知らせてこない限り、こちらがその日誌をチェックすることはありませんよ」

「でも、ぼくは一人で来たから、行方不明になっても誰にもわかりませんよ」

「どこへ行くつもりなのか、連絡しておける人はいますか？」

「今あなたに言ってるじゃないですか」

二人は少し困ったようだったが、わたしが戻った時に一声かけるということで、納得してくれた。夕方までに戻ってこなければ、彼らは探してくれるだろう。

林道から謎めいた道路「No. 5」までの行き方は、森林保護官が教えてくれた通りだった。道の状態から見て、最近そこを歩いたのは彼女が最後のようだ。昨晩雨が降ったので、一歩踏み出すごとに足がずぶずぶと泥の中に沈む。密生した木々の枝が服にひっかかる。もしこのあたりにフクロオオカミがいたら、道のすぐ脇からわたしを見ていただろうが、こちらはそれに気づかなかったはずだ。

群生したボタングラスが腰まで届く。フクロオオカミの縞模様は、そのトゲのある葉とまっすぐな影にすっかり溶け込むだろう。フクロオオカミが狩りをするさまが想像できる。軟らかい地面はどんな足音も消すので、フクロオオカミは低木の中を静かに移動していくだろう。その大きな嗅球で獲物の臭いをかぎとりながら、慎重に進んでいく。茂みでは、目で獲物の姿を捉えるのは難しいからだ。フクロオオカミは獲物の風下に潜み、獲物が近づいた時に跳びかかる。

懸命にチャーチル小屋へ向かうわたしには、フクロオオカミであるのはどんな感じかが、たやすく想像できた。

わたしは孤独を感じた。

フクロオオカミの前頭前皮質は十分大きかったので、複雑な認知プロセスをこなせただろうし、おそらく自己認識も可能だっただろう。しかし、フクロオオカミが単独行動をしていたからといって、孤独だったとは限らない。ベンジャミンのようなオスは孤独から脱したいとは思っていなかっただろうし、メスは子と精神的な絆を結んだはずだが、それは短い間だけだった。子どもは自力で暮らせるようになると、巣を出て独り立ちした。その後、親子が出会ったとしても、互いを認識できたかどうかはわからない。

イルカ、アシカ、イヌといった、わたしたちが研究してきたほかの肉食動物に比べると、フクロオオカミは愛想がない。社会性が育つ方向に進化しなかったので、良いペットにはならなかっただろう。

そのストイックな気質から、彼らは動きが遅く愚鈍だと評された。実際、フクロオオカミは非社交的で内気だ。しかし、愚かではない。愚かな肉食動物などいないのだ。わたしたちが研究してきた全ての捕食者と同じように、フクロオオカミは獲物を出し抜くことのできる脳と心を持っていた。

やがて道は小川に行き着いた。最近の雨で水かさが増し、流れが速い。対岸の茂みの中に粗末な作りの小屋が建っているのが、どうにか見える。あれがチャーチル小屋だ。ブーツはすでに水浸しでヒルだらけだったが、一人ぼっちという状況を考え、わたしは小川をあえて渡る必要はないと判断した。

フクロオオカミなら、ここで思いとどまったりはしないだろう。

しかし、わたしは社会的な生き物であり、家族がわたしの帰りを待っていた。

第11章　イヌの実験

二〇一一年にドッグ・プロジェクトをスタートさせて以来、わたしたちは三つの原則を守ってきた。いずれも、動物を対象とする研究では通常、求められないものだ。

第一に、イヌに決して危害を加えない。つまり懲罰は用いず、報酬だけで訓練する。また、イヌにいかなる苦痛も与えない。これは当たり前に思えるかもしれないが、実のところ、わたしは数名の獣医から、イヌに苦痛を与えて脳の変化をfMRIで調べられるだろうか、と尋ねられた。痛みの管理は動物のケアにおいて重要な問題だが、たとえほかの動物のためになる実験であっても、MRIドッグに苦痛を与えることが倫理的に許されるとわたしには思えなかった。

第二に、イヌを拘束しない。これは、物理的に拘束せず、鎮静剤も使わないことを意味する。その理由の一部は科学的なものだった。結局のところ、動物に意識がない状態で脳についてわかることはごくわずかだ。また、動物を縛って無理やりfMRIに入れたのでは、不安を引き起こすだけだろう。しかし、一番の理由は倫理的なものだった。人間に実験への参加を強制できないのだから、動物に強制していいはずはない。

この問題は、第三の最も因習打破的な原則につながる。それはイヌに自己決定権を与えることだ。わたしたちはイヌを診察台に置くのではなく、彼らがスキャナーに入るための階段を用意した。何よりも、好き嫌いの感情を持つ存在としてイヌを扱った。そうすることで、イヌに人間の被験者と同じ基本的な権利、すなわち拒否権を持たせたのだ。

以上の原則を守り、とりわけイヌに決定権を与えることで、わたしは文化的、科学的罪を犯しているように感じた。人間の意志に従うか否かを決める権利を動物に与えるのは異端だ。それは、工業化された農業はもちろんのこと、動物実験を伴う研究の慣習を拒むことなのだ。
しかし、恥ずかしながら、わたしは常にこのように行動していたわけではない。

わたしがまだ医学生だった一九九〇年代には、将来、医師になろうとするものは二つの通過儀礼を経なければならなかった。肉眼解剖学とイヌの実験だ。

ほとんどのクラスメートにとって肉眼解剖学は、臨床前カリキュラムの頂点と呼ぶべき経験だった。医学部での一年目は通常の人体機能の学習に専念し、二年目には病気の影響を学ぶ。肉眼解剖学は健康と病気の両方に関係がある。多くの医学生にとってそれは、初めて死体を目にする機会であり、とりわけ感受性の高い学生は解剖室に入ることを恐れた。

しかし、数十年にわたって解剖を教えてきた教授たちは、解剖学を学ぶうえで重要なことは、テーブルの上にある標本が少し前まで人間だったという事実を忘れることだと理解していた。それを忘れるのは簡単だった。一番人間らしい部分、つまり頭の解剖は、最後までとっておかれるからだ。一学期のほとんどは首から下の解剖に費やし、最後になってようやく、頭部の覆いをとって内部のあらゆる秘密を学ぶ。

何人かのクラスメートは、同類である人間の解剖に苦戦していた。しかし、わたしは違った。なぜなら、人体の美しさに魅了されていたからだ。死んではいても、その機構は比類ない完璧さを備えていた。そして、わたしたちの教育のために体を捧げてくれた人々は、自らの意思でそうしたのだ。その動機は誰にもわからない。自らの死を、ほかの人の助けとなるものにしたかったのだろうか。究極の威厳ある行為だ。その結果は、多くの医学生にとって人生を変える経験となった。わたしは人体の複雑さについて理解を深め、同時に、まもなく外科訓練で行うことになる切断について、自信を得ることもできた。

しかし、もし肉眼解剖学が、死という結果を価値ある、深遠とすら言えるものにまで高めるのだとすれば、イヌの実験はその正反対だった。

イヌの実験では、さまざまな薬が心血管機能にどのような影響を与えるかが実演される。実験室内の全ては「フランク‐スターリングの法則」を軸として展開された。その法則は、心臓に戻る血液が多ければ多いほど一回の排出量は増える、というものだ。初めてわたしたちは本物の薬を生きている生物に投与し、その心拍と血圧の変化を観察する。全員が、人間で実践する前に医師は動物で学ぶ必要があるのだと、暗黙のうちにその行為を正当化していた。

肉眼解剖学で一学期を死体の解剖に費やしたというのに、わたしは人体の細かい部分のことは覚えていない。いくつかのグループは死体に名前をつけていたが、わたしのグループはそうしなかった。男性だったか女性だったかさえ思い出せない。しかしイヌの実験は、ある日の午前中行っただけなのに、自分のしたことが脳裏に焼きつき、その思い出が周期的に蘇《よみがえ》ってくる。

わたしのクラスには一二〇名の学生がいて、四つのチームに分かれていた。わたしたちはパリっとした医学生用の白衣を着て、病理研究室へ入った。三〇台のステンレス製のテーブルの上にイヌが一匹ずつ腹を上にして寝かされていた。四肢は縛られ、テーブルの四角《よすみ》に固定されている。すでに麻酔がかけられていた。わたしのグループのイヌは、短く硬い毛のメスで、白、黒、淡い茶色のぶち模様だった。

　教授はわたしたちに、足指の間のベルトを時々締め上げて麻酔の効き具合をチェックするよう指示した。イヌが足を外そうとしなければ、麻酔は十分効いているはずだ。わたしの手は緊張のせいで冷たくなっていた。イヌの足にふれた時、その温かさにたじろいだ。

　実験のプロトコルに従って、一連の薬をイヌに注射した。エピネフリン（アドレナリン）はイヌの心拍数と血圧を上げ、アセチルコリンには反対の効果がある。イヌへの影響を計測した後、教授の外科助手がイヌの胸を切り開いて、心臓と肺の動きが見えるようにした。その状態で、プロトコルの最終段階として心臓に直接、塩化カリウムを注射する。そうすれば心臓は止まる。

　数十年にわたってカリウムは、薬物による死刑執行で最後に投与する薬として使われてきた。カリウムは心臓を止めるが、瞬時にではない。心拍を遅くして最終的に止めるのだ。さらに悪いことに、それは常にすぐ効くわけではなかった。わたしたちは心拍が止まったことを確かめるため、一〇分間待つことになっていた。

　しかし、カリウム注射を終えた時点で、実験を監督している教授がわたしたちのテーブルへやって来て、淡々とこう言った。「肺動脈を切るほうが速い」

　みな、カリウムが効くまで辛い見張り番をしていたいとは思わなかったが、可哀そうなイヌを殺したいと思ってもいなかった。そして教授にも、わたしたちの代わりにそうする気はなかった。わたしたちがどうすべきか悩んでいる間、教授は腕を組んで結論を待った。これは一つの通過儀礼であり、わたしたちは死と向き合わざるを得なかった。

そこで、わたしは教授の手から剖検ナイフをとり、心臓を持ち上げ、その後ろの動脈を切断した。暖かい血が胸腔に溢れた。戻る血液がなくなると、心臓はしぼみ、すぐに止まった。

教授はうなずき、次のテーブルへ向かった。

この話をするのは初めてだ。それはわたしの人生できわめて後悔していることの一つであり、実験をボイコットできるほど自分が強ければよかったのにと思う。当時もその考えはわたしの脳裏をよぎったが、自分にありきたりな言い訳をして、参加を正当化した。実験台になったのはアニマルシェルターから来たイヌたちで、どのみち殺される運命だったし、医師は生きている組織が実際にどう働くかを確認する必要があるのだ、と。今振り返れば、どちらも真実でないとわかっていたはずだ。イヌは殺されると決まっていたわけではないし、その演習は授業で学んだことを確認しただけだった。薬が生きている動物にどう働くかを見ても、新しい知識はまったく得られなかった。

その実験は、わたしを良い医師にしたわけではなく、わたしを人間として貶《おとし》めただけだった。イヌを犠牲にして得るとされた知識を、わたしは後に人間に対する処置を通じて、もっと直接的に、はるかに真実味をもって学んだ。思うに今のわたしは、イヌがどのように考え、感じるかを解明することで、その償いをしようとしているのだろう。彼らの思考や感情が人間のそれらに似ていることを証明できれば、イヌの解剖のような無意味な実験は正当化できなくなる。アメリカの医科大学における生きている動物を使う実習は、二〇一六年についに終わった(1)。もっとも、わたしたちのドッグ・プロジェクトの影響ではない。「動物の倫理的扱いを求める人々の会(PETA)」などの動物保護団体や生体解剖に反対する組織からの圧力が、動物に対する態度の変化とあいまって、そのような実習を止めさせたのだ。また、コンピュータシミュレーションが実物に近いレベルになったことも、動物の殺害を正当化しにくくしている。

イギリスの哲学者ジェレミー・ベンサムは、近代の動物福祉運動の創始者と見なされている。ベンサムが一七八〇年に述べた次の言葉はよく知られる。「人間以外の動物が、専制君主にしか奪えないような権利を獲得する日がいつか来るだろう。……問題は、理性があるか、話せるか、ということではなく、苦痛を感じるかどうかである」(2)。ベンサムは功利主義者だった。したがって彼は、行動の結果を客観的に捉えようとした。その視点に立てば、満足感や幸福を増す行動、あるいは痛みや苦しみを減らす行動が望ましかった。この哲学は、最大多数の最大幸福の原理［訳注：最も多くの人に最大の幸福をもたらす行動を良しとする見方］を導いた。

ベンサムは動物も苦しむことを知っていたと考えられているが、功利主義の乱暴な計算式は、今なお、動物の利益を人間の利益の下に置き、人間の命は常に動物の命より価値があると考える。現代でも多くの人が、栄養や衣服の原料を得るため、あるいは医学の進歩のために動物を殺すのを良しとするのは、そのためだ。最大幸福の原理の下では、そのような行為は正当であるばかりか、望ましいのだ。動物虐待防止法は一八四九年にイギリスで可決されたが、動物の苦痛を規制する連邦法「動物福祉法（AWA）」がアメリカで可決されたのは一九六六年になってからだった。

当初AWAは、研究機関への売却を目的とするペットの盗難を防ぐことと、研究におけるイヌ、ネコ、そのほかの動物の扱いを規制することを目的としていた(3)。その後その法律は、動物を闘わせることの禁止や、動物虐待と見なされる行為の拡張など、数回にわたって修正されてきた。それでもAWAは基本的に動物研究を規制するためのものであり、全ての動物に適応されるわけではなかった。その法律による動物の定義は「生死にかかわらず、イヌ、ネコ、サル（ヒト以外の霊長類）、モルモット、ハムスター、ウサギ、そのほかの恒温動物で、研究、試験、実験、展示、またはペット用に使用されているか、使用されようとしていると農務省長官が判断するもの」である。トリ、ラット、マウス、研究用以外のウマ、それに、食用や繊維生産用の家畜は対象ではなかった。[4]

AWAは、大学は動物研究を監視する委員会——動物実験委員会（IACUC）——を組織しなければならないと明記している。原則として、各施設のIACUCが動物研究計画の妥当性を評価することになっていた。しかしAWAは、IACUCが許可するかしないかを判断する基準を明らかにしなかった。その代わり、動物研究はより多数の幸福に寄与するべきであるという功利主義的立場をとった。そして、苦痛の最小化を最も重視した。

その結果、妙な基準が生じた。それは「三つのR」と呼ばれる「置き換え（replacement）」、「削減（reduction）」、「改善（refinement）」である。[5]「置き換え」は、動物の代わりになるものを探すこと、つまりコンピュータシミュレーションなどの非生物システムか、少なくとも「知覚力が弱い」動物で代替することを意味する。しかし、知覚力を調べる方法は誰にもわからないので、代わりになじみのある序列が使われた。知覚力において類人猿とイルカはイヌより上、イヌはラットより上、ラットは魚より上、といった具合だ。その基準はかなり独断的だった。例えば、ラットが実際にはイヌと同じくらい個性と知性を備えているという事実は無視された。第二の「削減」は純粋な功利主義に基づく基準で、どうしても動物を使わなければならない場合は、できるだけその数を少なくする、というものだ。これは、必要以上に実験を繰り返して動物に無用な苦しみや死をもたらすべきではないことも意味する。そして第三の「改善」は、痛みや苦しみをできるだけ少なくするよう実験手法を改善することだ。

注目すべきは、家畜に対しても同様の基準が出現したことだ。イギリスでは一九七九年に農用動物福祉審議会が設立され、動物の五つの自由が提唱され始めた。渇きと飢えからの自由、不快感からの自由、痛み・傷害・病気からの自由、通常の行動をする自由、恐れと苦痛からの自由である。つまり、家畜が最終的には食用として殺されるとしても、飼育者は動物に感情があることを理解し、その生活をできるだけ心地良いものにしなければならない、と主張されるようになったのだ。

表面的にはこれらの原理は理にかなっており、発表された時には画期的だと評されたが、その影響は限られていた。一九七〇年代でさえ、ピーター・シンガーが著書『動物の解放』で詳述したように、「三つのR」はたいてい無視された(6)。なぜなら、それらはガイドラインであって、法律ではなかったからだ。仮に法律であったとしても、人間の利益を重んじる功利主義者は、最も忌まわしい動物実験さえ正当化しただろう。「五つの自由」はヨーロッパでは真摯《しんし》に受け止められたようだったが、アメリカではそうでもなかった。

シンガーは「痛みは痛みである」と書いた。これは当たり前のように思えるが、生物医学者にはまだあまり受け入れられていない。かつてルネ・デカルトは、動物は考えたり痛みを感じたりしない自動《オート》機械《マトン》であると書いたが、その見方が今も多くの科学的思考を支配している。「三つのR」の「置き換え」さえ、「より下等な動物」は苦痛が少ないので、動物実験ではできる限り単純な動物を使用すべきだと示唆している。二〇一二年になって初めて、ある科学者グループが「意識に関するケンブリッジ宣言」を記し、「意識を生成する神経基盤を所有するのは人間だけではない」と述べた。(7)

動物に苦痛を与えることを禁止する法律はない。実際、アメリカ農務省（USDA）が研究機関に求めているのは、苦痛をレベル分けすることだけだ。カテゴリーCは「苦痛なし」で、麻酔された動物を安楽死させることが含まれる。カテゴリーDは薬で緩和される苦痛で、カテゴリーEは薬で緩和されない苦痛である。

二〇一五年、USDAは七六万七六二二匹の動物が研究に使用されたと報告した。(8) これらのうち六万一一〇一匹はイヌで、イヌのうち四万七一一匹がカテゴリーC、二万六六八匹がカテゴリーD、三六二匹がカテゴリーEに分類された。モルモット、ハムスター、ウサギ、サル、類人猿、ネコ、ブタ、ヒツジ、そのほかUSDAの記録で明記されていない動物についてはどうだろう。モルモットとハムスターは最も多くの苦痛を受け、カテゴリーEの動物の八〇パーセントを占めている。USDAはデータを州ごとに分けているので、動物実験がどこで行われているかは容易に確認できる。カテゴリーEについては、ミズーリ州とミシガン州がハムスターとモルモットで群を抜き、ニュージャージー州はイヌで先頭に立つという不名誉を被った。全ての苦痛のカテゴリーと動物を合わせると、ニュージャージー州がトップで、全体の一三パーセントを占めた。なぜだろう。同州には大手製薬会社が集中している。

ラットやマウスにいたっては、実験で使用されている個体数を調べる連邦機関は存在せず、その数は不明だ。推定では年間二五〇〇万匹から一億匹とされる。(9) 驚くべき数だ。モルモットおよびハムスターと、ラットおよびマウスはそれほど違わないのだから、一方はＡＷＡの庇護の下に置かれ、もう一方はそうでないことに、倫理上、納得できる理由はない。

わたしたちがイヌにＭＲＩ研究に参加しないという選択肢を与えたことは、このような現状に反していた。ＡＷＡ、「三つのＲ」、「五つの自由」のいずれも、動物の自己決定権には言及していない。しかし、自己決定権は人間を被験者とする医療研究の基本である。それはニュルンベルク綱領［訳注：ナチスの人体実験などを裁いた］から生まれた。自己決定権は非常に重要であり、ニュルンベルク綱領の第一原則はインフォームドコンセント［訳注：十分に情報を与えられたうえでの合意］だ。人々は自分が受ける治療や参加する実験の内容を知り、かつ、それへの同意は自発的でなければならない。

わたしたちは単純に同じ原則をイヌに適用した。イヌはＭＲＩの目的を理解することはできないが、それでもわたしたちは彼らに拒否権を与えたのだ。そして実際、彼らは時々拒否した。入念に準備や訓練を重ねたにもかかわらず、ＭＲＩスキャナーを前にすると不安になり、中に入れなくなるイヌがわずかながらいた。わたしたちはこれらのイヌに、スキャナーは大きなおもちゃだと思わせようとしたが、往々にして効果はなかった。その時点で飼い主は、自分のイヌがＭＲＩドッグになる素質がないことを悟った。

もしイヌやそのほかの動物が広く自己決定権を認められたら、どうなるだろう？　そうなったら医療研究は終わりだと言う人や、人間はみなビーガンになるしかないと言う人もいるだろう。実のところ、電気の流れるケージで過ごしたあげく、実験の最後に頭を切り落とされることに同意するラットがいるだろうか。三〇センチメートル四方の空間に住みたいというニワトリがいるだろうか。

動物を食べたり医療研究に使ったりする必要性をほとんどの人が認めているのは、驚くに当たらない。それを当たり前と見ている人もいる。一方で、わたしのようにその選択に苦悩する人もいる。心理学者はそれを認知的不協和と呼ぶ。動物と人間の関係を研究するハロルド・ハーツォグは、動物への扱いに矛盾はつきものだと述べている。[10]

もっとのんびりしていた時代には、動物は農場で暮らした。餌を与えられ、世話をされ、幸福に生きた末に、すみやかで苦痛のない死を迎えた。世話をしてもらうのと引き換えに人間の食料になることは、合理的な代償であったのかもしれない。現在、家畜がどれほど幸福に生きているかを知るのは難しいが、近代の工業型農業が動物の当然の欲求に応えていないのは確かだ。もちろん、それに対する言い訳は、わたしたちに家畜の気持ちはわからない、というお決まりのセリフである。

しかし、本当はわかるはずだ。脳画像を見れば、人間とさまざまな動物の脳の構造や機能はよく似ているので、わたしたちは幅広い動物の気持ちを推測できるはずだ。喜び、痛み、社会的つながりという経験を処理する脳構造の類似性から、そうした経験を表現する言葉を持たなくても、動物たちは人間と同様の主観的経験をしていると推測できる。

ここで重要な問題は、動物が自らの痛みや苦しみに気づいているかどうかである。もし気づいていないのであれば、その動物を食べてもよいと主張できるだろう。しかし、もし気づいているのなら、話は違ってくる。自分の痛みや苦しみに気づいている動物は、差し迫る死に対して恐怖を感じているかもしれない。さらに、ほかの動物の恐怖を察知できるのであれば、恐怖はいっそう強くなる。

自己認識の神経基盤についてはまだ十分にわかっていないので、この疑問に最終的な答えを出すことはできないが、多くの動物が自らの心の状態を認識していることを示す状況証拠は多い。例えば、ラットは後悔する。イヌは褒められることに食べ物と同等の価値を置いている。そしてアシカは、基本的ロジックを理解する。こうした心の状態の上に意識や自己認識はある。大ざっぱな物差しかもしれないが、脳の大きさは意識を測定するための出発点とするのにふさわしいだろう。脳が大きければ大きいほどモジュール化が進んでいて、脳領域間の情報の流れが複雑になる。わたしたちが知る限り、意識はこの情報の流れから生じる。したがって、脳が大きいほど、より高いレベルの意識を持っている可能性が高い。ウシとチンパンジーの脳の重さが同じくらいで、ほとんどの人はチンパンジーを食べないことを考えれば、わたしたちはウシも食べるべきではないのだ。しかし、意識を持つためにどれほどの大きさの脳が必要なのかはわかっていない。

もっとも、自己認識を証明するために神経科学を持ち出す必要はないのかもしれない。二〇一六年に行われた巧妙な実験により、マウスがある錯覚にだまされるほど自己を認識している可能性があることがわかった。以前は、そのような錯覚をするのは人間だけだと考えられていた。それは「ラバーハンド（ゴム製の手）錯覚」と呼ばれ、一九九八年に、当時カーネギーメロン大学に所属していた心理学者マシュー・ボトヴィニックとジョナサン・コーエンによって初めて明らかにされた[11]。その実験ではまず、椅子に座った被験者の左手をテーブルの上に置かせる。その左手をスクリーンで遮《さえぎ》って被験者から見えないようにして、代わりにゴム製の手を被験者の前のよく見えるところに置く。被験者がゴム製の手を見ている間、研究者は、本物の手（被験者には見えない）とゴム製の手の違う場所をブラシでなでる。ほとんどの被験者はゴム製の手がなでられた場所をなでられたように感じ、八〇パーセントの被験者はゴム製の手を自分の手のように感じた。このような錯覚は、自己認識が複数の感覚、とりわけ視覚と触覚に依存しているせいで起きると考えられる。人間にとってこの二つの感覚は、身体と環境との境界を決めるためにきわめて重要だ。この実験のように視覚と触覚の信号が矛盾すると、脳は情報のつじつまを合わせようとして、ゴムの手を自分の手と誤認するのである。

同様の錯覚に関する実験が、二〇一六年にマウスを使って行われた。[12] 今回はゴムの手ではなく、人工毛でおおわれた針金でできた尻尾を使った。人間の実験と同じように、研究者はマウスからは見えない本物の尻尾と、偽物の尻尾の両方をブラシでなでた。マウスを訓練するために、毎日二〇分、セッションを行った。一か月後、研究者は偽物の尻尾を一瞬、握ることによってマウスをテストした。驚くべきことに、マウスはそれが自分の尻尾であるかのように、偽物の尻尾のほうへ顔を向けた。つまり人間の場合と同じように、偽の尻尾を自分の尻尾と誤認したのである。これはささやかながら、マウスが自己認識しているという重要な証拠だ。

動物を守ろうとする法律が次々に制定されたのは神経科学の成果だと思うほど、わたしは単純ではない。立法と司法の領域は科学に抵抗することで知られる。それは、科学を信じないからではなく――実際、信じてない人は多いが――法律は一般に社会の道徳的直観を反映するからだ。法律は、科学が何かを証明したから作られるわけではない。法律が作られるのは、十分な数の人が何かを正しい、あるいは間違っていると考えることによって作られる。しかし、だからといって科学が無関係なわけではない。科学は人々の道徳的感情を変えて、間接的に法律に影響を与えることができる[13]。

二〇一三年、『ニューヨーク・タイムズ』紙に寄稿した「イヌも人間だ（Dogs Are People, Too）」において、わたしはドッグ・プロジェクトのことを書いた。しかしそれだけでなく、イヌの脳に人間の脳と同様の感情処理の証拠を見つけたことの意味についても、自分の考えを綴《つづ》った。そして、動物を所有物として扱うことを考え直す時期がまもなく来るだろう、と示唆した。しかし、ほんの一か月でそうなるとは予想もしていなかった。

その年の一一月、シャノン・トラヴィスとトリシャー・マリーがニューヨーク上級裁判所のマシュー・クーパー判事の前に現れた[14]。このカップルは結婚後一年経たないうちに離婚を決めた。トラヴィスが仕事で外出している間に、マリーは二人が暮らしていたアパートから出ていった。彼女は家具をいくつか持ち出したうえ、二人が飼っていたダックスフンドのジョーイを連れて出ていった。

トラヴィスは、ジョーイは自分のものだと考えていた。そのイヌをペットショップから買ったのは自分だったからだ。マリーはそれに同意せず、ジョーイは自分といたほうが幸せなのだから、自分のものだと主張した。彼女はジョーイがいつも自分の隣で眠ることを、その証拠として挙げた。こうした裁判の前例はほとんどなく、クーパー判事は、イヌの親権を審理することに意味があるかどうかを決めなければならなかった。

財産の分配を裁定することとイヌの権利を考えることは、まったく別の問題だ。もし現行法が定める通り、イヌが財産であるなら、イヌに権利がないのは家具に権利がないのと同じだ。椅子にどの部屋に置いてほしいかを問うようなものだ。

きわめて読みやすい判決文の中で、クーパー判事はイヌの親権という概念に取り組んだ。判例を探したところ、ペットは家財であると裁定した判例もあれば、そうではないとした判例もあった。一九七九年にクイーンズ区の民事法廷は、「ペットは単なる物ではなく、人と物の間の特別な位置にある」という判決を下した。二〇〇一年にウィスコンシン最高裁判所は、「『動物は感情のない自動機械《オートマトン》であり、単なる所有物にすぎない』という理不尽なデカルト的見解を、この社会が乗り越えてから久しい」と記している(15)。

これらの一節とともに、クーパー判事はわたしの寄稿を引用したが、彼が下した判決に直接影響を与えたのは神経科学ではなかった。判事は、MRIを使って「イヌの幸福や人間に対する感情を正確に測定する」のは科学的には可能かもしれないが、現実的でないと考えた。むしろ判事を動かしたのは、わたしの寄稿が『ニューヨーク・タイムズ』に掲載されたという事実だった。つまり、ドッグ・プロジェクトが世間の注目を集めたのは、イヌ（とそのほかの動物）は単なる所有物ではないという認識が広まってきているからだと、判事は考えたのだ。

クーパー判事は一日限りの親権審理を支持する判決を下し、ジョーイを含む関係者全員にとって最善となる方向でジョーイの扱いを検討することにした。しかし皮肉なことに、そのカップルは裁判所に戻らなかった。その代わり彼らは、ジョーイの世話をし、ジョーイがそばで眠るマリーが親権を持つことで合意したのだった。

人々にイヌのことを考え直させるのはたやすい。工業化された世界のいたるところで、人々は数十年前には聞いたこともないほどのお金をペットに費やしている。イヌやネコがステータスシンボルであれ、子どもの代わりであれ、彼らをめぐる文化規範は変わってきた。多くのイヌがパピーミル〔訳注：イヌの大量繁殖施設〕から来ることを知り、都市ではペットショップでの幼い子犬の販売が禁止され始めた。セレブが飼うのが、流行のイヌではなく、アニマルシェルターから救出したイヌということも珍しくなくなった。

しかし神経科学は、ほかの動物にとってどんな意味があるだろう？

わたしたちの結果が示しているのは、脳を調べた動物のうちのいずれであっても、皮質を持つ動物は感情を持つ可能性が非常に高いということ、そしてその主観的経験はある程度、人間のものに似ているということだ。それがコウモリなのか、それともイルカ、アシカ、有袋類なのかは重要ではない。

人間はいつも、えこひいきをする。人種差別、性差別、種差別の原因はそこにある。しかし時が経つにつれて、そうした差別は減りつつある。このように人間社会が平等になってきたことは、動物についての考え方にも影響している。もちろん、そのようなアフォーダンス〔訳注：環境が動物に与える意味〕が人間と一緒に暮らす動物から始まるのは当然だが、動物由来でない食物の需要の増加は、動物への関心が家庭の外に広がっていることを示す証拠の一つだ。

二〇一三年、アメリカ国立衛生研究所（NIH）はチンパンジーを使った研究への財政支援を中止し、国立の霊長類施設に収容されていたチンパンジーを保護区へ放し始めた。二〇一六年、リングリング・ブラザーズ・アンド・バーナム・アンド・ベイリー・サーカスは、高まる抗議の声に応えて、ゾウの芸を止めることを約束した。しかし、ゾウなしで人気を維持することはできず、二〇一七年五月に廃業した。一方、二〇一三年の映画『ブラックフィッシュ』はシーワールドの内情を暴露した。三年後、チケットの売り上げが落ちたのを受けて、シーワールドはシャチの繁殖の中止とショーの縮小を発表した。

チンパンジーやゾウやクジラなど、世界のメガファウナ（大型動物相）は、動物の感情への認識が高まったことの恩恵を真っ先に受けている。これはやはり種差別と言えるが、ともかく前向きな動きと見なすべきだろう。これらの大型動物は、タスマニアデビルなどの幸運にも動物保護のシンボルになっている、やや小型の動物とともに、動物世界の大使になっている。彼らを救う取組みは全て、同じ生態系に生きる無数のほかの種を助けることになるだろう。進化の歴史は、原因が自然であれ人間であれ、生態系が崩れると、そこに暮らすメガファウナが絶滅することを語っている。地球上の全ての種を追跡することはできないが、全てのメガファウナの生息場所はわかっている。彼らが隠れる場所は残されていないので、少なくとも、どこに助けに行くべきかをわたしたちは知っている。

必然的に、これら動物の利害は人間の利害と対立する。ケニアでは、最後に残った三頭のキタシロサイを二四時間体制で監視し、それに巨額の費用が投じられた。その頃、サイの周辺で暮らす人々は貧困の底にあり、生きるのがやっとだった。サイなどの動物に費やす費用は、エイズ治療法の探求のように人間を助けるために使われるべきだと主張する人もいる。現代社会は、一頭の動物の生命が一人の人間の生命より価値があるという段階に達したのだろうか？　もしその動物が種の最後の一頭なら、確かに重要ではないだろうか？

しかし、そのような考え方は間違っている。もうベンサムと功利主義は捨て去るべきだ。動物も人間も際限のない不幸を抱えているのだから、功利主義的な考えは結局、行き詰まる。そのどちらかに、どれほど多くの資源を注ぎ込んだとしても、やるべきことはいくらでも残っている。そして、人間の目には自分たちのほうがより価値があると映るので、天秤の針を人間に有利な方向に動かすのは簡単だ。かといって、功利主義の対極にあるイマヌエル・カントの倫理学に基づく考え方も良いとは言えない。また、全ての生物は重要であり、重要度を人間が決めるのは間違っている、と主張する人々もいる。筋は通っているが、地球規模の問題を解決するうえではまったく無益な主張だ。

わたしは、動物の代弁者という役割について考え始めている。動物が自分たちのために主張することはできない。しかし、子どもや心神喪失になった人も、それは同じだ。そのような状況にある人について何かを決めなければならない場合、しばしば後見人が任命される。

仮に、ＩＡＣＵＣが動物の代弁者をメンバーに入れることを求められ、その代弁者の任務が動物に有利になる主張をすることだとしたら、どうだろう。実のところ、ＩＡＣＵＣは動物研究のコミュニティーから少なくとも一人をメンバーに入れることになっているが、その任務は「動物の適切な保護と取扱い」において、そのコミュニティーの利害を代弁することだ。一方、動物の代弁者は動物そのものを代弁する。

動物の代弁者は野生生物を代弁できる。生息地が人間の活動によって破壊されている地域について、代弁者はそこで生きる動物のために主張できる。同じことが家畜のためにもなされる。クーパー判事がジョーイのための親権審問を認めた背景には、この代弁者という考え方があった。ジョーイの代弁者はいなかったが、審問では飼い主二人が、それぞれジョーイに代わって主張することになっていた。

もちろん、動物のための主張を聞く法廷はまだ存在しない。ほとんどの司法権はまだ彼らを物と見なし、動物に「当事者適格」〔訳注：裁判の当事者になる権利〕はないと考えている。しかし状況は徐々に変わってきている。クーパー判事の判決がその良い例だ。また、スティーブン・ワイズ弁護士による「ノン・ヒューマン・ライツ・プロジェクト」は、チンパンジーを人間と見なし、彼らに当事者適格を与えることを法廷に求めている。さらに二〇一六年には、アラスカ州が他州に先立って、ジョーイの一件のような親権争いにおいて動物の幸福への配慮を求める法案を通過させた。

神経科学は、わたしたちがどうすべきかを正確に教えてはくれないが、ほかの技術とともに、動物の内的経験についてのわたしたちの知識を変えるだろう。脳画像は進歩の一途にある。MRI技術は向上し続け、解像度はどんどん精密さを増している。じきに一ミリメートル以下の詳細、ニューロンそのものまで見えるようになりそうだ。また、室温超伝導体の開発によって、まもなく巨大な磁石を使うことなく脳画像を撮影できるようになるだろう。[16] 部屋を歩き回っている人の脳をスキャンできるようになり、同じことを自然な環境で動物に対しても行えるようになるだろう。すでに光遺伝学という、光でニューロンのオン・オフを操作する技術が、脳の特定の回路が行動にどう影響するかの理解に革命をもたらしている。少なくともマウスにおいて、の話だが。

道徳的直観を形作るうえで、科学は驚くほどの力を持っている。脳機能について得た知識によって、ある動物であるのはどんな感じかについての理解は深まるばかりだ。人間と共通するものは多く、違っているものも多いだろう。多くの動物が自分の気持ちと周囲の環境に気づいていることを示す証拠は、すでに十分揃っている。気づいているということは、すなわち感情を持っているということだ。どの動物が自己認識しているかはまだ十分にわかっていないが、神経科学がまもなくその答えを出すだろう。そうなる前に、動物が意識をどれほど持っていれば――つまり、ただ感情を持っているレベルか、それとも自己認識できるレベルか、――法的権利を認めなければならないかを、決める必要がある。そうなってようやく、人間は動物の真の代弁者になれる。

どのように動物を扱うか、単に苦痛をケアすればよいのか、それとも感情についてもケアすべきかを気にかける理由がもう一つある。それは、わたしたちホモ・サピエンスも、将来、人類の後継者になった者から見れば、動物の一種にすぎないことだ。

　自然選択は、人類という種を徐々に終わらせようとしている。わたしたちは今、言うなれば、新しい進化の形態の始まりにいる。ユヴァル・ハラリはそれをインテリジェント・デザイン時代と呼んでいるが、わたしたちが自分のゲノムや環境に対して行っていることに知性《インテリジェンス》の証拠はあまり認められない[17]。わたしはむしろ、ティンカリング（いじくり回す）時代と呼びたい。

　ティンカリング時代では、ゲノムは容易に操作できるようになり、しかもその領域は驚異的なペースで進歩している。ヒトゲノムの配列が完全に解読されたのは二〇〇三年のことだった。それには一〇年に及ぶ努力と五〇億ドル（二〇一六年当時）近いコストを要した。しかし二〇一六年までに、一個人のゲノム配列をおよそ一〇〇〇ドルで解読できるようになった[18]。

　しかし、最も恐るべき新技術は、ＣＲＩＳＰＲ／Ｃａｓ９である。それは生細胞のＤＮＡを編集するツールとして、二〇一二年に初めて公表された。Cas9は、DNA鎖をほどいたり一部を切断したりできるタンパク質だ。最初に発見されたのは細菌の中で、ウイルスのDNAの侵入を防ぐ働きをしていた。しかし、Cas9はウイルスのDNAに限らず、どんな短いDNA配列も検出し、破壊することができる。それは変異DNAを切りとるために使用され、切りとった場所には、任意の新しいDNAを挿入することができる。より古典的なDNA操作によって、すでにさまざまな動物の新種が生まれている。比較的害のないものとしては、蛍光クラゲの遺伝子を用いて暗闇で光る魚やネコが作られた。CRISPRを使うことで、遺伝子操作は不気味な方向へ向かう。例えば、ヒトのDNA断片をブタに入れて、人間に移植できる臓器をブタの中で育てる取組みが進められている。まもなく種の定義は難しくなるかもしれない。どれほどのヒトDNAを持つと、ブタはブタでなくなるのだろうか?

これらのティンカリングは、細胞を作るDNAそのものを変化させるため、その変化を子孫に伝えることができる。これまでのところ、研究者はこれらの動物が繁殖しないよう注意してきたが、不慮の生殖が起きるのは時間の問題だ。技術を封じ込める人間の能力を過信してはならない、と肝に命じておこう。

しかし、わたしはブタとヒトのキメラ(接合体)や、さらには将来イヌにヒト遺伝子を入れて会話できるようにすることについてさえ、それほど心配していない。むしろ、わたしが案じているのはホモ・サピエンスの終焉《しゅうえん》であり、それはほとんどの人が気づくより速く進んでいる。遺伝子工学の先駆者の一人であるジョージ・チャーチは、将来は、がん患者のDNAを修正しないと倫理に反すると見なされるようになる、と予測する。それに反論するのは難しい。しかし、ひとたび「悪い」ＤＮＡを修復する道を歩き始めれば、たちまち「普通」のＤＮＡを改良するようになるだろう。

人間は常に自分をより良くしたいと思っている。ＮＩＨはヒトの胚をいじることを禁止しているが、禁止しても効果は期待できないだろう。結局、金持ちはそうするはずだ。おそらくどこかほかの国で。雑多なＤＮＡが混ざる有性生殖は、少なくとも子どもを作る方法としては時代遅れになるかもしれない。そしてその時、新しい種が誕生する。

それをホモ・ホミニスと呼ぼう。ヒトの中のヒト、だ。[19]

ネアンデルタールは一万年の間ホモ・サピエンスと共存したが、わたしたちはホモ・ホミニスとそれほど長くは共存できないだろう。おそらくホモ・ホミニスは地球をわたしたちよりうまく扱うだろう。そして、わたしたちがチンパンジーを超えたよりはるかに、わたしたちを超えるだろう。将来に生き残ったわたしたちの種のために、今、意識や知覚力を持っているというのはどういうことか、それらを持つ動物に与えるべき権利は何かを考えておきたい。サピエンスはホミニスと共存するに値するのか、あるいは動物園に追いやられるべきなのかは、将来、尋ねたのでは間に合わない。

エピローグ　脳の方舟

もちろん、わたしたちはフクロオオカミとデビルで終わりにはしなかった。拡散テンソル画像（DTI）はあらゆる動物の脳に対応できるので、ますます多くの脳がわたしたちのラボに送られてくるようになった。ほとんどはピーターの人脈によるものだが、研究者の棚や博物館の保管庫に鎮座している魅惑的な脳がたくさんあることがわかった。それらは脳進化のパズルを組み立てるピースの宝庫として期待できた。

海洋哺乳類センターは、アシカのほかに、ゼニガタアザラシやゾウアザラシの脳も送ってきた。わたしたちはさっそく、それらのDTIデータを取得した。ピーターはフロリダで二頭のマナティの脳も見つけた。これらの海洋哺乳類は、体つきはとてもよく似ていたが、採餌方法は異なり、社会生活も大いに異なっている。ゼニガタアザラシはアシカよりも柔軟に発声できる。最も有名なのは一九七〇年代にメーン州で救出され飼育されたフーバーだ。フーバーはしわがれ声のメイン訛りで「ヘイ、ヘイ、こっちへ来いよ！（Hey! Hey! Come on over here!）」と叫ぶことで有名になった。アシカの声のバリエーションは少ないが、ゾウアザラシはオスがメスをめぐって威圧的に吠え、激しく闘うことで知られる。一方、ずっと海中で暮らすマナティは声を出すのが苦手だ。近縁種であっても、発声のように単純な行動の違いは、フクロオオカミやデビルでわたしたちが発見したように、脳の中にはっきりと現れているはずだ。これらの違いは、アシカ、アザラシ、マナティであるとはどういうものかを理解する助けになるだろう。

イヌ科については、ユタ州にある合衆国農務省の捕食獣施設から、安楽死させたコヨーテの脳が送られてくるようになった。その施設では捕獲したコヨーテを飼育しており、規模は北米最大だ。そのような施設に対してわたしは複雑な感情を抱いているが、コヨーテは都市部にも姿を見せるようになってきたので、彼らとの平和的共存を目指すのであれば、その心理や行動を理解する必要がある。わたしが住むアトランタ郊外のある地域では、住民が、都市内に限ってコヨーテを狩る許可を市議会に強く求めている。もちろん、わたしはそのような取組みには反対だ。わたしは、夜になると聞こえるコヨーテの悲しげな鳴き声や遠吠えを楽しんでいる。コヨーテの脳をスキャンすることで、何が彼らを嫌われ者にしているのか、どうしてイヌと違うのかが解明されることを、かなり期待している。

このように脳のコレクションは徐々に増えているが、わたしたちはまだ表層をなでているにすぎない。ほぼ全ての神経科学研究は、現在一握りの種に集中している。人間の脳の研究は、アルツハイマー病やパーキンソン病などの疾患や、統合失調症やうつ病などの精神疾患を理解するために欠かせない。ヒト以外の霊長類、主にサルに関する研究は、最近まで神経科学研究の主要な領域だったが、霊長類に感情があることが認められるようになり、その種の研究に対して政府は資金を提供しなくなってきた。その一方で、ラットやマウスの研究が激増している。これらの種はアメリカのブレイン・イニシアチブ（革新的神経技術による脳研究）の重要な要素である。同イニシアチブは、人間の脳についての理解を変えると期待される、光遺伝学などの新技術の開発に資金を提供している。

しかし、ラットと人間の間にはたくさんの動物がいる。哺乳類だけでおよそ五〇〇〇種だ。なぜそれらの脳を研究しないのだろう？

多様な種の脳を研究することは、世界中で多くの種が驚異的なスピードで絶滅している今、とりわけ急を要する。世界自然保護基金（ＷＷＦ）による『生きている地球レポート二〇一六』は、暗い見通しを描く[1]。生息地の消失、乱獲、汚染、外来種の増加、気候変動は全て、多くの人が六回目の大規模な絶滅と見なすものの要因になっている。この問題について、あまりに規模が大きく、相当な政治的、経済的意思がなければ解決できるはずがない、と諦めるのは簡単だ。

だが、それでもわたしたちは挑戦しなければならない。

ＷＷＦの「一つの地球」という考え方に、わたしは強く共感する。地球は、人類が生き延びるにはほかの全ての生物を犠牲にしなければならないというゼロサムゲームの舞台ではない。見方をほんの少し変えて、あらゆる種の幸福がつながっていることに気づくだけでいいのだ。現在の持続不可能なやり方が続けば、多くの種が絶滅するのは確実だ。そして最終的には人類も、気候パターンの変化、海面の上昇、新たな病気に苦しむことになるだろう。

わたしの小さな役割は、この地球を共有する動物の精神生活に対する人々の意識を喚起することだ。手始めに、わたしは仲間とともにブレイン・アーク（http://brainark.org）を立ち上げた。目標は、地球のメガファウナの脳を、それらが消える前に分類し記述することだ。アークには、それぞれの種の白質路を三次元で復元したデータを収める予定だ。それは行動の観察や生態の分析と関連づけることができる。データは十分詳細なものになるだろう。それによって脳領域のつながりを探って、脳進化に関する謎を解いたり、脳構造と種特有の属性、例えば捕食者と獲物の関係、生態的ニッチ、採餌戦略などとの関連を調べたりできるようになるだろう。

ＷＷＦは、二〇二〇年までに多くの種は個体数が三分の二になると予測する。やがて生態系が崩壊し、科学的探究の機会は永久に失われるかもしれない。あらゆる種、特にメガファウナについて調べて、その脳に関する情報を現在の技術で可能な限り忠実に保存することが、ぜひとも必要である。そのような情報は、特に生息地が消えつつある今、動物をある環境にどのように適応させるかを決めるのに役立つかもしれない。

また、それは自分では話すことができない動物を代弁する助けにもなるだろう。

謝辞

まず、イヌたちに。二〇一一年に二匹のイヌと始めたことが、三〇匹を超えるまでになった。彼らと、その飼い主の情熱なくしては、何ひとつ不可能だっただろう。バーリントン（そして飼い主のボブ・ウェーバー）、ブーボ（同じく、アシュウィン・サカーダンデ）、ディクシー（アレクサンドリア・アンドリューズ）、エリー（リンゼイ・フェッターズ）、ジェミニ（サミ・グリフィス）、ハクスリー（メラニー・ピンカス）、キング・タビー（レア・ドーソン）、コーダとズーラ（キャシー・シラー）、メイソン（クリス・マクナマラ）、マウジャ（レベッカ・ビーズリー）、マッケンジー（メリッサ・ケイト）、マートル（キャロル・ファレン）、ネルソン（ジェフ・ピーターマン）、ニンジャ（サリナ・メリノ・ツイ）、ノック（ヴァン・グェン）、オビ（リズ・ディアス）、オリヴァー（ユスフ・ディン）、シエラ（ダイアナ・ブッシュ）、ソフィー（レイチェル・パーセル）、タイガー（アリザ・レヴェンソン）、ウィル（エミリー・チャップマン）に感謝する。

例外的に複数の実験に参加してくれたイヌたち、ケイリン（ローリー・ベイカー）、エドモンド（マリアンヌ・フェラーロ）、ジャック（シンディ・キーン）、ケイディ（パトリシア・キング）、リビー（クレア・ピアース・マンセボ）、オハナ（セシリア・クーランド）、オジー（パティ・ルディ）、パール（ヴィッキー・ダミーコ）、ステラ（ニコル・ジトロン）、タルーラ（アンナ、コリー・インマン）、トリュフ（ダイアナ・ドラトゥール）、タグ（ジェッサ・ファガン）、ベルクロ（リザ・タラント）、ゼン（ダーリーン・コイン）に特に感謝する。

ドッグ・プロジェクトの人間側では、マーク・スピヴァクはイヌの訓練をしっかり先導するとともに、常に良き友人であり、ビジネスパートナーとして、ドッグ・スター・テクノロジーズでの介助犬訓練の改良にも協力してくれた。マリアン・スコパは子犬を育てることに加え、わたしたちの活動をマネージメントしてくれた。アンドルー・ブルックスはマークとともに、このプロジェクトが始まった時から支えてくれた。アンドルーは最初のイヌの実験を行い、解析パイプラインの大半を設計し、それをわたしたちは今も使い続けている。アシュレイ・プリチャードは、ラボに入ったのは一番後だが、自らのアイデアで将来のドッグ・プロジェクトに貢献した。彼女は名前についての認識を調べる実験を行った。

ピーター・クックには特に感謝している。わたしがほかの動物の精神生活に目を向けるようになったのは、誰よりも彼のおかげだ。ほかの種でDTIを行うことを提案したのはピーターで、そのアイデアが研究の軌道を変えた。ピーターは科学に限らず幅広いことに通じており、その豊かな知識を自らの研究に役立てている。彼は自らの専門を追求するためにこのプロジェクトから離れたので、わたしは動物の心について彼と哲学的な会話ができなくなったことを寂しく思っている。しかし、今後も心が揺れる時には、彼の道徳的羅針盤に導きを求めるだろう。

多くの人々のおかげでDTIプロジェクトは実現した。カーラ・ミラーはMRIシーケンスを共有してくれた。フランセス・ガランドは鰭脚類の脳の輸送を手配し、コリーン・ライヒムースは鰭脚類の行動について知っていることを教えてくれた。二人とも、わたしが訪問すると親切に迎えてくれた。ローリ・マリーノはイルカの脳のコレクションをわたしに使わせてくれた。有袋類については、スミソニアン協会のエスター・ランガンとダリン・ランド、ニューサウスウェールズ大学（ＵＮＳＷ）のケン・アッシュウェル、ＵＮＳＷの生物資源イメージング研究所のマルコ・グルーウェル、オーストラリア博物館のサンディ・イングレビィ、ＵＮＳＷのマイケル・アーチャー、ステファン・スレイトホルム、コル・ベイリー、ニコラス・クレメンツ、タスマニア博物館・美術館のキャスリン・メドロック、キャロライン・ホッグ、そしてセイブ・ザ・タスマニアン・デビル・プロジェクトに感謝する。

数名の人々が十分な忍耐力をもって各章の初期の原稿を読んでくれた。それは報われない仕事で、うまく行うには機転と、筆者の壊れそうな自尊心をいたわることが求められる。ピーター・クック、ローリ・マリーノ、ジュリア・ハース、キャスリーン・バーンズに感謝する。レヴィン・グリーンバーグ・ロスタン・リテラリー・エイジェンシーのジェームズ・レヴィンは、このプロジェクトの賢明な先導者であり、強力な代弁者だった。彼はわたしをベーシック・ブックスのＴ・Ｊ・ケレハーと引き合わせてくれた。Ｔ・Ｊはわたしが望みうる最高の編集者であり、わたしが進むべき場所へ行くよう常に後押ししてくれた。

最後に、いつもの通り、妻のキャスリーンと娘ヘレンと息子マディが、新たな「前作を超える最新本」の執筆を辛抱強く支援してくれたことに、特別に感謝の意を表する。ヘレンはドッグ・プロジェクト向けの写真を数多く撮影してくれた。マディはブレイン・アークのウェブサイトを作ってくれた。

訳者あとがき

著者グレゴリー・バーンズは医師にして脳科学者で、エモリー大学の精神医学および神経経済学の教授です。その研究は『ニューヨーク・タイムズ』紙、『ネイチャー』誌、『マネー』誌、CNNなど、幅広い分野のメディアに取り上げられています。

五冊目の著書となる本書の原題は*What It's Like to Be a Dog*。哲学者トマス・ネーゲルが一九七四年に発表したエッセイ『コウモリであるとはどのようなことか（What Is It Like to Be a Bat?）』のもじりです。ネーゲルは、「思考や感情といった主観的経験を神経科学は決して説明できない。コウモリの脳がどのように機能するかがわかっても、コウモリであるとはどのようなことかがわかるわけではない」と断言しました。しかしバーンズは、神経科学の進歩により、それがわかるようになったと述べます。

「イヌであるのはどんな感じか」を明かす方法として著者が選んだのは、イヌをトレーニングし、「完全に起きていて、拘束されていない状態で、自ら進んで脳をスキャンさせる」こと。そんなことが可能なのか、と思えますが、本書に登場するイヌたちは、飼い主の指示に従ってMRIに入り、難しいタスクをこなします。掲載された写真では、困ったような表情のイヌもいますが、本文を読むと、彼らがこの訓練やテストを大いに楽しんでいることがわかります。

私事で恐縮ですが、著者の作品を訳すのはこれが二作目です。前作『脳が「生きがい」を感じるとき』(二〇〇六年)において著者は、人間の満足感の所在を明かすべく、キューバやアイスランドにまで足を伸ばします。それから一二年を経て書かれた本書でも、彼の好奇心はますます旺盛で、脳スキャンの対象は、イヌからアシカ、イルカ、タスマニアデビル、それに絶滅したフクロオオカミの脳にまで広がります。そうして見えてくるのは、彼らと人間の違いでしょうか、それとも共通性でしょうか。

最終章では、イヌがどのように考え感じているかを、著者が解明しようとする理由が語られます。私は翻訳前に、イヌの脳をMRIで調べるという本書のテーマをうかがって、イヌがかわいそうに思えたのですが、それはとんでもない誤解でした。本書には、イヌだけでなく全ての動物に対する著者の深い愛情が込められています。

「われらがイヌ科の被験者《ボランティア》も、ボランティアである。だとすれば、拘束は禁物だ」と著者は断言し、その方針を貫きます。一見無謀に思えるこの取組みが成功したのは、イヌたちに著者の愛情が伝わったからではないでしょうか。そういう意味では、MRIの画像を見るまでもなく、「イヌであるのはどんな感じか」を著者の実験は明らかにしたと言えるかもしれません。

本書の翻訳では、共訳者、西村美佐子さんの協力に大いに支えられました。また、グレゴリー・バーンズさんの作品に再び出会わせてくださり、刊行まで温かく導いてくださった化学同人の加藤貴広さんに心より感謝申し上げます。

野中香方子

索　引

【あ行】

索　引

【か行】

索　引

【さ行】

索　引

【た行】

索　引

【な行】

【わ行】

注

序 章

1. G. Berns, *How Dogs Love Us: A Neuroscientist and His Adopted Dog Decode the Canine Brain* (New York: New Harvest, 2013). 邦訳：グレゴリー・バーンズ著，浅井みどり訳，『犬の気持ちを科学する』，シンコーミュージック・エンターテイメント (2015).

第1章　イヌがイヌであるのはどんな感じか

1. T. Nagel, "What Is It Like to Be a Bat?" *Philosophical Review*, 83 (1974): 435-450. 邦訳：トマス・ネーゲル著，永井均訳，『コウモリであるとはどのようなことか』，勁草書房 (1989) に収録.
2. 経験を内部と外部に二分することについては，ネーゲルのエッセイよりかなり前から問題とされてきた．次を参照．L. Wittgenstein, *Philosophical Investigations*, translated by G. E. M. Anscombe, P. M. S. Hacker, J. Schulte, 4th ed. (West Sussex, UK: Wiley-Blackwell, 2009). 邦訳：藤本隆志訳，ウィトゲンシュタイン全集『哲学探究』，大修館書店 (1976).
3. P. M. Churchland, "Some Reductive Strategies in Cognitive Neurobiology," *Mind*, 95 (1986): 279-309. P. Godfrey-Smith, "On Being an Octopus," *Boston Review*, May/June 2013, 46-60.
4. 明敏な読者はおわかりだろうが，脳は非線形システムであり，部分の総和とは見なしがたい．これらの領域は，異なる角度から写した写真のようなものだとわたしは考える．写真は二次元で物体を表現する．一枚の写真だけで物体を完全に表現することはできないが，異なる角度から写した写真が何枚かあれば，かなり忠実に再現できるだろう．精神の各領域は，それぞれ異なる角度から心を写したスナップ写真なのだろう．
5. J. E. LeDoux, "Coming to Terms with Fear," *Proceedings of the National Academy of Sciences of the United States of America*, 111 (2014): 2871-2878.
6. A. M. Owen, M. R. Coleman, M. Boly, M. H. Davis, S. Laureys, J. D. Pickard, "Detecting Awareness in the Vegetative State," *Science*, 313 (2006): 1402.
7. K. N. Kay, T. Naselaris, R. J. Prenger, J. L. Gallant, "Identifying Natural Images from Human Brain Activity," *Nature*, 452 (2008): 352-356. S. Nishimoto, A. T. Vu, T. Naselaris, Y. Benjamini, B. Yu, J. L. Gallant, "Reconstructing Visual Experiences from Brain Activity Evoked by Natural Movies," *Current*

Biology, 21 (2011): 1641-1646. T. Naselaris, C. A. Olman, D. E. Stansbury, K. Ugurbil, J. L. Gallant, "A Voxel-Wise Encoding Model for Early Visual Areas Decodes Mental Images of Remembered Scenes," *NeuroImage*, 105 (2015): 215-228.

第2章　マシュマロテスト

1. K. Rubia, S. Overmeyer, E. Taylor, M. Brammer, S. C. R. Williams, A. Simmons, C. Andrew, E. T. Bullmore, "Functional Frontalisation with Age: Mapping Neurodevelopmental Trajectories with FMRI," *Neuroscience Biobehavioral Reviews*, 24 (2000): 13-19. A. R. Aron, T. E. Behrens, S. Smith, M. J. Frank, R. A. Poldrack, "Triangulating a Cognitive Control Network Using Diffusion-Weighted Magnetic Resonance Imaging (MRI) and Functional MRI," *Journal of Neuroscience*, 27 (2007): 3743-3752. A. Aron, T. W. Robbins, R. A. Poldrack, "Inhibition and the Right Inferior Frontal Cortex," *Trends in Cognitive Sciences*, 8 (2004): 170-177.
2. W. Mischel, Y. Shoda, M. L. Rodriguez, "Delay of Gratification in Children," *Science*, 244 (1989): 933-938.
3. B. J. Casey, L. H. Somerville, I. H. Gotlib, O. Ayduk, N. T. Franklin, M. K. Askren, J. Jonides, et al., "Behavioral and Neural Correlates of Delay of Gratification 40 Years Later," *Proceedings of the National Academy of Sciences of the United States of America*, 108 (2011): 14998-15003.
4. B. Milner, "Effects of Different Brain Lesions on Card Sorting: The Role of the Frontal Lobes," *Archives of Neurology*, 9 (1963): 90-100. A. M. Owen, A. C. Roberts, J. R. Hodges, B. A. Summers, C. E. Polkey, T. W. Robbins, "Contrasting Mechanisms of Impaired Attentional Set-Shifting in Patients with Frontal Lobe Damage or Parkinson's Disease," *Brain*, 116 (1993): 1159-1175.
5. A. Diamond, P. S. Goldman-Rakic, "Comparison of Human Infants and Rhesus Monkeys on Piaget's AB Task: Evidence for Dependence on Dorsolateral Prefrontal Cortex," *Experimental Brain Research*, 74 (1989): 24-40.
6. E. L. MacLean, B. Hare, C. L. Nunn, E. Addessi, F. Amici, R. C. Anderson, F. Aureli, et al., "The Evolution of Self-Control," *Proceedings of the National Academy of Sciences of the United States of America*, 111 (2014): E2140-E2148.

第3章　なぜ脳は存在するか

1. W. James, *The Principles of Psychology* (New York: Henry Holt, 1890). 邦訳：ウイリアム・ジェームズ著，今田恵訳，『心理学（上下）』，岩波文庫（1950）. I. P. Pavlov, *Conditioned Reflexes* (Oxford: Oxford University Press, 1927).

邦訳：パブロフ著，川村浩訳，『大脳半球の働きについて——条件反射学（上下）』，岩波文庫（1976）．E. L. Thorndike, *Animal Intelligence* (New York: Macmillan, 1911)． B. F. Skinner, *The Behavior of Organisms: An Experimental Analysis* (New York: Appleton-Century-Crofts, 1938)．

2．A. Newell, H. A. Simon, *Human Problem Solving* (New York: Prentice-Hall, 1972)．

3．D. E. Rumelhart, J. L. McClelland, PDP Research Group, *Parallel Distributed Processing: Explorations in the Microstructure of Cognition* (Cambridge, MA: MIT Press, 1986)．邦訳：D. E. ラメルハートほか著，甘利俊一監訳，『PDP モデル——認知科学とニューロン回路網の探索』，産業図書（1989）．P. S. Churchland, T. J. Sejnowski, *The Computational Brain* (Cambridge, MA: MIT Press, 1992)．

4．G. Jékeley, F. Keijzer, P. Godfrey-Smith, "An Option Space for Early Neural Evolution," *Philosophical Transactions of the Royal Society B*, 370 (2015): 20150181.

5．F. J. Varela, E. Thompson, E. Rosch, *The Embodied Mind: Cognitive Science and Human Experience* (Cambridge, MA: MIT Press, 1991)．邦訳：フランシスコ・ヴァレラ，エヴァン・トンプソン，エレノア・ロッシュ著，田中靖夫訳，『身体化された心——仏教思想からのエナクティブ・アプローチ』，工作舎（2001）．

6．L. P. J. Selen, M. N. Shadlen, D. M. Wolpert, "Deliberation in the Motor System: Reflex Gains Track Evolving Evidence Leading to a Decision," *Journal of Neuroscience*, 32 (2012): 2276-2286.

7．A. R. Damasio, *Descartes' Error: Emotion, Reason, and the Human Brain* (New York: G. P. Putnam, 1994)．邦訳：アントニオ・R. ダマシオ著，田中三彦訳，『生存する脳——心と脳と身体の神秘』，講談社（2000）．

8．N. Shubin, *Your Inner Fish: A Journey into the 3.5-Billion-Year History of the Human Body* (New York: Pantheon, 2008)．邦訳：ニール・シュービン著，垂水雄二訳，『ヒトのなかの魚，魚のなかのヒト——最新科学が明らかにする人体進化 35 億年の旅』，早川書房（2008）．

9．M. Ruta, J. Botha-Brink, S. A. Mitchell, M. J. Benton, "The Radiation of Cynodonts and the Ground Plan of Mammalian Morphological Diversity," *Proceedings of the Royal Society of London B*, 280 (2013): 20131865.

10．G. von Bonin, "Brain-Weight and Body-Weight of Mammals," *Journal of General Psychology*, 16 (1937)．379-389. K. S. Lashley, "Persistent Problems in the Evolution of Mind," *Quarterly Review of Biology*, 24 (1949): 28-42. L. Chittka, J. Niven, "Are Bigger Brains Better?," *Current Biology*, 19 (2009): R995-R1008.

11．H. J. Jerison, *Evolution of the Brain and Intelligence* (New York: Academic, 1973)．

12. G. Roth, U. Dicke, "Evolution of the Brain and Intelligence," *Trends in Cognitive Sciences*, 9 (2005): 250-257.
13. たとえば球体の面積は，半径を r とした場合，r^2 に比例するが，体積は r^3 に比例する．したがって，面積は体積の 2/3 乗に比例する．
14. T. W. Deacon, "Rethinking Mammalian Brain Evolution," *American Zoologist*, 30 (1990): 629-705.
15. 食事と運動が認知機能に良い効果を及ぼすという証拠があるが，これは体重が減るからではなく，神経成長因子の放出によるものであるらしい．
16. S. Herculano-Houzel, *The Human Advantage: A New Understanding of How Our Brain Became Remarkable* (Cambridge, MA: MIT Press, 2016).
17. B. L. Finlay, R. B. Darlington, "Linked Regularities in the Development and Evolution of Mammalian Brains," *Science*, 268 (1995): 1578-1584.
18. R. A. Barton, P. H. Harvey, "Mosaic Evolution of Brain Structure in Mammals," *Nature Neuroscience*, 405 (2000): 1055-1058.
19. H. J. Karten, "Vertebrate Brains and Evolutionary Connectomics: On the Origins of the Mammalian 'Neocortex,'" *Proceedings of the Royal Society of London B*, 370 (2015): 20150060.
20. J. R. Krebs, D. F. Sherry, S. D. Healy, V. H. Perry, A. L. Vaccarino, "Hippocampal Specialization of Food-Storing Birds," *Proceedings of the National Academy of Sciences of the United States of America*, 86 (1989): 1388-1392.
21. K. Zhang, T. J. Sejnowski, "A Universal Scaling Law Between Gray Matter and White Matter of Cerebral Cortex," *Proceedings of the National Academy of Sciences of the United States of America*, 97 (2000): 5621-5626.
22. S. Seung, *Connectome: How the Brain's Wiring Makes Us Who We Are* (New York: Houghton Mifflin Harcourt, 2012). 邦訳：セバスチャン・スン著，青木薫訳，『コネクトーム――脳の配線はどのように「わたし」をつくり出すのか』，草思社 (2015).
23. S. Dehaene, *Consciousness and the Brain: Deciphering How the Brain Codes Our Thoughts* (New York: Penguin, 2014). 邦訳：スタニスラス・ドゥアンヌ著，高橋洋訳，『意識と脳――思考はいかにコード化されるか』，紀伊國屋書店 (2015).

第 4 章　アシカを捕まえる

1. T. M. Perl, L. Bedard, T. Kosatsky, E. C. D. Todd, R. S. Remis, "An Outbreak of Toxic Encephalopathy Caused by Eating Mussels Contaminated with Domoic Acid," *New England Journal of Medicine*, 322 (1990): 1775-1780.
2. H. Parfenova, S. Basuroy, S. Bhattacharya, D. Tcheranova, Y. Qu, R. F. Regan, C. W. Leffler, "Glutamate Induces Oxidative Stress and Apoptosis in Cerebral Vascular Endothelial Cells: Contributions of HO-1 and HO-2 to

Cytoprotection," *American Journal of Physiology—Cell Physiology*, 290 (2006): C1399-C1410.

3. R. S. Teitelbaum, R. J. Zatorre, S. Carpenter, D. Gendron, A. C. Evans, A. Gjedde, "Neurologic Sequelae of Domoic Acid Intoxication Due to the Ingestion of Contaminated Mussels," *New England Journal of Medicine*, 322 (1990): 1781-1787.
4. S. S. Bates, C. J. Bird, A. S. W. de Freitas, R. Foxall, M. Gilgan, L. A. Hanic, G. R. Johnson, et al., "Pennate Diatom *Nitzschia Pungens* as the Primary Source of Domoic Acid, a Toxin in Shellfish from Eastern Prince Edward Island, Canada," *Canadian Journal of Fisheries and Aquatic Sciences*, 46 (1989): 1203-1215.
5. C. A. Scholin, F. Gulland, G. J. Doucette, S. Benson, M. Busman, F. P. Chavez, J. Cordaro, et al., "Mortality of Sea Lions Along the Central California Coast Linked to a Toxic Diatom Bloom," *Nature*, 403 (2000): 80-84.
6. P. F. Cook, C. Reichmuth, A. A. Rouse, L. A. Libby, S. E. Dennison, O. T. Carmichael, K. T. Kruse-Elliott, et al., "Algal Toxin Impairs Sea Lion Memory and Hippocampal Connectivity, with Implications for Strandings," *Science*, 350 (2015): 1545-1547.
7. "What Is Epilepsy?," Epilepsy Foundation, 日付不明, www.epilepsy.com/learn/epilepsy-101/what-epilepsy, 2016年3月16日アクセス.
8. M. Costandi, "Diagnosing Dostoyevsky's Epilepsy," 2007, https://neurophilosophy.wordpress.com/2007/04/16/diagnosing-dostoyevskys-epilepsy, 2016年3月16日アクセス.
9. F. Dostoyevsky, *The Idiot*, 1868, Project Gutenberg, 2012. 邦訳：ドストエフスキー著，亀山郁夫訳，『白痴（1-4）』，光文社古典新訳文庫（2015-18）ほか.
10. L. Bonilha, T. Nesland, G. U. Martz, J. E. Joseph, M. V. Spampinato, J. C. Edwards, A. Tabesh, "Medial Temporal Lobe Epilepsy Is Associated with Neuronal Fibre Loss and Paradoxical Increase in Structural Connectivity of Limbic Structures," *Journal of Neurology, Neurosurgery and Psychiatry*, 83, no. 9 (2012). V. Dinkelacker, R. Valabregue, L. Thivard, S. Lehéricy, M. Baulac, S. Samson, S. Dupont, "Hippocampal-Thalamic Wiring in Medial Temporal Lobe Epilepsy: Enhanced Connectivity Per Hippocampal Voxel," *Epilepsia*, 56 (2015): 1217-1226.

第5章　兆　し

1. S. Pinker, *The Language Instinct* (New York: William Morrow, 1994). 邦訳：スティーブン・ピンカー著，椋田直子訳，『言語を生みだす本能（上下）』，NHKブックス（1995）.
2. R. J. Schusterman, K. Krieger, "California Sea Lions Are Capable of Semantic

Representation," *Psychological Record*, 34 (1984): 3–23.

3. R. J. Schusterman, C. R. Kastak, D. Kastak, "The Cognitive Sea Lion: Meaning and Memory in the Laboratory in Nature," in *The Cognitive Animal: Empirical and Theoretical Perspectives on Animal Cognition*, edited by M. Bekoff, C. Allen, G. M. Burghardt, 217–228 (Cambridge, MA: MIT Press, 2002).
4. 言語にはこのほか，文法，構文，再帰などの多くの側面がある.
5. P. Kivy, "Charles Darwin on Music," *Journal of the American Musicological Society*, 12 (1959): 42–48.
6. C. Darwin, *The Descent of Man, and Selection in Relation to Sex* (London: John Murray, 1871). 邦訳：チャールズ・ダーウィン著，長谷川眞理子訳，『人間の由来（上下)』，講談社学術文庫 (2016).
7. A. D. Patel, "Musical Rhythm, Linguistic Rhythm, and Human Evolution," *Music Perception: An Interdisciplinary Journal*, 24 (2006): 99–104.
8. P. Cook, A. Rouse, M. Wilson, C. Reichmuth, "A California Sea Lion (*Zalophus Californianus*) Can Keep the Beat: Motor Entrainment to Rhythmic Auditory Stimuli in a Non Vocal Mimic," *Journal of Comparative Psychology*, 127 (2013): 412.
9. "Sea Lion Dances to 'Boogie Wonderland,'" YouTube, 2013 年 4 月 2 日投稿, https://www.youtube.com/watch?v=KUfRSm8NTZg. "Beat Keeping in a California Sea Lion," YouTube, 2013 年 3 月 31 日投稿, https://www.youtube.com/watch?v=6yS6qU_w3JQ.
10. M. Dhamala, G. Pagnoni, K. Wiesenfeld, C. F. Zink, M. Martin, G. S. Berns, "Neural Correlates of the Complexity of Rhythmic Finger Tapping," *NeuroImage*, 20 (2003): 918–926.
11. S. H. Fatemi, K. A. Aldinger, P. Ashwood, M. L. Bauman, C. D. Blaha, G. J. Blatt, A. Chauhan, et al., "Consensus Paper: Pathological Role of the Cerebellum in Autism," *The Cerebellum*, 11 (2012): 777–807.
12. A. A. Rouse, P. F. Cook, E. W. Large, C. Reichmuth, "Beat Keeping in a Sea Lion as Coupled Oscillation: Implications for Comparative Understanding of Human Rhythm," *Frontiers in Neuroscience*, 10, no. 257 (2016).

第 6 章　音で描く

1. L. Marino, T. L. Murphy, A. L. DeWeerd, J. A. Morris, S. H. Ridgway, A. J. Fobbs, N. Humblot, J. I. Johnson, "Anatomy and Three-Dimensional Reconstructions of the Brain of a White Whale (*Delphinapterus Leucas*) from Magnetic Resonance Images," *Anatomical Record*, 262 (2001): 429–439. L. Marino, K. D. Sudheimer, D. A. Pabst, W. A. McLellan, D. Filsoof, J. I. Johnson, "Neuroanatomy of the Common Dolphin (*Delphinus Delphis*) as Revealed by Magnetic Resonance Imaging," *Anatomical Record*, 268 (2002): 411–429.

2. D. Reiss, L. Marino, "Mirror Self-Recognition in the Bottlenose Dolphin: A Case of Cognitive Convergence," *Proceedings of the National Academy of Sciences of the United States of America*, 98 (2001): 5937-5942.
3. H. H. A. Oelschlager, J. S. Oelschlager, "Brain," in *Encyclopedia of Marine Mammals*, edited by W. F. Perrin, B. Wursig, J. G. M. Thewissen, 134-149 (Burlington, MA: Academic Press, 2009).
4. A. S. Frankel, "Sound Production," in *Encyclopedia of Marine Mammals*, edited by W. F. Perrin, B. Wursig, J. G. M. Thewissen, 1056-1071 (Burlington, MA: Academic Press, 2009).
5. W. W. L. Au, "Echolocation," in *Encyclopedia of Marine Mammals*, edited by W. F. Perrin, B. Wursig, J. G. M. Thewissen, 348-357 (Burlington, MA: Academic Press, 2009).
6. V. V. Popov, T. F. Ladygina, A. Y. Supin, "Evoked Potentials of the Auditory Cortex of the Porpoise, *Phocoena Phocoena*," *Journal of Comparative Physiology A*, 158 (1986): 705-711. V. E. Sokolov, T. F. Ladygina, A. Y. Supin, "Localization of Sensory Zones in the Dolphin's Cerebral Cortex," *Doklady Akademy Nauk SSSR*, 202 (1972): 490-493. A. V. Revishchin, L. J. Garey, "The Thalamic Projection to the Sensory Neocortex of the Porpoise, *Phocoena Phocoena*," *Journal of Anatomy*, 169 (1990): 85-102.
7. Oelschlager, Oelschlager, "Brain."
8. M. Kossl, J. C. Hechavarria, C. Voss, S. Macias, E. C. Mora, M. Vater, "Neural Maps for Target Range in the Auditory Cortex of Echolating Bats," *Current Opinion in Neurobiology*, 24 (2014): 68-75.
9. J. Parker, G. Tsagkogeorga, J. A. Cotton, Y. Liu, P. Provero, E. Stupka, S. J. Rossiter, "Genome-Wide Signatures of Convergent Evolution in Echolocating Mammals," *Nature*, 502 (2013): 228-231.

第7章　ビュリダンのロバ

1. M. Wells, "In Search of the Buy Button," *Forbes*, September 1, 2003, 62-70.
2. 最終的にブルは，この論文のタイトルをより平凡なものに変えなくてはならなかった．次を参照．E. Vul, C. Harris, P. Winkielman, H. Pashler, "Puzzlingly High Correlations in fMRI Studies of Emotion, Personality, and Social Cognition," *Perspectives on Psychological Science*, 4 (2009): 274-290.
3. R. A. Poldrack, "Can Cognitive Processes Be Inferred from Neuroimaging Data?," *Trends in Cognitive Sciences*, 10 (2006): 59-63.
4. L. Barrett, "Why Brains Are Not Computers, Why Behaviorism Is Not Satanism, and Why Dolphins Are Not Aquatic Apes," *Behavior Analyst*, 39 (2016): 9-23.
5. G. Berns, "Dogs Are People, Too," *New York Times*, October 5, 2013.

6. G. S. Berns, J. C. Chappelow, M. Cekic, C. F. Zink, G. Pagnoni, M. E. Martin-Skurski, "Neurobiological Substrates of Dread," *Science*, 312 (2006): 754-758.
7. R. J. Herrnstein, "Relative and Absolute Strength of Response as a Function of Frequency of Reinforcement," *Journal of the Experimental Analysis of Behavior*, 4 (1961): 267-272.
8. 実のところ，このパラドックスはアリストテレスの『天体論』に遡る.
9. M. Hauskeller, "Why Buridan's Ass Doesn't Starve," *Philosophy Now*, 81 (2010): 9.
10. G. Loomes, R. Sugden, "Regret Theory: An Alternative Theory of Rational Choice Under Uncertainty," *Economic Journal*, 92 (1982): 805-824.
11. N. Camille, G. Coricelli, J. Sallet, P. Pradat-Diehl, J.-R. Duhamel, A. Sirigu, "The Involvement of the Orbitofrontal Cortex in the Experience of Regret," *Science*, 304 (2004): 1167-1170.
12. A. P. Steiner, A. D. Redish, "Behavioral and Neurophysiological Correlates of Regret in Rat Decision-Making on a Neuroeconomic Task," *Nature Neuroscience*, 17 (2014): 995-1002.

第8章　動物に話しかける

1. J. Kaminski, J. Call, J. Fischer, "Word Learning in a Domestic Dog: Evidence for 'Fast Mapping,'" *Science*, 304 (2004): 1682-1683.
2. J. W. Pilley, A. K. Reid, "Border Collie Comprehends Object Names as Verbal Referents," *Behavioural Processes*, 86 (2011): 1641-1646.
3. S. Nishimoto, A. T. Vu, T. Naselaris, Y. Benjamini, B. Yu, J. L. Gallant, "Reconstructing Visual Experiences from Brain Activity Evoked by Natural Movies," *Current Biology*, 21 (2011): 1641-1646.
4. A. G. Huth, W. A. de Heer, T. L. Griffiths, F. E. Theunissen, J. L. Gallant, "Natural Speech Reveals the Semantic Maps That Tile Human Cerebral Cortex," *Nature*, 532 (2016): 453-458.
5. E. Van der Zee, H. Zulch, D. Mills, "Word Generalization by a Dog (*Canis Familiaris*): Is Shape Important?," *PLoS ONE*, 7, no. 11 (2012): e49382.
6. B. Landau, L. B. Smith, S. S. Jones, "The Importance of Shape in Early Lexical Learning," *Cognitive Development*, 3 (1988): 299-321.
7. P. Bloom, "Can a Dog Learn a Word?," *Science*, 304 (2004): 1605-1606.
8. S. Pinker, R. Jackendoff, "The Faculty of Language: What's Special About It?," *Cognition*, 95 (2005): 201-236.
9. R. J. Schusterman, K. Krieger, "California Sea Lions Are Capable of Semantic Representation," *Psychological Record*, 34 (1984): 3-23.
10. J. C. Lilly, *Communication Between Man and Dolphin: The Possibilities of*

Talking with Other Species (New York: Julian Press, 1978). 邦訳：ジョン・C. リリー著，神谷敏郎，尾沢和幸共訳，『イルカと話す日』，NTT 出版（1994).

11. L. M. Herman, D. G. Richards, J. P. Wolz, "Comprehension of Sentences by Bottlenosed Dolphins," *Cognition*, 16 (1984): 129-219. L. M. Herman, S. A. Kuczaj, M. D. Holder, "Responses to Anomalous Gestural Sequences by a Language-Trained Dolphin: Evidence for Processing of Semantic Relations and Syntactic Information," *Journal of Experimental Psychology: General*, 122 (1993): 184-194.
12. A. G. Huth, S. Nishimoto, A. T. Vu, J. L. Gallant, "A Continuous Semantic Space Describes the Representation of Thousands of Object and Action Categories Across the Human Brain," *Neuron*, 76 (2012): 1210-1224.
13. C. A. Muller, K. Schmitt, A. L. A. Barber, L. Huber, "Dogs Can Discriminate Emotional Expression of Human Faces," *Current Biology*, 25 (2015): 1-5.
14. C. G. Gross, C. E. Rocha-Miranda, D. B. Bender, "Visual Properties of Neurons in Inferotemporal Cortex of the Macaque," *Journal of Neurophysiology*, 35 (1972): 96-111. R. Desimone, T. D. Albright, C. G. Gross, C. Bruce, "Stimulus-Selective Properties of Inferior Temporal Neurons in the Macaque," *Journal of Neuroscience*, 4 (1984): 2051-2062. D. Y. Tsao, S. Moeller, W. A. Freiwald, "Comparing Face Patch Systems in Macaques and Humans," *Proceedings of the National Academy of Sciences of the United States of America*, 105 (2008): 19514-19519.
15. D. D. Dilks, P. A. Cook, S. K. Weiller, H. P. Berns, M. Spivak, G. S. Berns, "Awake fMRI Reveals a Specialized Region in Dog Temporal Cortex for Face Processing," *PeerJ*, 3 (2015): e1115.
16. L. V. Cuaya, R. Hernández-Pérez, L. Concha, "Our Faces in the Dog's Brain: Functional Imaging Reveals Temporal Cortex Activation During Perception of Human Faces," *PLoS ONE*, 11, no. 3 (2016): e0149431.
17. K. M. Kendrick, B. A. Baldwin, "Cells in Temporal Cortex of Conscious Sheep Can Respond Preferentially to the Sight of Faces," *Science*, 236 (1987): 448-450.
18. C. Nawroth, J. M. Brett, A. G. McElligott, "Goats Display Audience-Dependent Human-Directed Gazing Behaviour in a Problem-Solving Task," *Biology Letters*, 12 (2016): 20160283.
19. J. M. Marzluff, R. Miyaoka, S. Minoshima, D. J. Cross, "Brain Imaging Reveals Neuronal Circuitry Underlying the Crow's Perception of Human Faces," *Proceedings of the National Academy of Sciences of the United States of America*, 109 (2012): 15912-15917.
20. M. Coulon, B. L. Deputte, Y. Heyman, C. Baudoin, "Individual Recognition in Domestic Cattle (*Bos Taurus*): Evidence from 2D Images of Heads from

Different Breeds," *PLoS ONE*, 4 (2009): e4441.

21. J. M. Plotnick, F. B. M. de Waal, D. Reiss, "Self-Recognition in an Asian Elephant," *Proceedings of the National Academy of Sciences of the United States of America*, 103 (2006): 17053-17057.
22. S. G. Lomber, P. Cornwell, "Dogs, but Not Cats, Can Readily Recognize the Face of Their Handler," *Journal of Vision*, 5 (2005): 49.
23. T. Raettig, S. A. Kotz, "Auditory Processing of Different Types of Pseudo-Words: An Event-Related fMRI Study," *NeuroImage*, 39 (2008): 1420-1428.
24. C. Fellbaum, "Wordnet and Wordnets," in *Encyclopedia of Language and Linguistics*, edited by K. Brown, 665-670 (Oxford: Elsevier, 2005).
25. S. Waxman, X. Fu, S. Arunachalam, E. Leddon, K. Geraghty, H. Song, "Are Nouns Learned Before Verbs?," *Child Development Perspectives*, 7 (2013): 155-159.

第9章　タスマニアでの死

1．この物語はロバート・パドルの研究から再構成した．次を参照．R. Paddle, *The Last Tasmanian Tiger: The History and Extinction of the Thylacine* (Cambridge: Cambridge University Press, 2000).
2．"Beauty and the Beast at the Hobart Zoo: Girl Whose Greatest Chum Is a Full-Grown Leopard," *Register News-Pictorial*, May 17, 1930, http://trove.nla.gov.au/newspaper/article/54241041.
3．S. R. Sleightholme, "Confirmation of the Gender of the Last Captive Thylacine," *Australian Zoologist*, 35 (2011): 953-956.
4．"Tasmanian Tiger / Thylacine Combined Footage," YouTube, 2007年5月3日投稿，https://www.youtube.com/watch?v=odswge5onwY.
5．D. Quammen, *The Song of the Dodo: Island Biogeography in an Age of Extinctions* (New York: Scribner, 1996). 邦訳：デイヴィッド・クォメン著，鈴木主税訳，『ドードーの歌――美しい世界の島々からの警鐘（上下）』，河出書房新社（1997）．
6．E. Guiler, P. Godard, *Tasmanian Tiger: A Lesson to Be Learnt* (Perth, Australia: Abrolhos, 1998).
7．C. Wemmer, "Opportunities Lost: Zoos and the Marsupial That Tried to Be a Wolf," *Zoo Biology*, 21 (2002): 1-4.
8．同上．
9．C. R. Campbell, "The Thylacine Museum," www.naturalworlds.org/thylacine/index.htm, 2016年4月19日アクセス．
10．E. R. Guiler, *Thylacine: The Tragedy of the Tasmanian Tiger* (Melbourne: Oxford University Press, 1985), 14.
11．同上，16.

12. 同上, 138.
13. 同上, 140.
14. E. R. Guiler, G. K. Meldrum, "Suspected Sheep Killing by the Thylacine *Thylacinus cynocephalus* (Harris)," *Australian Journal of Science*, 20 (1958): 214, Guiler, *Thylacine*, 141 に再録.
15. K. W. S. Ashwell, ed., *The Neurobiology of Australian Marsupials* (Cambridge: Cambridge University Press, 2010).
16. C. Bailey, *Lure of the Thylacine: True Stories and Legendary Tales of the Tasmanian Tiger* (Victoria, Australia: Echo Publishing, 2016).

第10章　孤独なトラ

1. US Department of Agriculture, "Sheep and Lamb Predator and Nonpredator Death Loss in the United States," 2015, USDA-APHIS-VS-CEAH-NAHMS.
2. B. Figueirido, C. M. Janis, "The Predatory Behaviour of the Thylacine: Tasmanian Tiger or Marsupial Wolf?," *Biology Letters* (2011): 937-940.
3. M. E. Jones, D. M. Stoddart, "Reconstruction of the Predatory Behaviour of the Extinct Marsupial Thylacine (*Thylacinus cynocephalus*)," *Journal of Zoology*, 246 (1998): 239-246.
4. W. Miller, D. I. Drautz, J. E. Janecka, A. M. Lesk, A. Ratan, L. P. Tomsho, M. Packard, et al., "The Mitochondrial Genome Sequence of the Tasmanian Tiger (*Thylacinus cynocephalus*)," *Genome Research*, 19 (2009): 213-220.
5. E. P. Murchison, C. Tovar, A. Hsu, H. S. Bender, P. Kheradpour, C. A. Rebbeck, D. Obendorf, et al., "The Tasmanian Devil Transcriptome Reveals Schwann Cell Origins of a Clonally Transmissible Cancer," *Science*, 327 (2010): 84-87.
6. C. Murgia, J. K. Pritchard, S. Y. Kim, A. Fassati, R. A. Weiss, "Clonal Origin and Evolution of a Transmissible Cancer," *Cell*, 126 (2006): 477-487.
7. Save the Tasmanian Devil, www.tassiedevil.com.au/tasdevil.nsf, 2016年5月17日アクセス.
8. T. D. Beeland, *The Secret World of Red Wolves: The Fight to Save North America's Other Wolf* (Chapel Hill: University of North Carolina Press, 2013).
9. スミソニアン博物館は, フクロオオカミと同時代に保存されたタスマニアデビルの脳も貸してくれたが, そのデビルの脳も縮んでいた.
10. A. A. Abbie, "The Excitable Cortex in Perameles, Sarcophilus, Dasyurus, Trichosurus and Wallabia (Macropus)," *Journal of Comparative Neurology*, 72 (1940): 469-487. L. Krubitzer, "The Magnificent Compromise: Cortical Field Evolution in Mammals," *Neuron*, 56 (2007).
11. G. S. Berns, K. W. S. Ashwell, "Reconstruction of the Cortical Maps of the Tasmanian Tiger and Comparison to the Tasmanian Devil," *PLoS ONE*, 12

(2017): e0168993.
12. S. Wroe, C. McHenry, J. Thomason, "Bite Club: Comparative Bite Force in Big Biting Mammals and the Prediction of Predatory Behaviour in Fossil Taxa," *Proceedings of the Royal Society of London B*, 272 (2005): 619–625.
13. この節は次の書籍に基づいている．N. Clements, *The Black War: Fear, Sex, and Resistance in Tasmania* (Queensland, Australia: University of Queensland Press, 2014).
14. 同上，17.
15. 同上，44–45.
16. 同上，49.
17. 同上，60.
18. 同上，89.
19. E. R. Guiler, *Thylacine: The Tragedy of the Tasmanian Tiger* (Melbourne: Oxford University Press, 1985), 16.
20. Lee Jackson, "Victorian Money: How Much Did Things Cost?," Dictionary of Victorian London, www.victorianlondon.org/finance/money.htm, 2016 年 5 月 26 日アクセス．
21. 私的メール，2016 年 5 月 6 日．
22. C. Bailey, *Shadow of the Thylacine: One Man's Epic Search for the Tasmanian Tiger* (Victoria, Australia: Five Mile Press, 2013).
23. その方向は Tastracks で見ることができる．http://tastracks.webs.com/southwest.htm#529486938, 2016 年 6 月 2 日アクセス．

第 11 章　イヌの実験

1. "Last Remaining Medical School to Use Live Animals for Training Makes Switch to Human-Relevant Methods," Physicians Committee for Responsible Medicine, 2016 年 6 月 30 日，https://www.pcrm.org/last_animal_lab, 2016 年 7 月 22 日アクセス．
2. J. Bentham, *The Principles of Morals and Legislation* (Amherst: Prometheus Books, 1988)．邦訳：関嘉彦編，『世界の名著 38 ベンサム J. S. ミル』，中央公論社（1981）に収録．
3. T. Cowan, "The Animal Welfare Act: Background and Selected Animal Welfare Legislation," Congressional Research Service, 2013.
4. United States Code, 2013 edition, Chapter 54, "Transportation, Sale, and Handling of Certain Animals," https://www.gpo.gov/fdsys/pkg/USCODE-2013-title7/html/USCODE-2013-title7-chap54.htm.
5. W. M. S. Russell, R. L. Burch, *The Principles of Humane Experimental Technique* (London: Methuen, 1959)．邦訳：W. M. S. Russell, R. L. Burch 著，笠井憲雪訳，『人道的な実験技術の原理——動物実験技術の基本原理 3R の原点』，

丸善出版（2012）.

6. P. Singer, *Animal Liberation: The Definitive Classic of the Animal Movement* (New York: HarperCollins, 2009). 邦訳：ピーター・シンガー著，戸田清訳，『動物の解放』，人文書院（2011）.
7. "The Cambridge Declaration on Consciousness," Francis Crick Memorial Conference, 2012 年 7 月 7 日, http://fcmconference.org/img/CambridgeDeclarationOnConsciousness.pdf, 2016 年 8 月 3 日アクセス.
8. "Annual Report Animal Usage by Fiscal Year," US Department of Agriculture, Animal and Plant Health Inspection Service, 2016 年 6 月, https:// www.aphis.usda.gov/animal_welfare/downloads/7023/Annual-Reports-FY2015.pdf, 2016 年 8 月 1 日アクセス.
9. "Questions and Answers About Biomedical Research," Humane Society of the United States, 日付不明, www.humanesociety.org/issues/biomedical_research/qa/questions_answers.html. "Mice and Rats in Laboratories," People for the Ethical Treatment of Animals, 日付不明, www.peta.org/issues/animals-used-for-experimentation/animals-laboratories/mice-rats-laboratories, 2016 年 8 月 1 日アクセス.
10. H. Herzog, *Some We Love, Some We Hate, Some We Eat: Why It's So Hard to Think Straight About Animals* (New York: Harper, 2010). 邦訳：ハロルド・ハーツォグ著，山形浩生，守岡桜，森本正史訳，『ぼくらはそれでも肉を食う――人と動物の奇妙な関係』，柏書房（2011）.
11. M. Botvinick, J. Cohen, "Rubber Hands 'Feel' Touch That Eyes See," *Nature*, 391 (1998): 756.
12. M. Wada, K. Takano, H. Ora, M. Ide, K. Kansaku, "The Rubber Tail Illusion as Evidence of Body Ownership in Mice," *Journal of Neuroscience*, 36 (2016): 11133-11137.
13. J. Greene, J. Cohen, "For the Law, Neuroscience Changes Nothing and Everything," *Philosophical Transactions of the Royal Society B*, 359 (2004): 1775-1785.
14. *Travis v. Murray*, Supreme Court New York County (NY Slip Op 23405, 42 Misc 3d 447), 2013.
15. *Rabideau v. City of Racine*, Supreme Court of Wisconsin (243 Wis 2d 486, 491, 627 NW2d, 795, 798), 2001.
16. A. Galante, R. Sinibaldi, A. Conti, C. De Luca, N. Catallo, P. Sebastiani, V. Pizzella, et al., "Fast Room Temperature Very Low Field-Magnetic Resonance Imaging System Compatible with Magnetoencephalography Environment," *PLoS ONE*, 10 (2015): e0142701.
17. Y. N. Harari, *Sapiens: A Brief History of Humankind* (New York: HarperCollins, 2015). 邦訳：ユヴァル・ノア・ハラリ著，柴田裕之訳，『サピエンス全史――文

明の構造と人類の幸福（上下）』，河出書房新社（2016）．
18. “The Cost of Sequencing a Human Genome,” National Human Genome Research Institute, 2016 年 7 月 6 日更新 , https://www.genome.gov/27565109/the-cost-of-sequencing-a-human-genome, 2016 年 7 月 30 日アクセス .
19. ユヴァル・ハラリは未来種をホモ・デウスと呼ぶが，わたしには誰かを神のように呼ぶ度胸はない．次を参照．Y. N. Harari, *Homo Deus: A Brief History of Tomorrow*（New York: Harper-Collins, 2017）．邦訳：ユヴァル・ノア・ハラリ著，柴田裕之訳，『ホモ・デウス――テクノロジーとサピエンスの未来（上下）』，河出書房新社（2018）．

エピローグ　脳の方舟

1．*Living Planet Report 2016: Risk and Resilience in a New Era*（Gland, Switzerland: WWF International, 2016）．

【訳者紹介】

野中　香方子（のなか　きょうこ）

翻訳家。お茶の水女子大学文教育学部卒業。訳書にホイットフィールド『生き物たちは3/4が好き』(化学同人)、レイティ『脳を鍛えるには運動しかない！』(NHK出版)、ソウルゼンバーグ『捕食者なき世界』、ブレグマン『隷属なき道』(以上、文藝春秋）ほか多数。

西村　美佐子（にしむら　みさこ）

翻訳家。お茶の水女子大学文教育学部卒業。共訳書にフレクスナー、ダイクラーフ『「役に立たない」科学が役に立つ』（東京大学出版会)、翻訳協力にカーツワイル『ポスト・ヒューマン誕生』(NHK出版)、リンベリー『ファーマゲドン』(日経BP)、ベンター『ヒトゲノムを解読した男』（化学同人）ほか多数。

イヌは何を考えているか —— 脳科学が明らかにする動物の気持ち

2020年8月25日　第1刷　発行

訳　者　野中香方子
　　　　西村美佐子
発行者　曽根　良介
発行所　（株)化学同人

検印廃止

〒600-8074 京都市下京区仏光寺通柳馬場西入ル
編集部　Tel 075-352-3711　Fax 075-352-0371
営業部　Tel 075-352-3373　Fax 075-351-8301
振替　01010-7-5702
E-mail　webmaster@kagakudojin.co.jp
URL　https://www.kagakudojin.co.jp
印刷・製本　創栄図書印刷（株）

ISBN 978-4-7598-2038-6